普通高等教育"十二五"高职高专规划教材 · 公共课系列

计算机应用基础项目教程

（含实训指导）

中国高等教育学会　组织编写

主　编　廖克顺　李秋梅

副主编　胡　恒　龙　妍

参　编　黄黎艳　卢　云　方志超

中国人民大学出版社

·北京·

前　言

　　本书以培养学生计算机应用能力为编写依据、以项目为载体、以任务为导向，展示项目实现过程和解决方案。通过"模块—项目—任务—实训—知识—小结"的体例结构组织教学内容，体现"先实践，后理论"的行动导向教学理念，遵循"技能和知识"的教育原则。

　　全书项目的实现基于 Windows 7 平台，主要介绍 Microsoft Office 2010 的操作方法和应用技巧，内容分为 6 个模块，即认识和使用计算机、Windows 7 基本操作、创建与编辑 Word 文档、Excel 数据管理与分析、制作演示文稿和使用计算机网络获取信息。

　　本书突出 4 个原则：一是项目化原则。教材顺应以行动为导向的项目化课程设计与项目教学改革的需要而编写。项目是知识与技能的载体，体现从"知识本位"向"能力本位"转变的职业教育特点。二是实践性原则。教材的编写突出实践性，注重应用技能。以项目为载体，任务为导向，实施项目教学和训练，以掌握 Microsoft Office 2010 常用的操作方法和技巧为目的，项目实训结果可见可测，教材适合学生的自主学习和训练。三是应用性原则。应用性原则是教材对应课程的基础性和工具性表现，服务专业课程学习和职业能力的发展需求。教材内容的设计突出应用性，通过项目载体的"学、做、用"训练，使学生具备未来职业所需的计算机基础知识和应用技能。四是渐进式原则。按照操作技术的层级从简单到复杂、从初级到高级、从特定到开放的逻辑递进路线编排项目和任务序列，循序渐进、深入浅出，适应学生的个体差异性。

　　本书体现 4 个特色：一是体现项目引领教学的教材建设理念。以项目为载体，以工作任务为驱动，以学生为主体，通过项目任务的感知和操作体验实施理论与实践一体化教学，让学生学习必要的计算机基础知识并掌握必备的应用技能，有机融合知识与实践技能于项目载体中，突出知识的学习服务于职业能力的建构，有效解决传统教学中理论与实践二元分离、知识与技能孤立的问题。二是教程的体例结构和内容组织力求适应于行动导向的项目教学过程。教材采取模块化编排，形成模块—项目—任务三级体例结构，按照"项目情境—任务分解—项目实训—基础知识—模块小结"的思路组织教学内容，方便学生的自主学习和训练。三是体现以职业能力为本位、以学生为中心的教育理念。围绕项目任务和项目实训开展"教、学、做"活动，学生全程参与教学，学生独立或合作实施项目任务并完成项目作品，注重学生在情境中职业能力的自我建构和能力的动态养成。四是选取校园文化典型案例融入项目中，以宣传学校品牌文化和特色，培养学生尊师爱校的价值观。

本书由南宁职业技术学院廖克顺、李秋梅任主编，胡恒和龙妍任副主编。参加编写的人员还有南宁职业技术学院黄黎艳、卢云，其中模块 1 由廖克顺编写、模块 2 由黄黎艳编写、模块 3 由李秋梅编写、模块 4 由胡恒编写、模块 5 由卢云编写，模块 6 由龙妍编写。全书由方志超统稿，廖克顺审阅修改。南宁职业技术学院王凤岭教授、易著梁副教授对全书的编写提出了宝贵意见和建议，特此致谢。中国人民大学出版社对本书的出版给予大力支持，黄秋桂、廖婕分别对全书的中、英文进行了校对，在此一并致谢。

由于作者水平有限，编写时间仓促，书中难免存在错漏和不足之处，恳请广大读者给予批评指正。

编　者

2014 年 6 月

目　录

模块1 认识和使用计算机

项目1 认识和使用计算机

随着计算机应用的普及和网络技术的飞速发展，计算机逐渐成为现代社会必不可少的工具。为了适应现代社会的发展，每个人都有必要学会使用计算机。

本项目包括以下任务：

- 认识计算机的系统构成；
- 了解微型计算机的主要性能指标及配置；
- 使用键盘输入字符；
- 了解计算机的基础知识。

任务1 认识计算机系统构成

任务要求：了解计算机硬件系统和软件系统，认识其主要的硬件。

一个完整的计算机系统由硬件系统和软件系统两大部分构成，计算机系统构成，如图1—1所示。

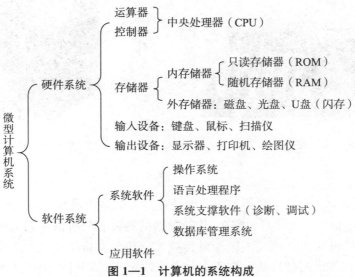

图1—1 计算机的系统构成

1

1. 硬件系统

硬件系统是组成计算机系统的物理设备，是软件运行的必要物质基础，主要由五个基本的部分组成，即控制器、运算器、存储器、输入设备和输出设备。

计算机主要的硬件分为内部硬件和外围设备。主机内部硬件：主板、CPU、显卡、硬盘、光驱、内存、机箱等；外围设备：显示器、键盘、鼠标、打印机、扫描仪和绘图仪等。

（1）主板。

主板（Mainboard）又叫主机板、系统板或母板，是一块矩形的电路板，上面焊接着各种芯片、插槽和接口等。它是主机中其他配件的载体，如CPU、内存、显卡等都通过相应的插槽或插座安装在主板上。而光驱、硬盘、鼠标和键盘等设备，也在主板上有对应的接口。主板对计算机整体性能有很大的影响。主板上的插槽、总线是计算机各硬件之间进行数据交换的通道，其通讯速度将直接影响计算机的速度，主板上的各个芯片组对计算机中的各种数据起着控制、诊断、存储、检测等作用。因此选择主板在计算机的硬件选择中至关重要。常见的主板，如图1—2所示。

（2）机箱。

机箱作为计算机配件中的一部分，主要用于放置和固定各种计算机配件，起到承托和保护的作用，还具有屏蔽电磁辐射的重要作用。虽然机箱不像CPU、显卡、主板等配件那样对提高计算机的性能作用明显，但是机箱也对系统有所影响，一些用户购买了质量较差的机箱后，由于主板和机箱形成了回路，因此导致短路，使系统变得很不稳定。机箱的外观，如图1—3所示。

图1—2　主板

图1—3　机箱

（3）CPU。

CPU（Central Processing Unit）即中央处理器，由运算器和控制器组成。CPU是计算机的核心部件，相当于人的"大脑"。各种数据的处理和分析由它来完成，其性能的高低直接决定着计算机整体性能。主频即时钟频率（单位：Hz）是CPU的性能指标，指CPU在单位时间内发出的脉冲数，它很大程度上决定了计算机的运算速度。一般主频越高、字长越长、内存容量越大、存取周期越小，其运算速度就越快。CPU 包含有高速缓存（Cache），用于临时存储 CPU 的常用数据，通常高速缓存的存取速度远远超过内存，能够有效地提高 CPU 的运行效率。Intel 公司和 AMD 公司是两大 CPU 生产厂商。计算机的主频从早期的 4.47MHz 发展至现在的 3.73GHz，甚至更高。常见的 CPU，如图 1—4 和图 1—5 所示。

图 1—4　Intel 公司生产的 CPU

图 1—5　AMD 公司生产的 CPU

（4）内存。

内存是计算机的核心配件之一，其作用是用来存储计算机工作过程中产生的数据信息。此外，它还负责直接与 CPU 沟通，作为 CPU 与硬盘、光驱等外存储器之间交换数据的中转站，其存储速度和容量大小对计算机的运行速度影响很大。内存储器分为只读存储器（ROM）和随机存储器（RAM），其中随机存储器属于易失性存储器，计算机意外断电后存储的信息就会丢失。常见的内存，如图 1—6 所示。

图 1—6　内存

存储容量的单位是字节，1 字节（单位：Byte，缩写为 B）由 8 个二进制位（Bit）组成，常用的存储单位 KB、MB、GB、TB，它们的换算关系为：

$1KB=2^{10}B=1\ 024B$

$1MB=2^{10}KB=1\ 024\times1\ 024B$

$1GB=2^{10}MB=1\ 024\times1\ 024\times1\ 024B$

$1TB=2^{10}GB=1\ 024\times1\ 024\times1\ 024\times1\ 024B$

（5）硬盘。

硬盘是计算机重要的外部存储设备，计算机的操作系统、应用软件、文档和数据等都可以存放在硬盘中。计算机关机后，硬盘中的数据不会丢失，是长期存储数据的设备。硬盘的相关技术指标有转速、平均寻道时间、平均访问时间、最大内部数据传输率以及缓冲时间等。常见的硬盘，如图 1—7 和 1—8 所示。

图1—7　硬盘　　　　　　　　　　　　　图1—8　硬盘内部

（6）光驱。

光盘驱动器也叫光驱，用来驱动光盘完成数据的读/写，达到数据存储和数据读取的目的。光驱的主要技术指标是倍速，CD光驱最初读取信息的速度是150KB/s，后来光驱的读取速度成倍提高，如52倍速CD光驱的读取速度为150KB/s乘以52，即150KB/s×52＝7 800KB/S。现在常用的是DVD光驱，如图1—9所示。

（7）显卡。

显卡又称图形加速卡或显示适配器，是计算机与显示器之间的一种接口卡。显卡主要负责图形处理，把计算机的数据传输给显示器，生成能供显示器输出的图形图像、文字等信息，并控制显示器的数据组织方式。有的显卡还可以把计算机信号转换成电视信号直接传输到电视机上。显卡性能的好坏主要取决于显卡上的图形处理芯片。目前有的主板集成了显卡，但如果用户对图像处理效果要求较高（如3D游戏、工程设计、平面设计等），则建议配置独立显卡。常见的显卡，如图1—10所示。

图1—9　光盘驱动器　　　　　　　　　　图1—10　显卡

（8）显示器。

显示器的作用是把计算机处理信息的过程和结果显示出来，用户用来显示键入的命令、程序、数据、计算机运算的结果或系统给出的提示信息等。显示器按显示颜色分彩色显示器和单色显示器两种，目前大部分计算机都采用彩色显示器，如图1—12所示。目前常见的显示器有阴极射线管（CRT）显示器、液晶显示器（LCD，Liquid Crystal Display）和等离子显示器（PDP），如图1—11和图1—12所示。显示器的主要技术指标有屏幕尺寸、屏幕类型、点距、刷新频率、分辨率和带宽等。显示器上的字符和图形是由一个个像素（Pixel）组成的。显示器屏幕上可控制的最小光点称为像素，X方向和Y方向总的像素点数称为分辨率。显示器的分辨率一般用整个屏幕上光栅的列数与行数的乘积来表示，乘积越大，分辨率就越高，图像越清晰。常用的分辨率有640×480、800×600、1 024×768、1 280×1 024等。

对应不同分辨率的显示器，有相应的控制电路，称为适配器或显示卡。显示器必须配置正确的适配器（俗称显卡）才能构成完整的显示系统。适配器较早的标准有CGA（Color Graphics Adapter）标准（320×200，彩色）、EGA（Enhanced Graphics Adapter）标准（640×350，彩色）和VGA（video graphics array）标准。VGA适用于高分辨率的彩色显示器，其图形分辨率在640×480以上，能显示256种颜色，显示图形的效果很理想。在VGA之后，又不断出现SVGA、TVGA卡等，分辨率提高到800×600、1 024×768，有些具有16.7兆种彩色，称为"真彩色"。

显示器的RAM容量也是一个不可忽视的指标，目前常用的为1~8MB。如果希望显示器具有较强的图形输出功能，必须选用较大容量的显示器。

图1—11　阴极射线显示器CRT

图1—12　液晶显示器LCD

（9）键盘和鼠标。

键盘是较常见的也是主要的设备之一，是用户用来键入命令、程序、数据的主要输入设备，如图1—13所示。通过键盘可以把中英文字符等输入计算机。现在常用的是101键盘、104键盘和107键盘等。

鼠标也是主要的输入设备之一。常见的鼠标有双键和三键鼠标，以前使用的鼠标有机械式和光电式两种，现在出现了无线鼠标，如图1—14所示。

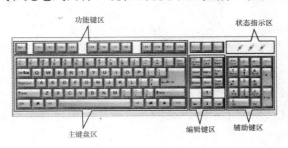

图1—13　键盘

图1—14　鼠标

（10）打印机。

打印机是计算机的输出设备。按打印方式分类，打印机可分为击打式和非击打式两类。击打式打印机利用机械冲击力，通过打击色带来在纸上印上字符和图形，如常用于打印票据的针式打针机。非击打式打印机则用电、磁、光、热、喷墨等物理、化学方法来印刷字符和图形，如用于打印彩色图片的喷墨打印机和常用于打印文稿的激光打印机。打印质量用打印分辨率来度量，单位是"点数/每英寸"，即 dpi（dot per inch）。非击打式打印机的打印质量通常比击打式的高，例如，激光打印机分辨率通常是 300dpi 以上，而点阵打印机的分辨率不足 100dpi。常见的打印机如图 1—15～图 1—17 所示。

图 1—15　Epson 针式打印机　　　图 1—16　Epson 喷墨打印机　　　图 1—17　HP 激光打印机

（11）扫描仪。

扫描仪是一种用来输入图片资料的输入装置，有彩色和黑白两种，一般是作为独立的装置与计算机连接。目前市场供应的扫描仪，面积为 A4 纸张大小，分辨率可达28 800 dpi，如图 1—18 所示。

（12）绘图仪。

绘图仪是计算机的图形输出设备，分为平台式和滚筒式两种。它是利用画笔在纸上画线，适合于绘制工程图。在气象、地质测绘和产品设计中是重要的输出设备。新型的绘图仪也采用无笔的绘制方式，其原理与喷墨、激光打印机印字方法相类似，如图 1—19 所示。

图 1—18　扫描仪　　　　　　　　　图 1—19　绘图仪

2. 软件系统

软件系统主要包括系统软件和应用软件，未配置任何软件的计算机称为"裸机"。"软件"指的是程序和文档的总和，软件系统是指为了运行、维护、管理、应用计算机所编写的所有程序和支持文档的总和。

系统软件是运行、管理、维护计算机必不可少的最基本的软件，一般由计算机生产厂商提供。系统软件主要包括操作系统、语言处理程序和实用程序。操作系统是计算机软件系统的重要组成部分，是软件的核心。操作系统是控制和管理计算机硬件、软件资源，合理组织计算机工作流程、提供人机界面以方便用户使用计算机的大型程序，它由许多具有控制和管理功能的子程序组成。操作系统的功能和分类将在下一个模块介绍。

应用软件是为解决实际问题而开发的软件，如微软公司开发的 Office 办公软件、计算机辅助设计软件、计算机科学计算软件、辅助教学软件、财会管理软件、图形和图像处理软件 Photoshop 等。

微型计算机软件系统的组成，如图 1—20 所示。

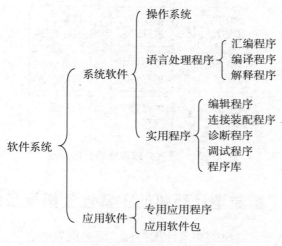

图 1—20　微型计算机的软件组成

3. 计算机语言

计算机语言是用户编写程序使用的语言，是人与计算机之间交换信息的工具，一般分为机器语言、汇编语言和高级语言。

（1）机器语言。

机器语言是以计算机唯一能够识别和执行的二进制码作为基本符号。其优点是不用翻译就能被计算机直接理解和执行、所占内存小、执行速度快；但它的主要缺点是直观性差、容易出错、修改和调试不方便、不便于人们记忆和使用，通用性和移植性较差。

（2）汇编语言。

汇编语言是语言的"符号化"，它与机器语言基本上是一一对应的，用汇编语言编写的程序比机器语言程序易读、易检查、易修改、使用起来方便。但汇编语言与机器语言没有明显的区别，都是面向计算机的语言，机器语言和汇编语言都称为低级语言。

（3）高级语言。

高级语言最主要的特点是不依赖于计算机的指令系统，使用人们理解的英文、运算符号和十进制数字来编写程序，具有很强的通用性，而且易记、易写、易读、易改，给程序的调试带来很大的方便。高级语言的种类很多，目前常用的高级语言有 QBASIC、FOR-TRAN、PASCAL、C、VC++、Java 等。

用汇编语言或高级语言编写的程序，计算机是不能直接识别和执行的。计算机只能执行机器语言程序，因此必须配备语言处理程序，如图 1—21 所示，其任务是把源程序翻译成计算机可执行的机器语言程序。语言处理程序包括汇编程序、编译程序和解释程序。

汇编程序：能将汇编语言编制的源程序翻译成机器语言的目标程序。

编译程序：能将用高级语言编制的源程序翻译成机器语言的目标程序。

解释程序：检查高级语言书写的源程序并执行源程序的指令，但不产生目标程序。

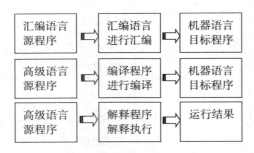

图1—21　语言处理程序的处理过程

任务2　了解微型计算机的主要性能指标及配置

任务要求：了解微型计算机的主要性能指标，学会配置一台个人计算机。

微型计算机的主要性能指标有：位数、运算速度、CPU主频、字长、内核、内存容量、带宽、版本。

1. 位数

计算机有8位、16位、32位及64位之分，指处理器（特别是其中的寄存器）能够保存数据的位数。寄存器的位数越高，处理器一次能处理的信息就越多。

2. 运算速度

运算速度是衡量CPU工作快慢的指标，一般以每秒处理多少条指令来度量。其单位是MIPS（Million Instructions Per Second，每秒10^6条指令）和BIPS（Billion Instructions Per Second，每秒10^9条指令）。当今计算机的运算速度可达每秒万亿次。由于运算快慢与微处理器的时钟频率紧密相关，所以人们也用主频来表示运算速度。计算机的运算速度还与内存、硬盘等工作速度及字长有关。

3. 主频

主频即时钟频率，是指计算机CPU在单位时间内发出的脉冲数，它在很大程度上决定了计算机的运算速度，一般主频越高、字长越长、内存容量越大、存取周期越小、则运算速度越快。主频的单位是赫兹（Hz）。

4. 字长

字长是CPU一次可以处理的二进制位数，字长主要影响计算机的精度和速度。字长有8位、16位、32位和64位等。字长越长，表示一次读写和处理的数据的范围越大，处

8

理数据的速度越快，计算精度越高。如 Athlon 等均为 64 位 CPU。

5. 内存容量

内存容量是指内存储器中能存储信息的总字节数，它是衡量计算机记忆能力的指标。存储容量的大小不仅影响着存放程序和数据的大小，而且还影响着运行程序的速度，一般来说，内存容量大，能存入的数据就多，能直接接纳和存储的程序就长，计算机的运算速度就快。

6. 带宽

计算机的数据传输率用带宽表示，反映了计算机的通信能力。输入输出数据传输速率决定了可用的外设和计算机与外设交换数据的速度，数据传输率的单位一般用 MB/s 或 Mb/s，其含义分别是兆字节每秒和兆比特每秒，前者表示每秒传输的字节数量，后者表示每秒传输的比特数量。提高计算机的输入输出传输速率可以提高计算机的整体速度。

7. 版本

计算机的硬件和软件在不同的时期有不同的版本，版本序号往往简单地反映出性能的优劣。

8. 可靠性

可靠性指计算机连续无故障运行时间的长短。可靠性好，表示无故障运行时间长。

9. 兼容性

任何一种计算机中，高档机总是低档机发展的结果。如果原来为低档机开发的软件不加修改便可以在它的高档机上运行和使用，则称此高档机为向下兼容。

10. 计算机硬件配置清单

微型计算机的配置日新月异，现在的计算机配置很高端，性价比也非常高。这里给出两组计算机的配置参数，供参考，如表 1—1 和表 1—2 所示，AMD CPU 配置的预算为 2 700左右，而 Intel CPU 配置预算为 3 200 元左右。

表 1—1   **AMD CPU 的配置清单**

配件名称	配件型号
CPU	AMD　速龙Ⅱ×4 740（盒），3.2GHz
主板	华硕　M4A88T—MLE
内存	4GB DDR3 1 333MHz
硬盘	希捷　7 200.12 500GB 单碟
显卡、声卡、网卡	集成
键盘、鼠标	先锋　DVD－130D 黑旋风

续前表

配件名称	配件型号
机箱、电源	双飞燕　KB‐8620D
显示器	飞利浦　193E1SB
预算	2 700 元左右

表 1—2　　　　　　　　　　　　　　**Intel CPU 配置清单**

配件名称	配件型号
CPU	Intel 酷睿 i3 4 130，3.4GHz
主板	华硕 P5G41 LE V2
内存	4GB DDR3 1 600MHz
显卡	核心显卡，Intel GMA HD 4000
硬盘	西数 WD500G 7 200r/min SATA
网卡	1 000Mbps 以太网卡
光驱	三星 DVD‐ROM 光驱
机箱	动力火车 210，38℃恒温机箱
电源	机箱自带 480W 大风扇　电源
键盘、鼠标	硕美科极智光电　键鼠套装
显示器	LG1942SY 19 英寸宽屏液晶显示器
音箱	漫步者 101V2.1 声低炮
预算	3 200 元左右

任务3　使用键盘输入字符

任务要求：正确使用键盘、学会输入中英文字符、掌握输入法的切换方法以及一些基本键的功能。

1. 打字练习的方法

初学打字的用户一定要掌握适当的练习方法，这对于提高自己的打字速度很有帮助。将手指按照分工放在正确的键位上，有意识地慢慢记忆键盘上各个字符的位置，体会击键时手指的感觉，并逐步养成不看键盘的输入习惯。进行打字练习时必须集中注意力，做到手、脑、眼协调一致，尽量避免边看原稿边看键盘。即使初学阶段的输入速度很慢，也一定要保证输入的准确性。

2. 打字的指法

准备打字时，除拇指外其他手指分别放在基本键上，拇指放在空格键上，如图 1—22

所示。

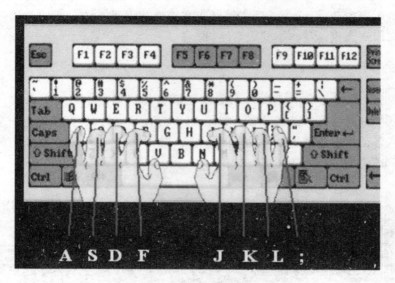

图 1—22　基准键位图

　　每个手指除了控制基本键外，还应分别控制其他字键，称为它的范围键。具体的指位分布如图 1—23 所示。

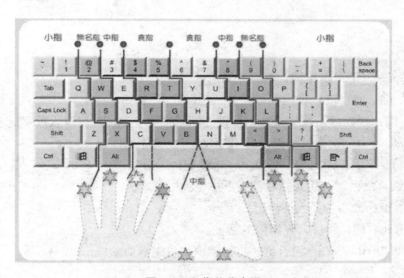

图 1—23　指位分布图

　　指法练习技巧：将左、右手各手指放在基本键上，按完键迅速返回原位，用食指按键时要注意键位角度，用小拇指按键时力量要保持均匀，数字键采用跳跃式按键方法。

3. 打字姿势

　　打字时一定要坐姿端正。如果坐姿不正确，不但会影响打字速度，而且容易疲劳、出错。

正确的姿势应该是两脚平放，腰部挺直，两臂自然下垂，两肘贴于腋边。身体可略倾斜，离键盘的距离为 20～30cm。打字教材或文稿放在键盘左边，或用专用夹夹在显示器旁边。打字时眼观文稿，身体不要跟着倾斜。

4. 键盘的使用方法

整个键盘分为 5 个小区，上面一行是功能键区和状态指示区，下面的 5 行是主键盘区、编辑键区和辅助键区。键区分布，如图 1—24 所示。对初学打字的用户来说，主要是熟悉主键盘区各个按键的用处。主键盘区除包括 26 个英文字母、10 个阿拉伯数字和一些特殊符号外，还附加了一些功能键。

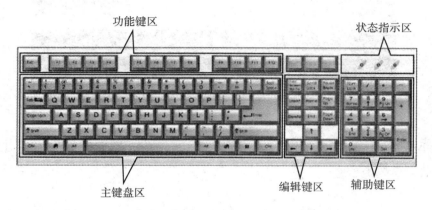

图 1—24　键区分布图

"Back Space"键：退格键，删除光标前的字符。

"Enter"键：回车键，将光标移至下一行行首。

"Shift"键：换挡键，按住"Shift"键的同时按数字键，可以输入数字键上的符号。

"Ctrl"和"Alt"键：控制键，必须与其他键一起使用。

"Caps Lock"键：锁定键，将英文字母锁定为大写状态。

"Tab"键：跳格键，将光标右移到下一个跳格位置。

"Insert"键：改写与插入切换键。

"Print Scrn"键：将屏幕复制到剪贴板。

"Alt"和"Print Scrn"组合键：将活动窗口复制到剪贴板。

空格键：输入一个空格。

功能键区的"F1"～"F12"键的功能根据具体的操作系统和应用程序而定。编辑键区包括插入字符的"Insert"键，删除当前光标位置后的字符"Delete"键，将光标移至行首的"Home"键和将光标移至行尾的"End"键，向上翻页的"Page Up"键和向下翻页的"Page Down"键，以及方向键。

辅助键区（小键盘区）有 9 个数字键，可用于数字的连续输入，如财会数据的输入。当使用辅助键区输入数字时应按"Num Lock"键，此时对应的指示灯是亮的。

更多快捷键，请上网搜索快捷键大全。

5. 中/英文切换

在输入文本的过程中经常会进行中/英文的切换，其实不用不停地通过切换输入法（按"Ctr＋Shift"组合键）来切换中/英文。可以通过"Ctrl＋空格"组合键来进行中/英文的切换。

任务 4　了解计算机的基础知识

任务要求：了解计算机的发展历史、应用领域、发展趋势、特点和工作原理，掌握计算机的信息表示及其编码、常用数制及数制之间的转换。

1. 计算机的发展史

计算机的发展主要经历了 4 个阶段，第一阶段为电子管计算机（1946—1957 年），第二阶段为晶体管计算机（1958—1964 年），第三阶段为集成电路计算机（1965—1970 年），第四阶段为大规模、超大规模集成电路计算机（1971 年至今）。

2. 计算机的特点

计算机的主要特点是运算速度快、计算精度高，记忆能力和逻辑判断能力强，可靠性高、通用性强，工作自动化。

3. 计算机的分类

计算机的分类方法很多，根据处理的对象、用途和规模不同有不同的分类方法。

（1）根据处理对象划分。

根据计算机处理的信号不同，计算机可分为数字计算机、模拟计算机和数字模拟混合计算机。数字计算机处理数字信号；模拟计算机处理模拟信号；数字模拟混合计算机既可以处理数字信号，又可以处理模拟信号。

（2）根据计算机的用途来划分。

根据计算机的用途不同可将计算机分为专用计算机和通用计算机。专用计算机功能单一，适应性差，但是在特定用途下更有效、更经济、更快速。通用计算机功能齐全，适应性强，目前所说的计算机都是指通用计算机。

（3）根据计算机的规模划分。

根据计算机规模不同，把计算机划分为 5 类：巨型机、大型机、中型机、小型机和微型机。

4. 计算机的工作原理和工作过程

（1）计算机的工作原理。

1946 年，美国宾夕法尼亚大学研制出世界第一台数字计算机 ENIAC（The Electronic Numerical Integrator And Calculator），主要的元件是电子管。其工作速度受到机械式读卡机的限制。美国数学家冯·诺依曼最早看到问题的症结，据此提出了著名的"存储程序工作原理"，它由 5 个基本的部分组成：运算器、控制器、存储器、输入设备和输出设备。按照这种原理制造出来的计算机就是"存储程序控制计算机"，也称为冯·诺依曼计算机。现在使用的计算机，其基本原理仍然是存储程序和程序控制。世界上第一台由冯·诺依曼设计具有存储程序功能的计算机称为 EDVAC（Electronic Discrete Variable Automatic Computer），离散变量自动电子计算机。但是世界上第一台实现存储程序式的电子计算机是 EDSAC（Electronic Delay Storage Automatic Computer），电子延迟存储自动计算机。

（2）计算机的工作过程。

计算机的工作过程可归纳为以下五步：

第一步：控制器控制输入设备或外存储器将数据和程序输入到内存储器。

第二步：在控制器的指挥下从内存储器取出指令送入控制器。

第三步：控制器分析指令，指挥运算器、存储器、输入/输出设备等执行指令规定的操作。

第四步：运算结果由控制器控制送存储器保存或送输出设备。

第五步：返回第二步，继续取下一条指令，如此反复，直到程序结束。

5. 计算机的应用领域及发展趋势

现在计算机已广泛应用于人类社会的各个领域。计算机的应用领域可归纳为以下几方面：科学计算、数据处理、计算机辅助设计/辅助制造（CAD/CAM）、辅助教学（CAI）、实时控制、多媒体技术、计算机通信和网络、人工智能等。

计算机还在向着巨型化、微型化、网络化和智能化 4 个方向发展。

6. 计算机中的字符编码

（1）数值在计算机中的表示。

在计算机中，所有数据都以二进制的形式表示。数的正负号也用"0"和"1"表示。通常规定一个数的最高位作为符号位，"0"表示正，"1"表示负。把机器内存放的正负号数码化后的数称为机器数；把机器外存放的由正负号表示的数称为真值。

（2）计算机中非数值数据的编码。

计算机不仅可以处理数值数据，还可以处理非数值数据（也称字符或符号数据），如字母、文字、声音、图像等。在计算机中，非数值数据需要用"0"和"1"按一定的规则进行编码。计算机中常用的西方字符数字化编码是 ASCII（American Standard Code for Information Interchange），即美国标准信息交换代码，已被国际标准化组织 ISO 采纳，作为国际通用的信息交换标准代码。ASCII 码是一种西方机内码，包括 7 位 ASCII 和 8 位 ASCII。常用字符有 128 个，编码从 0～127。7 位 ASCII 码用一个字节中的低 7 位（最高位为 0）来表示 128 个不同的字符，其中的 96 个编码分别对应键盘上可输入并可以显示和打印的 96 个字符（包括大、小写英文字母各 26 个，0～9 共 10 个数字，还有 33 个通用运算符和标点符号等）及 32 个控制代码。7 位 ASCII 编码表，如表 1—3 所示。

低 4 位代码	高 3 位代码							
	000	001	010	011	100	101	110	111
0000			空格	0	@	P	、	p
0001			!	1	A	Q	a	q
0010			"	2	B	R	b	r
0011			♯	3	C	S	c	s
0100			$	4	D	T	d	t
0101			%	5	E	U	e	u
0110			&	6	F	V	f	v
0111	32 个控制字符		'	7	G	W	g	w
1000			(	8	H	X	h	x
1001			)	9	I	Y	i	y
1010			*	:	J	Z	j	z
1011			+	;	K	[	k	{
1100			，	<	L	\	l	|
1101			—	=	M	]	m	}
1110			。	>	N	^	n	~
1111			/	?	O	_	o	DEL

（3）汉字编码。

汉字属于非数值型数据，根据汉字的输入/输出和计算机内部的编码要求，汉字编码通常有 4 类：汉字输入码、汉字交换码、汉字机内码和汉字字形码。

汉字输入码：输入汉字所使用的编码，目前我国的汉字输入码编码方案已有上千种，根据汉字的特点和编码规划可大致可分为流水码、音码、形码和音形结合码。

汉字交换码：1981 年 5 月，国家标准总局制定并颁布了 GB 2312—1980《通讯用汉字字符集及其交换码标准》，统称标准码或交换码。国标 GB 2312—1980 中收录了 7 445 个汉字及符号（包括一级常用汉字 3 755 个，二级汉字 3 008 个和 682 个非汉字字符）并为每个字符规定了标准代码，以便在不同的计算机系统之间进行汉字交换。GB 2312—80 字符集构成一个 94 行、94 列的二维表，行号称为区号，列号称为位号，每一个汉字或符号在码表中的位置用其所在的区号和位号来表示。

汉字机内码：汉字机内码是计算机内部对汉字信息进行采集、传输、存储和加工处理所用的汉字代码。

汉字字形码：汉字的字形码就是显示或打印汉字所用的汉字代码，用以记录汉字的外形，是汉字的输出形式。记录汉字字形通常包括点阵法和矢量法两种，对应的字形编码分别为点阵码和矢量码。各种汉字字体、字号集构成汉字库。常用的点阵有 16×16、24×24、32×32、48×48。在屏幕上显示用 16×16 点阵，打印一般用点阵数大的点阵。点阵数越大，显示的汉字效果越好，且需要的存储容量就越大。矢量码用一组数学矢量记录汉字的外形轮廓了。矢量码记录的字体称为矢量或轮廓字体，这类字体具有容易缩放和变形，不会出现锯齿状边缘，存储空间小等特点。如 PostScript、TrueType 字库属于这种字形码。

7. 计算机中各进制数之间的转换

（1）十进制与二进制之间的转换。

①十进制整数转换成二进制整数。可采用"除 2 取余法"，将被转换的十进制整数反复地除以 2，直到商是 0 为止，所得的余数（从末位读起）就是这个十进制整数对应的二进制数。

【例 1.1】 将十进制整数 $(29)_{10}$ 转换成二进制整数。

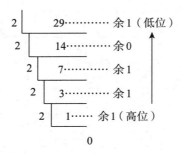

所以 $(29)_{10} = (11101)_2$。

②十进制小数转换成二进制小数。可采用"乘 2 取整法"，把十进制小数转换成二进制小数是将十进制小数不断乘以 2，选取进位整数，直到满足精度要求为止，把每次所进位的整数按从上往下的顺序依次写出。

【例 1.2】 将十进制小数 $(0.375)_{10}$ 转换成二进制小数。

$$
\begin{array}{r}
0.375 \\
\times \quad 2 \\
\hline
\text{整数部分为 } 0 \cdots\cdots\ 0.750 \\
\\
0.75 \cdots\cdots\text{纯小数部分} \\
\times \quad 2 \\
\hline
\text{整数部分为 } 1 \cdots\cdots\ 1.50 \\
\\
0.50 \cdots\cdots\text{纯小数部分} \\
\times \quad 2 \\
\hline
\text{整数部分为 } 1 \cdots\cdots\ 1.00
\end{array}
$$

所以 $(0.375)_{10} = (0.011)_2$。

③二进制数转换成十进制数。把二进制数转换成十进制数的计算方法是将二进制数按

权展开求和。

【例1.3】 将二进制数（1010110010.1101）₂转换成十进制数。

$(1010110010.1101)_2 = 1 \times 2^9 + 0 \times 2^8 + 1 \times 2^7 + 0 \times 2^6 + 1 \times 2^5 + 1 \times 2^4 + 0 \times 2^3 + 0 \times 2^2 + 1 \times 2^1 + 0 \times 2^0 + 1 \times 2^{-1} + 1 \times 2^{-2} + 0 \times 2^{-3} + 1 \times 2^{-4} = 512 + 0 + 128 + 0 + 32 + 16 + 0 + 0 + 2 + 0 + 0.5 + 0.25 + 0 + 0.0625 = (690.8125)_{10}$。

同理，将非十进制数转换成十进制数的方法是把非十进制数按权展开求和。例如，把二进制数（或八进制数或十六进制数）写成2（或8或16）的各次幂之和的形式，然后再计算其结果。

（2）二进制与八进制之间的转换。

①二进制数转换成八进制数。由于二进制数和八进制数之间存在特殊关系，即$8 = 2^3$，即一位的8进制数对应3位的二进制数，因此转换起来比较容易。具体转换方法是将二进制数以小数点为界，整数部分从右向左每3位一组，小数部分从左向右每3位一组，不足3位的用0补齐。这个方法我们简记为"三合一"。

【例1.4】 将二进制数（10101011110101.10101）₂转换为八进制数。

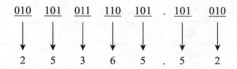

所以（10101011110101.10101）₂=（25365.52）₈。

②将八进制数转换成二进制数。以小数点为界，将小数点左侧或右侧的每1位八进制数用相应的3位二进制数取代，然后将其连在起，我们将这种方法简记为"一分三"。

【例1.5】 将八进制数（5473.126）₈转换为二进制数。

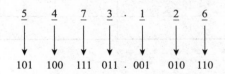

所以（5473.126）₈=（101100111011.001010110）₂。

（3）二进制与十六进制之间的转换。

①二进制数转换成十六进制数。每4位二进制数刚好对应1位的十六进制数的（$16 = 2^4$），其转换方法与二进制数转换成八进制数相类似，是将二进制数以小数点为界，整数部分从右向左4位一组，小数部分从左向右4位一组，不足4位的用0补齐，每组对应1位十六进制数，即"四合一"。

【例1.6】 将下面二进制转化为十六进制。

（11010101010101110101010.1111010101）₂=（6AAEA.F54）₁₆。

②十六进制数转换成二进制数。将十六进制数转换成二进制数的方法是以小数点为界，将小数点左侧或右侧的每1位十六进制数用相应的4位二进制数代替，然后将其连在一起，即"一分四"。

【例 1.7】 将下面十六进制转换为二进制。

$(3EAB.3F)_{16} = (11111010101011.00111111)_2$

计算机中各进制数之间的转换关系，如表 1—4 所示。

表 1—4   各进制数间的转换

二进制数	十进制数	八进制数	十六进制数
0	0	0	0
1	1	1	1
10	2	2	2
11	3	3	3
100	4	4	4
101	5	5	5
110	6	6	6
111	7	7	7
1000	8	10	8
1001	9	11	9
1010	10	12	A
1011	11	13	B
1100	12	14	C
1101	13	15	D
1110	14	16	E
1111	15	17	F
10000	16	20	10

 项目实训

1. 键盘基本键和组合键功能操作训练，具体要求见实训指导书。

2. 录入字符训练，要求见实训指导书。

3. 登录中关村在线网站，了解微型计算机硬件及其参数，配置一台家用微型计算机，列出主要的硬件及其技术参数。

项目2　了解多媒体技术

本项目包括以下任务：

· 了解多媒体技术的基本概念及其特点；

· 了解常用的多媒体数据文件格式。

任务 1 了解多媒体技术的基本概念及其特点

1. 多媒体技术相关概念

媒体也称为媒质或介质，是表示和传播信息的载体。多媒体（Multimedia）指融合两种或两种以上的人机交互式信息和传播的媒体。计算机能处理的多媒体信息从时效上可分为两大类：（1）静态媒体，包括文本、图形、图像。（2）动态媒体，包括声音、动画、视频。

媒体技术是一种基于计算机的综合技术，包括数字化信息的处理技术、音频和视频技术、硬件和软件技术、人工智能和模式识别技术、通信和图像处理技术等，是一门跨学科的综合技术。多媒体技术（Multimedia Technology）是指利用计算机技术综合处理文本、图形、图像、声音、动画和视频等多种媒体信息，使它们建立起逻辑联系，并集成为交互性系统的技术。

2. 多媒体技术的特点

多媒体技术强调的是交互式综合处理多种信息媒体的技术。从本质上来看，它具有多样性、集成性、交互性和实时性的特点。

（1）多样性。

多媒体技术的"多样性"是指信息媒体多样化或多维化，使计算机所能处理的范围从单一数值、文字扩展到文本、图形、图像、声音、动画和视频影像等多种信息。多媒体信息的多样化不仅仅指输入，还指输出。

（2）集成性。

多媒体的集成性包括两方面，一是多种信息媒体的集成，二是处理这些媒体的设备和系统的集成。这种集成能够对信息进行多通道统一获取、存储、组织与合成。其中包含的技术非常广，有超文本技术、光盘储存技术及影像绘图技术等多种技术的系统集成性，基本上可以说包含了当今计算机领域内最新的硬件技术和软件技术。

（3）交互性。

交互性指人可以通过计算机多媒体系统对多媒体信息进行加工、处理并控制多媒体信息输入、输出和播放。这是多媒体应用有别于传统信息交流媒体的主要特点之一。传统交流媒体（比如电视）只能单向地、被动地传播信息，而多媒体技术则可以实现人对信息的主动选择和控制。它使用户可以更有效地控制和使用信息，增加对信息的关注和理解。

（4）实时性。

为了能同步传达声音和图像，多媒体技术必须支持实时处理。尤其是在网络上，媒体信息必须及时传送，否则就会出现声音和图像的断续现象和不同步现象。例如，电视会议系统的声音和图像不允许存在停顿，必须严格同步，否则出现"唇音不同步"的现象，声音和图像就失去意义。

3. 多媒体信息处理的关键技术

多媒体系统需要将不同的媒体数据表示成统一的结构码流，然后对其进行转换、重组和分析处理，再进一步的存储、传送、输出和交互控制。多媒体信息处理的关键技术是进行数据压缩、数据解压缩、生产专用芯片、解决大容量信息存储等问题。

（1）多媒体数据压缩和解压缩技术。

多媒体数据压缩技术是多媒体技术中的核心技术。由于数字化的图像、声音等多媒体数据量非常大，存在着大量的冗余信息，而且视频、音频信号要求快速地传输处理，如果不经过数据压缩处理，实时处理数字化的较长的声音和多帧图像信息所需要的存储容量、传输率和计算速度都是目前计算机难以达到的，计算机系统几乎无法对它进行存取和交换。因此，必须对多媒体信息进行实时压缩和解压缩，视频、音频数字信号的编码和压缩算法成为多媒体信息处理的一个关键性技术。数据压缩技术实际上就是研究如何利用数据的冗余性来减少数据量的方法。数据压缩理论的研究已有 40 多年的历史，技术日趋成熟。如今已有压缩编码/解压缩编码的国际标准 JPEG 和 MPEG，并且已经产生了各种各样针对不同用途的压缩算法、压缩手段和实现这些算法的大规模集成电路和计算机软件。

根据解码后数据与原始数据是否完全一致来分，压缩方法可以分为两大类：一类是无损压缩法或无失真压缩法；另一类是有损压缩法或有失真压缩法。

无损压缩，又称为无失真压缩。利用数据的统计冗余进行压缩，可完全恢复原始数据而不导致任何失真，但压缩比较小，一般在 2∶1 到 5∶1 之间。由于不会失真，这类方法广泛应用于文本数据、程序的压缩，但也有例外，非线性编辑系统为了保证视频质量，采用的是无失真压缩方法。

有损压缩，也称为有失真压缩。利用人类视觉和听觉器官对图像或声音中的某些频率成分不敏感的特性，允许在压缩过程中损失一定的信息。虽然不能完全恢复原始数据，但所损失的部分对理解原始图像或声音不会产生影响，大多数图像、声音、动态视频等数据的压缩是采用有失真压缩。

根据压缩技术所采用的具体编码原理来分，压缩方法可分为预测编码、变换编码、统计编码、分析合成编码和混合编码等几种。其中统计编码是无损编码，其他编码是有损编码。

（2）多媒体数据存储技术。

多媒体信息需要大量的存储空间。因此，存储技术是影响多媒体应用发展的重要技术。目前海量存储设备有磁带机、光盘机、硬盘机、存储卡等，其中，光盘是目前较好的多媒体数据存储设备。

（3）多媒体专用芯片技术。

专用芯片是多媒体计算机硬件体系结构的关键技术。要实现音频、视频信号的快速压缩、解压缩和播放处理，需进行大量的快速计算。实现图像的特殊效果、生成、绘制等处理以及音频信号的处理等，也都需要较快的运算和处理速度。只有专用芯片，才能获得满意效果。

多媒体计算机的专用芯片可分为两类：一类是固定功能的芯片，另一类是可编程数字信号处理器（DSP）芯片。最早出现的固定功能专用芯片是基于图像处理的压缩处理芯片，即将实现静态图像的数据压缩/解压缩算法做在一个芯片上，从而大大提高其处理速度。之后，随着压缩编码/解压缩编码国际标准 JPEG 和 MPEG 的执行，芯片厂商或公司又推出了相应的专用芯片，例如，支持用于运动图像及其伴音压缩的 MPEG 标准芯片，芯片的设计还充分考虑到 MPEG 标准的扩充和修改。由于压缩编码的国际标准较多，一些厂家和公司还推出了多功能视频压缩芯片。另外还有高效可编程的多媒体处理器，其计算能力可达 2Bips（Billion Instructions Per Second）。这些高档的专用多媒体处理器芯片，不仅大大提高了音频、视频信号处理速度，而且在音频、视频数据编码时可增加特技效果。

（4）多媒体输入与输出技术。

多媒体输入/输出技术包括媒体变换技术、多媒体识别技术、多媒体理解技术和多媒体综合技术。多媒体变换技术是指改变多媒体表现形式的一种技术。当前广泛使用的视频卡、音频卡（声卡）都属于多媒体变换设备。多媒体识别技术是对信息进行一对一的映像过程。例如，语音识别技术和触摸屏技术等都属于多媒体识别技术，语音识别是将语音映像为一串字、词或句子，触摸屏是根据触摸屏上的位置识别其操作要求。多媒体理解技术是对信息进行更进一步的分析和处理，理解信息内容的一种技术，其中包括诸如自然语言理解、图像理解、模式识别等技术。媒体综合技术是把低维信息映像成高维的模式空间的一种技术。例如，用语音合成器就可以把语音的内部表示综合为声音输出。

（5）多媒体软件技术。

多媒体软件技术主要包括：多媒体操作系统、多媒体素材采集与制作技术、多媒体编辑与创作工具、多媒体数据库技术、超文本/超媒体技术和多媒体应用开发技术。

①多媒体操作系统。多媒体操作系统是多媒体软件的核心。负责多媒体环境下多任务的调度，保证音频、视频同步控制以及信息处理的实时性，提供多媒体信息的各种基本操作和管理，实现设备的相对独立性与可扩展性。

②多媒体素材采集与制作技术。多媒体素材采集与制作技术指采集并编辑多种媒体数据技术。如声音信号的录制、编辑和播放，图像扫描及预处理，全动态视频采集及编辑，动画生成编辑，音频、视频信号的混合和同步等。

③多媒体编辑与创作工具。多媒体编辑创作软件又称多媒体创作工具，是在多媒体操作系统之上开发的。多媒体创作工具可以用来组织编排多媒体数据，并把它们连接成完整的多媒体应用系统。高档的创作工具用于影视系统的动画制作及特技效果。

④多媒体数据库技术。多媒体信息是非结构型的，传统的关系数据库已不适用于多媒体的信息管理，需要从以下四个方面研究数据库：多媒体数据模型、多媒体数据压缩和解压缩的模式、多媒体数据管理及存取方法、用户界面超文本/超媒体技术。

⑤超文本/超媒体技术。超文本（Hypertext）是用超链接的方法，将各种不同空间的文字信息组织在一起的网状文本。超文本的格式有很多，目前最常用的是超文本标记语言（Hyper Text Markup Language，HTML）。我们日常浏览的网页上的链接都属于超文本。超文本中的节点的数据不仅有文本，还包括图像、动画、音频或视频，则称为超媒体

（Hypermedia）。

（6）多媒体通信技术。

多媒体通信技术包含语音压缩、图像压缩及多媒体的混合传输技术。传统的通信网大都不太适应大容量的数字化多媒体数据的传输，宽带综合业务数字网（BISDN）是解决这个问题的一个比较理想的方法，其中异步传送模式（ATM）是近年来在研究和开发上的一个重要成果。20 世纪 90 年代，计算机系统以网络为中心，多媒体技术、网络技术和通信技术相结合推动了多媒体通信技术应用的发展，如可视电话、电视会议、视频点播及以分布式多媒体系统为基础的计算机支持协同工作系统（远程会诊、报纸共编等），这些应用很大程度上影响了人类的生活、工作方式。

（7）虚拟现实技术。

虚拟现实技术是用计算机生成现实世界的技术。虚拟现实（Virtual Reality，VR）的本质是人与计算机之间交流的方法，它以其更高级的集成性和交互性，给用户以十分逼真的体验，广泛应用于模拟训练、科学可视化等领域，如飞机驾驶训练、分子结构世界、宇宙作战游戏等。虚拟现实技术涉及计算机图形学、人机交互技术、传感技术、人工智能等领域，它用计算机生成逼真的三维视、听、嗅觉等的感觉世界，使人作为参与者通过适当装置，自如地对虚拟世界进行体验和交互作用。使用者通过虚拟现实系统不仅能感受到在客观物理世界中所经历的"身临其境"的逼真性，而且能突破空间、时间以及其他客观条件限制，感受在真实世界中无法亲身经历的体验。

任务 2　了解常用的多媒体数据文件格式

任务要求：了解常见的声音文件、图像文件和视频文件格式及其特点。

1. 常见的音频文件格式及其特点（如表 1—5 所示）

表 1—5　　　　　　　　　　　常见的声音文件格式及其特点

文件格式	扩展名	特点
波形文件	.wav	微软公司开发的一种声音文件格式，用于保存 Windows 平台音频信息资源，被 Windows 平台及其应用程序所支持。目前也成为通用性的数字声音文件格式，几乎所有的音频编辑软件都支持它。采样率 44.1K，速率 88K/秒，该格式记录声音的波形，声音质量非常高，与 CD 相差无几，但存储的文件过大。
midi 文件	.mid	MIDI 是数字乐器接口的国际标准，它定义了电子音乐设备与计算机的通讯接口，是数字编码描述音乐乐谱的规范化格式。midi 文件记录的不是乐曲本身，而是一些描述乐曲演奏过程中的指令，即每个音符的频率、音量、通道号等合成指示信息，能够模仿原始乐器的各种演奏技巧和效果。midi 文件的优点是短小；缺点是对软硬件要求高。

续前表

文件格式	扩展名	特点
CD 唱片格式文件	.cda	音质最好的音频文件格式，是唱片采用的格式，记录的是波形流。标准 CD 格式具有 44.1 采样率，88K/秒速率和 16 位量化位数，CD 音轨近似无损，声音基本忠于原声。此格式的文件无法编辑，且文件长度太大，CD 格式的文件可以在 CD 唱机中播放，也可以用播放软件播放，如要将 .cad 格式复制到硬盘上播放，需要抓音轨软件将其转换成 .wav 格式。
MP3 音乐文件	.mp3	.mp3 诞生于 80 年代的德国，所谓的 mp3 指的是 MPEG 标准中的音频部分，根据压缩质量和编码处理的不同分为 3 层，分别对应 .mp1，mp2 和 mp3 三种声音文件格式。.mp3 为目前最流行的声音文件格式，采用 MPEG—1 Audio Layer 3 的压缩格式，具有 10：1~12：1 的压缩比。因其压缩率大，在网络可视电话通信方面应用广泛，但音质次于 .cad 和 .wav 格式。
高级音频编码文件	.aac	高级音频解码技术（Advanced Audio Coding，ACC）是杜比实验室为音乐社区提供的技术，一种专为声音数据设计压缩格式，基于 MPEG—2 音频编码技术，最大容纳 48 通道音轨，采样率达 96KHz，采用高效的压缩算法进行编码，通常压缩比为 18：1。
流式音频（Streaming Audio）文件	.ra .rm	这种格式压缩比高、失真极小。.ra 也是为节省网络传输带宽资源而设计的，因此主要目标是提高压缩比和容错性，其次才是音质。
Windows 音频文件	.wma	是微软公司推出的一种流式数字音频格式。其压缩比和音质都好于 .mp3 和 .ra，它和日本 YAMAHA 公司开发 .vqf 格式一样，以减少数据流量但保持音质不变以达到比 .mp3 压缩率更高的目的，即使在较低的采样频率下也能产生较好的音质，支持流式播放。

2. 常见的位图格式及其特点（如表 1—6 所示）

表 1—6　　　　　　　　　　常用的位图文件格式及其特点

文件格式	扩展名	特点
BMP 位图	.bmp	位图（Bit map）文件是 Windows 中的标准图像文件格式，有压缩和不压缩两种形式。它以独立于设备的方法描述位图，解码速度快，支持多种图像的存储。
JPG/JPEG	.jpg .jpeg	联合图像专家组（Joint Photographic Expert Group，JPEG）文件格式，存储 24 位图像，它采用一种高效率的压缩格式，通过损失极少的分辨率，将图像所需存储量减少至原大小的 10%，广泛用于彩色传真、静止图像、电话会议、印刷及新闻图片的传送。但并不适合放大观看，输出成印刷品时，品质也会受到影响。
GIF	.gif	图像互换格式（Graphics Interchange Format，GIF）是在各种平台的图形处理软件上均能够处理的、经过无损压缩的图形文件格式。大多用在网络传输上，传输速度比其他图像文件格式快。只支持 256 色，不能用于存储真彩色的图像文件；但其 GIF89a 格式能够存储成背景透明的形式，将数张图存成一个文件。

续前表

文件格式	扩展名	特点
TIF/TIFF	.tif	标签图像文件格式（Tagged Image File Format，TIFF）是一种主要用来存储包括照片和艺术图片在内的图像文件格式。支持的色彩数最高可达16 384种。存储的图像质量高，但占用空间大，有压缩和非压缩形成动画效果。主要用于扫描仪、数码相机和印刷。
TGA	.tga	TGA（Targa）图像格式兼顾了BMP的图像质量和JPEG的体积优势。TGA的结构比较简单，属于一种图形、图像数据的通用格式，是计算机生成图像向电视转换的一种首选格式，不支持网络。
PSD	.psd	PSD（Adobe Photoshop Document）是Photoshop中使用的一种标准图形文件格式，可以存储成RGB或CMYK模式。此格式能够保存图像数据的所有原始信息，包括各种图层、通道、遮罩以及其他内容，而这些内容在转存成其他格式时会丢失。但存储的图像文件占用空间大，编辑好后可以选择占用磁盘空间较小、存储质量较好的其他文件格式保存。

3. 常见的视频文件格式及其特点（如表1—7所示）

表1—7　　　　　　　　　　　常见的视频文件格式及其特点

类型	文件格式	扩展名	特点
影像文件	AVI格式	.avi	由Microsoft公司于1992年推出的最常见的视音频格式文件，它的英文全称为Audio Video Interleaved，即音频视频交错格式。这种视频格式将视频和音频交织在一起进行同步播放。其优点是图像质量好，可以跨多个平台使用；缺点是体积过于庞大、且压缩标准不统一，播放时容易出现错误。
	MOV格式	.mov	由美国Apple公司开发的一种音频、视频文件格式，具有先进的视频和音频功能，QuickTime文件格式支持25位彩色，支持RLE、JPEG等领先的集成压缩技术，提供150多种视频效果。目前已成为数字媒体软件技术领域事实上的工业标准。国际标准化组织（ISO）也选择Quick Time文件格式作为开发MPEG—4规范的统一数字媒体存储格式。
	MPEG格式	.mpeg	MPEG是运动图像专家组（Moving Picture Experts Group）的缩写。家里常看的VCD、SVCD、DVD就是这种格式。MPEG文件格式是运动图像压缩算法的国际标准，它采用了有损压缩的方法来减少运动图像中的冗余信息，MPEG的平均压缩比为50∶1，最高可达200∶1。MPEG已成功应用于电视节目存储、传输和播出领域。目前，MPEG格式有三个压缩标准，分别是MPEG—1、MPEG—2、和MPEG—4。
	DIVX格式	.divx	由MPEG—4衍生出的另一种视频编码（压缩）标准，也即通常所说的DVDrip格式，它采用了MPEG的压缩算法同时又综合了MPEG—4与MP3各方面的优势，其画质直逼DVD而体积只有DVD的几分之一。编码对机器的要求不高。

24

续前表

类型	文件格式	扩展名	特点
流式视频文件	WMV 格式	.wmv	WMV 的英文全称为 Windows Media Video，也是微软推出的一种采用独立编码方式并且可以直接在网上实时观看视频节目的文件压缩格式。WMV 格式的主要优点包括：本地或网络回放、可扩充的媒体类型、部件下载、可伸缩的媒体类型、多语言支持等。
	ASF 格式	.asf	ASF 的英文全称为 Advanced Streaming Format，它是微软为了和 Real player 竞争而推出的一种可以直接在网上观看视频节目的视频格式，用户可以直接用 Windows 自带的 Windows Media Player 进行播放。由于它使用了 MPEG—4 压缩，因此压缩率和图像的质量都不错。
	FLV 格式	.flv	FLV 是 FLASH VIDEO 格式的简称，是 Macromedia 公司开发的一种流媒体视频格式。FLV 流媒体格式是一种新型的视频格式，由于它形成的文件极小、加载速度极快，使得网络观看视频文件成为可能。FLV 格式不仅可以轻松地导入 Flash 中，同时也可以通过 rtmp 协议从 Flashcom 服务器上流式播出。因此，目前国内外主流的视频网站都使用这种格式的视频。
	SWF 格式	.swf	SWF 是 Macromedia 公司的动画设计软件 Flash 的专用格式，是一种矢量和点阵图形的动画文件格式，被广泛应用于网页设计、动画制作等领域，SWF 文件通常也被称为 Flash 文件，这种格式文件用普通 IE 就可以打开。

 **基础知识**

1. 常见的光盘存储介质

光盘存储介质是目前较好的多媒体数据存储设备。它分成两类，一类是只读型光盘，其中包括 CD—Audio、CD—Video、CD—ROM、DVD—Audio、DVD—Video、DVD—ROM 等；另一类是可记录型光盘，它包括 CD—R、CD—RW、DVD—R、DVD＋R、DVD＋RW、DVD—RAM、DoublelayerDVD＋R 等各种类型。CD—ROM 只读光盘，其工作特点是采用激光调制方式记录信息，将信息化以凹坑和凸区的形式记录在螺旋形光道上。光盘是由母盘压模制成的，一旦复制成形永久不变，用户只能读出信息。

WORM（Write Once Read Many）一次性写多次读光盘，WORM 光盘在使用前首先要进行格式化，形成格式化信息区和逻辑目录区，用激光照射介质，使介质变异，利用激光不同的变化，使其产生一连串排列的"点"，从而完成写的过程。用户可以根据需要对其中重要数据进行加密。WORM 光盘的特点只能写一次但可以多次读，所以记录信息时要慎重，一旦写入就不能再更改。

ReWritable，可重写光盘或称可擦写光盘是最理想的光盘类型，也是最有应用前途的光盘类型。它像硬盘一样可读写，利用浮动磁光头对磁光盘上进行磁场调制，可进行高速重写磁光记录。

2. 视频文件的压缩标准

对视频文件的压缩分为无损压缩和有损压缩两种，目前数字视频文件主要采用运动图像专家组 MPEG（Moving Picture Experts Group，1988 年成立）的压缩标准，MPEG 是 ISO/IEC 的一个工作组，负责开发运动图像、声频及其混合信息的压缩、解压缩、处理和编码的国际标准。MPEG 的平均压缩比为 50：1，最高可达 200：1，同时视频图像质量也不错，在 PC 上有统一的标准格式，兼容性相当好，MPEG 已经制定了 MPEG—1、MPEG—2 和 MPEG—4 标准。MPEG—3 是 ISO/IEC 最初为 HDTV 开发的编码和压缩标准，但由于 MPEG—2 的高速发展，MPEG—3 的功能已被淘汰，其原来的工作由 MPEG—2 小组承担，因此没有 MPEG—3，大家熟悉的 MP3 只是 MPEG Audio Layer3。MPEG—1 和 MPEG—2 已广泛应用于多媒体领域，例如，数字电视、CD、视频点播、归档、因特网上的音乐等。MPEG—4 主要用于 64kbps 以下的低速率音视编码，以使用于窄带多媒体通信等领域。MPEG 目前正在制定 MPEG—7 和 MPEG—21。

（1）MPEG—1 和 MPEG—2。

MPEG—1 制定于 1992 年，广泛应用于 VCD 的制作。MPEG 标准包括 MPEG 视频、MPEG 音频和 MPEG 系统（视、音频同步）三个部分。MPEG 的压缩方法是将视频信号分段取样，即每隔若干幅画面取下一幅"关键帧"，然后对相邻各帧未变化的画面忽略不计，仅仅记录变化的内容，因此压缩比很大。MPEG 有两个变种：MPV 和 MPA。MPV 只有视频不含音频，MPA 是不包含视频的音频。MPA 是属于 MPEG—1 级别的压缩格式，较 MP3 的差一筹。.DAT 文件，实际上是在 .MPEG 文件头部加上了一些运行参数形成的变体。MPEG—2 则应用于要求较高的视频编辑、处理和 DVD 的制作（压缩）。

（2）MPEG—4。

1998 年 11 月公布的 MPEG—4 是一种新的压缩算法，它试图达到两个目标：一是低数据传输速率下的多媒体通信；二是多种类的多媒体通信的综合。为此，MPEG—4 引入 AV 对象（Audio/Visual Objects），使得更多的交互操作成为可能。MPEG—4 采用 AV 对象来表示听觉、视觉或者视听组合内容；允许组合已有的 AV 对象来生成复合的 AV 对象，并由此生成 AV 场景；允许对 AV 对象的数据灵活地多路合成与同步，以便选择合适的网络来传输 AV 对象数据；允许接收端的用户在 AV 场景中对 AV 对象进行交互操作，并且支持 AV 对象知识产权与保护。MPEG—4 的出现对以下各方面产生较大的推动作用：数字电视、动态图像、万维网（WWW）、实时多媒体监控、低比特率（每秒传送的比特数）下的移动多媒体通信、内容存储和检索多媒体系统、Internet/Intranet 上的视频流与可视游戏、基于面部表情模拟的虚拟会议、DVD 上的交互多媒体应用、基于计算机网络的可视化合作实验室场景应用、演播电视等。

（3）MPEG—7。

1996 年 10 月，运动图像专家组开始着手一项新的研究课题来解决多媒体内容描述的问题，即多媒体内容描述接口（简称 MPEG—7）。MPEG—7 扩大现今在识别内容方面存在的能力限制，将包括更多的数据类型。换言之，MPEG—7 规定用于描述各种类型的多媒体信息的一组标准描述符集、描述符的结构和反映它们之间关系的描述图。MPEG—7

也将标准化描述定义语言（DDL），用以定义新的描述图。MPEG—7 是 MPEG 针对日渐庞大的图像、声音信息的管理和迅速搜索的矛盾而提出的一种解决方案。MPEG—7 将对各种不同类型的多媒体信息进行标准化的描述，并将该描述与所描述的内容相联系，以实现快速有效的搜索。其正式的称谓是"多媒体内容描述接口"。

MPEG—7 的应用范围很广泛，既可应用于存储（在线或离线），也可用于流式应用。它可以在实时和非实时环境下应用。例如，数字图书馆（图像目录，音乐字典等）、多媒体名录服务（如黄页）、广播媒体选择（无线电信道、TV 信道等）、多媒体编辑（个人电子新闻业务、媒体写作）等。另外，MPEG—7 在教育、新闻、导游信息、娱乐、研究业务、地理信息系统、医学、购物、建筑等方面均有较深的应用潜力。

MPEG—1 使得 VCD 取代了传统的录像带，而 MPEG—2 使数字电视完全取代模拟电视，高画质和音质的 DVD 也取代 VCD。随着 MPEG—4 和 MPEG—7 新标准的不断推出，数据压缩和传输的技术必将更加规范化。

 ## 模块小结

本模块的主要任务是认识和使用计算机，重点介绍计算机的发展历史、应用领域、计算机系统组成、信息表示和多媒体技术等基础知识。其中计算机硬件系统的主要部件及其技术参数、计算机软件系统及其分类、多媒体信息处理关键技术、声音、图形图像、视频文件格式及其压缩技术是本模块的重点知识。此外，还介绍了键盘的布局和基本键及其组合的功能。正确使用键盘的基本键和组合键是使用计算机的基本操作，学会正确使用键盘录入字符和根据用户需求配置一台个人计算机是本模块需要掌握的基本技能。

模块 2 Windows 7 基本操作

项目 1 Windows 7 基本操作

项目情境：徐文喜欢用计算机查阅资料，可是他发现自己除了会打字，对计算机的操作并不熟悉，他决定从计算机操作系统的基本使用方法学起，熟悉计算机的基本操作。

本项目包括以下任务：

· 操作系统及其安装；

· 认识和自定义桌面项目；

· 设置任务栏和快捷方式；

· 使用控制面板；

· 使用附件；

· 用户管理。

任务 1 操作系统及其安装

任务要求：了解操作系统的功能、分类及其特点，熟悉 Windows 7 操作系统及其安装。

1. 了解操作系统

（1）定义。

操作系统（Operating System，简称 OS）是控制和管理计算机系统内各种硬件和软件资源、有效地组织多道程序运行的系统软件（或程序集合），是用户与计算机之间的唯一接口。

（2）操作系统主要功能。

处理机管理、存储管理、设备管理、文件管理、网络管理、提供良好的用户界面。

（3）操作系统的分类及其特点。

按照功能可把操作系统大致分为以下七类：批处理操作系统、分时操作系统、实时操作系统、嵌入式操作系统、个人计算机操作系统、网络操作系统和分布式操作系统。下面简要说明各类操作系统的特点。

①批处理操作系统。批处理操作系统的工作方式是用户将作业交给系统操作员，系统操作员将许多用户的作业组成一批作业，之后输入到计算机中，在系统中形成一个自动转接的连续的作业流，然后启动操作系统，系统自动、依次执行每个作业。最后由操作员将作业结果交给用户。批处理操作系统的特点是多道和成批处理。

②分时操作系统。分时操作系统简称分时系统，是一种联机的多用户交互式操作系统，它具有交互性、及时性、独立性、同时性等特点。

③实时操作系统。实时操作系统是指使计算机能及时响应外部事件的请求在规定的严格时间内完成对该事件的处理，并控制所有实时设备和实时任务协调一致地工作的操作系统。它具有同时性、独占性、较弱的交互性、实时性及可靠性等特点。

④嵌入式操作系统。嵌入式操作系统是运行在嵌入式系统环境中，对整个嵌入式系统以及它所操作、控制的各种部件装置等资源进行统一协调、调度、指挥和控制的系统软件，并使整个系统能高效地运行。嵌入式操作系统具有高可靠性、实时性、占用资源少和低成本等特点，它在工业监控、智能化家电、电子设备、智能仪器、现代化轿车、通信系统和导航系统等领域中的应用非常广泛。

⑤个人计算机操作系统。个人计算机操作系统的主要特点是计算机在某一时间内为单个用户服务；采用图形界面人机交互的工作方式，界面友好；使用方便，用户无需专门学习，也能熟练操纵机器。

⑥网络操作系统。网络操作系统是基于计算机网络的，在各种计算机操作系统上按网络体系结构协议标准开发的软件，包括网络管理、通信、安全、资源共享和各种网络应用。其目标是相互通信及资源共享。它具有硬件独立、桥/路由连接、多用户支持、网络管理、安全性和存取控制及丰富的用户界面等特点。

⑦分布式操作系统。大量的计算机通过网络被连接在一起，可以获得极高的运算能力及广泛的数据共享。这种系统被称作分布式系统。分布式操作系统能直接对该系统中的各类资源进行动态分配和管理，有效控制协调任务的并行执行，它具有分布性、并行性、透明性及可靠性等特点。

（4）典型的操作系统。

典型的操作系统有 DOS、Mac OS、Windows、Linux、Unix、OS/2 等。

（5）最常用的 Windows 操作系统。

早期的 Windows1.0、3.0，1995 年以后的 Windows95、98，风靡一时 Windows XP 到现在的 Windows 7 和 Windows 8 操作系统。

2. Windows 7 的安装

Windows 7 的安装步骤如下：

（1）在 BIOS 中选择从光驱启动，并将 Windows 安装光盘放入光驱中。计算机将开始读取光盘数据，引导启动，出现"Windows is loading files…"，即进入初始化界面，如图 2—1 和图 2—2 所示。

图 2—1　初始化

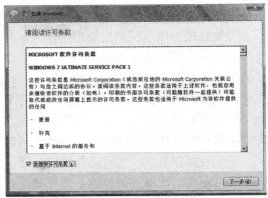

图 2—2　阅读许可条款并接受条款

（2）继续按向导进行安装，选择相应的安装磁盘，对磁盘进行格式化，然后开始自动安装系统，如图 2—3～图 2—5 所示。

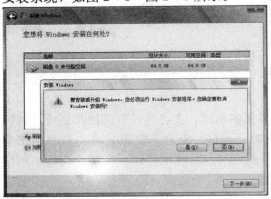

图 2—3　选择安装磁盘

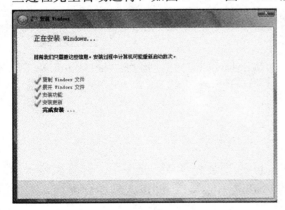

图 2—4　安装程序复制文件

（3）完成"安装更新"后，会自动从硬盘重启计算机。出现 Windows 的启动界面，安装程序会自动继续进行安装。期间，安装程序会再次重启，并对主机进行一些检测，这些过程完全自动运行，如图 2—6～图 2—11 所示。

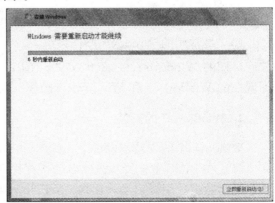

图 2—5　安装更新

图 2—6　重新启动

30

图 2—7　系统启动界面

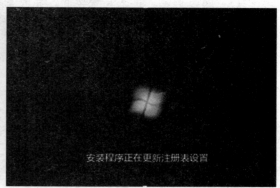

图 2—8　更新注册表设置

图 2—9　启动服务

图 2—10　重新启动

（4）按提示输入用户名、产品密钥、设置账户密码等信息，如图 2—12～图 2—15所示。

图 2—11　启动系统

图 2—12　用户名设置

（5）重新启动，进入系统桌面，完成安装，如图2—16～图2—19所示。

图2—13　输入产品密钥

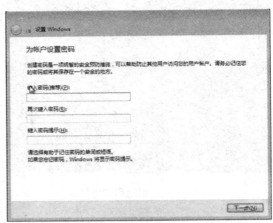

图2—14　设置系统登录密码

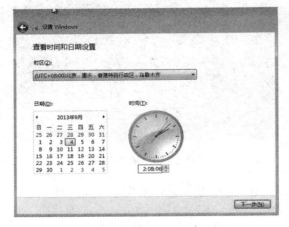

图2—15　设置区域和时间

图2—16　重新启动

图2—17　准备进入系统桌面

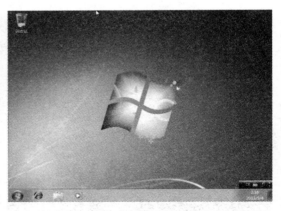

图2—18　进入系统桌面

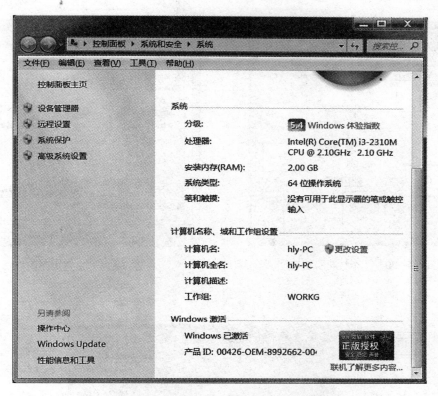

图 2—19　安装完成，显示 windows 已激活

此时系统基本安装完毕，但需要对系统进行基本的设置。如设置分辨率、桌面图标、开始菜单，显示其他图标等，将在下一任务介绍。

任务2　认识和自定义桌面项目

任务要求：了解桌面，通过对"个性化"对话框的设置进行自定义桌面，如图 2—20 所示。

设置桌面的操作步骤如下：

（1）添加桌面图标。

成功安装 Windows 7 操作系统之后，首次启动时，桌面只有一个"回收站"图标。显示桌面其他的图标如"计算机"、"用户的文件"、"网络"等，可在桌面空白处右击鼠标，在快捷菜单中选择"个性化"，打开"个性化"窗口，如图 2—20 所示。单击左侧的"更改桌面图标"，打开"桌面图标设置"，如图 2—21 所示。选中"桌面图标"选项卡下的各个复选框，按确定后桌面上即显示其他图标，如图 2—22 所示。

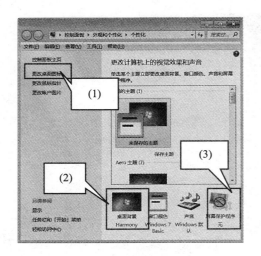

图 2—20 "个性化"窗口

图 2—21 设置桌面图标

图 2—22 Windows 7 桌面

（2）设置桌面背景。

在"个性化"窗口中，单击"桌面背景"，弹出"选择桌面背景"窗口，如图 2—23 所示，从"图片位置（L）"下拉列表或"浏览"中选取自己喜爱的图片对桌面背景进行设置。

（3）设置屏幕保护程序。

在"个性化"窗口中，单击"屏幕保护程序"，弹出"屏幕保护程序设置"对话框，如图 2—24 所示。在"屏幕保护程序"下拉列表中，单击要使用的屏幕保护程序，若要查看屏幕保护程序的外观，请在单击"确定"之前单击"预览"；若要结束屏幕保护程序预览，请移动鼠标或按任意键，然后单击"确定"保存更改。

图 2—23　桌面背景设置

图 2—24　屏幕保护程度设置

注意：桌面是指打开计算机并登录到 Windows 之后看到的主屏幕区域，是 Windows 7 的主控窗口。桌面包含"回收站"和图标的快捷方式。

任务3　设置任务栏和快捷方式

任务要求：熟练掌握任务栏和快捷方式的设置方法。

操作步骤如下：

（1）设置任务栏。

①锁定任务栏。右击任务栏的空白处，在弹出的快捷菜单中选择"属性"命令，打开任务栏属性对话框，如图 2—25 所示。单击"锁定任务栏"左边的复选框，此时任务栏被锁定。再次单击复选框，取消复选标记即可解除任务栏锁定。也可以在弹出的快捷菜单中直接单击"锁定任务栏"来锁定任务栏。

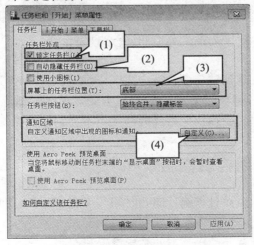

图 2—25　任务栏的设置

②隐藏任务栏。选中"自动隐藏任务栏"复选框，单击"确定"按钮，此时任务栏就隐藏了。通过指向上次看到任务栏的位置，任务栏又显示出来。

③改变任务栏的位置。选择"屏幕上的任务栏位置"的下拉列表，可将任务栏置于"底部、左侧、右侧、顶部"，也可将鼠标指针移动到任务栏的空白处，按住鼠标左键并拖动改变任务栏的位置。

④设置通知区域。点击"自定义"按钮，根据个人喜好来自定义显示通知区域中的图标和通知。

（2）设置快捷方式。

快捷方式是指向计算机上某个项目（例如，文件、文件夹、磁盘驱动器、程序等）的链接。通过"快捷方式"可以方便地访问快捷方式链接到的项目，从而减少了用户的操作时间。

①创建快捷方式。例如，为 F 盘的文件夹"南宁职业技术学院计算机课"在桌面创建快捷方式。打开要创建快捷方式的文件夹所在的位置 F 盘，右键单击该文件夹，然后单击"创建快捷方式"，新的快捷方式就出现在原始文件夹所在的位置 F 盘上，将新的快捷方式拖动到桌面即可在桌面创建该文件夹的快捷方式。或选中该项目，直接按住右键拖到桌面空白处，选择"在当前位置创建快捷方式"，如图 2—26 所示。

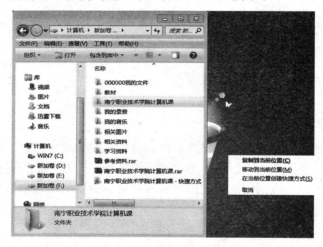

图 2—26 "快捷方式"的创建

还可以选取项目，发送到"桌面快捷方式"，这里就不一一叙述。

②删除快捷方式。右键单击要删除的快捷方式，单击"删除"，然后单击"是"。注意，删除快捷方式时，只会删除快捷方式的链接，不会删除快捷方式指向的原始项。

任务 4 使用控制面板

任务要求：通过控制面板对系统日期和时间、区域和语言、网络连接进行设置以及卸载程序。

控制面板允许用户查看并操作基本的系统设置和控制，通过它可以对 Windows 7 系统进行一些重要设置。操作步骤如下：从"个性化"窗口或"开始"菜单打开"控制面板"

窗口，如图 2—27 所示。

（1）设置系统日期和时间。

单击"时钟、语言和区域"图标，单击绿色标题"日期和时间"，弹出的对话框点击"更改日期和时间"，如图 2—28 所示，在该对话框中可进行日期和时间的设置。

图 2—27　控制面板

图 2—28　设置日期和时间

（2）设置区域和语言。

由于使用习惯不同，人们常常要添加或删除输入法，可以通过设置区域和语言区来实现。单击"更改显示语言"，在弹出的对话框单击"更改键盘"，弹出"文本服务和输入语言"，如图 2—29 所示，单击"添加"，如图 2—30 所示。

图 2—29　更改键盘

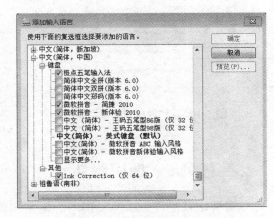

图 2—30　添加或删除输入法

（3）设置网络连接。

单击"查看网络状态和任务"打开"网络和共享中心"，如图 2—31 所示。单击"设置新的连接或网络"，然后根据需要按照向导中的说明操作，如图 2—32 所示。网络配置将在模块六中详细介绍。

图 2—31　网络和共享中心　　　　　　　　　图 2—32　设置连接或网络

（4）卸载程序。

如果不再使用某个程序，或者希望释放硬盘上的空间，可以使用"程序和功能"来卸载程序。单击打开"程序和功能"，如图 2—33 所示。选择程序，然后单击"卸载"，如图2—34 所示。除了卸载选项外，某些程序还包含卸载/更改程序选项。

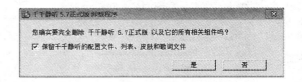

图 2—33　"程序和功能"窗口　　　　　　　图 2—34　"卸载程序"对话框

![任务5图标] **任务5** **使用附件**

任务要求：附件是系统提供的一组常用的实用程序，要求了解 Windows 7 系统中画图、计算器和记事本等附件的功能和使用。

操作步骤如下：

（1）画图程序。

画图程序是 Windows 自带的一款图像绘制和编辑工具，用户可以使用它绘制、编辑图片以及为图片着色等。在"开始"菜单"所有程序"列表的"附件"文件夹中单击"画图"选项，即可启动画图程序，如图 2—35 所示。

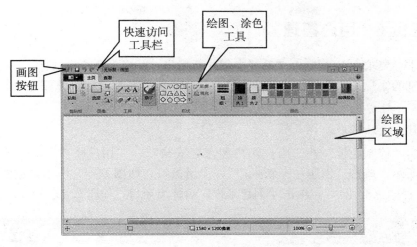

快速访问
工具栏

绘图、涂色
工具

画图
按钮

绘图
区域

图 2—35　"画图"程序窗口

（2）计算器。

计算器可以进行如加、减、乘、除等简单的运算。此外，计算器还提供了编程计算器、科学型计算器和统计信息计算器的高级功能。可以单击计算器按钮来执行计算，或者使用数字键盘键入数字和运算符。在"开始"菜单"所有程序"列表的"附件"文件夹中单击"计算器"选项，即可启动计算器程序，如图 2—36 所示。

（3）记事本。

记事本是一个基本的文本编辑程序，最常用于查看和编辑文本文件。文本文件通常是以 .txt 为文件扩展名标识的文件类型。在"开始"菜单"所有程序"列表的"记事本"文件夹中单击"记事本"选项，即可启动记事本程序，如图 2—37 所示。

图 2—36　"计算器"窗口

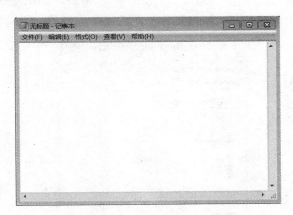

图 2—37　"记事本"窗口

注意：附件中还有"写字板"程序，它可以创建和编辑较复杂的文本文档，后面的章节还会介绍比它的功能更强大的 Word 程序的使用，有兴趣的同学可自学"写字板"程序。

任务6 用户管理

任务要求：要求在 Windows 7 系统中创建新帐户，并修改新帐户信息。

若允许别的帐户访问此计算机，建议您创建一个标准帐户并使用该帐户进行登录。操作步骤如下：

（1）创建一个新帐户。

依次单击"控制面板"→"用户帐户和家庭安全"→"用户帐户"→"管理帐户"，如图 2—38 所示。单击"创建一个新帐户"，弹出窗口，如图 2—39 所示。创建新的帐户"user1"，选择"标准用户"，单击"创建帐户"后弹出窗口，如图 2—40 所示。

图 2—38 管理帐户

图 2—39 创建新帐户

（2）更改新建帐户信息。

单击"user1"图标，弹出窗口，如图 2—41 所示。在该窗口中可以更改帐户名称、创建密码、更改图片和更改帐户类型等，用同样的方法也可为别的帐户更改相关信息。

图 2—40 显示新建帐户

图 2—41 更改新建帐户

（3）切换、删除用户。

切换用户：按"Ctrl＋Alt＋Delete"，然后单击"单击切换用户（W）"，再选择希望切换到的用户。

删除用户：进入管理员用户，可以将刚建的用户删除。

1. 自己动手进行 Windows 7 操作系统的安装。

2. 为桌面选择一个背景或一组背景。

3. 为开始菜单中的"帮助和支持"程序创建桌面快捷方式，并将其重命名为"帮助和支持"，隐藏 Windows 7 的任务栏。

4. 使用控制面板，为计算机设置"彩带"保护程序，并设置等待 2 分钟，在恢复时显示登录屏幕。

5. 使用附件中的画图程序画一面红旗，以"红旗"命名，格式为 JPEG，保存至桌面。

6. 为 Windows 7 系统添加一个标准用户"student"，并为其更改图片和创建密码。

 项目2　管理磁盘空间

项目情境：徐文下载的资料习惯随意放在桌面上或某个盘上，越放越多，他也知道这样不好，所以他决定学学如何管理磁盘空间。

磁盘是计算机的存储设备，它存储大量的数据，对磁盘进行有效的管理可以提高系统的稳定性和提高计算机的使用效率。

本项目包括以下任务：

· 管理磁盘；

· 文件和文件夹的操作；

· WinRAR 软件的使用。

任务1　磁盘管理

任务要求：熟悉磁盘属性、磁盘格式化、磁盘清理、磁盘碎片整理等。

操作步骤如下：

（1）查看计算机磁盘信息。

双击桌面"计算机"图标，显示 Windows 7 资源管理器窗口，可以查看计算机磁盘分区信息，如图 2—42 所示。右击"WIN7（C）"，在弹出的菜单中选"属性"，即可显示 C 盘属性，如图 2—43 所示。

（2）格式化卷（分区）。

格式化卷将会破坏分区上的所有数据，请备份要保存的数据，再进行格式化操作。右键单击要格式化的卷，在弹出的菜单中单击"格式化"。若要使用默认设置格式化卷，请在"格式化"对话框中，单击"删除"，然后单击"确定"，如图 2—44 所示。

| 图 2—42　"资源管理器"窗口 | 图 2—43　"磁盘属性"对话框 |

　　注意：无法对当前正在使用的磁盘或分区及安装有 Windows 的分区进行格式化。"执行快速格式化"选项将创建新的文件表，但不会完全覆盖或擦除卷。"快速格式化"比普通格式化快得多，普通格式化程序会将硬盘上的所有磁道扫描一遍，检测出硬盘上的坏道，清除硬盘上的所有内容，不可恢复。

　　（3）使用磁盘清理删除文件。

　　磁盘清理程序可删除临时文件、清空回收站并删除各种系统文件和其他不再需要的项。如要清理 C 盘，单击 C 盘属性中的"磁盘清理"。在"磁盘清理"对话框中选中要删除的文件类型的复选框，单击"确定"，在出现的消息中，单击"删除文件"，如图 2—45 所示。

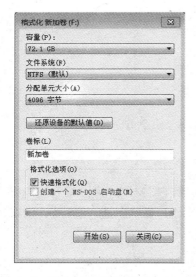

图 2—44　格式化卷

图 2—45　磁盘清理

（4）磁盘碎片整理。

通过对硬盘进行碎片整理，可以提高性能。碎片会使硬盘执行速度降低，增加计算机的额外工作。磁盘碎片整理程序可以重新排列碎片数据，以便磁盘和驱动器能够更有效地工作，如图 2—46 所示。

注意： Windows 7 系统自带的磁盘管理工具也可以对磁盘进行管理，右击桌面图标"计算机"，选择"管理"，在"计算机管理"窗口中，选择"磁盘管理"，如图 2—47 所示。

图 2—46　磁盘碎片整理

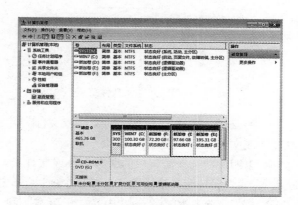
图 2—47　"磁盘管理"窗口

任务 2　文件和文件夹的操作

任务要求：熟悉文件的类型，熟练掌握文件和文件夹的操作和管理。

文件是包含信息的集合（例如，程序、文本、图像、音乐和视频等）。文件夹是用来存储文件或其他文件夹的容器，可以理解为生活中的文件包，如图 2—48 所示。操作步骤如下：

（1）创建文件或文件夹。

例如，在 D 盘新建一个"学习资料"的文件夹。双击打开"计算机"选择 D 盘，点击上图的"创建文件夹"按钮，创建新的文件夹，如图 2—49 所示，输入"学习资料"即可。也可在 D 盘空白的区域右击，通过快捷菜单来创建文件或文件夹，使用快捷菜单是比较常用且方便快捷的方法。

（2）选定文件或文件夹。

①选择单个文件或文件夹。选择单个文件或文件夹，只要单击鼠标左键选中文件或文件夹即可。

②选择多个文件或文件夹。选择多个文件或文件夹，有以下几种方法：

第一种：要选择一组连续的文件或文件夹，请单击第一个文件或文件夹，按住"Shift"键，然后单击最后一个文件或文件夹。

第二种：要选择相邻的多个文件或文件夹，请按鼠标左键不放，框定所选文件或文件夹来进行选择。

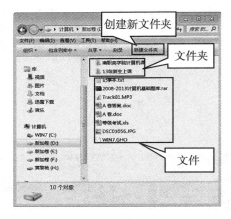

图 2—48　文件和文件夹

图 2—49　创建新文件夹

第三种：要选择不连续的文件或文件夹，请按住"Ctrl"键，然后单击要选择的每个文件或文件夹。

第四种：选择窗口中的所有文件或文件夹，请在工具栏上单击"组织"，然后单击"全选"。如果要从选择中排除一个或多个项目，全选后，请按住"Ctrl"键，单击要排除项目。

例如，选择如图 2—49 中除"记事本"和"学习资料"以外的文件和文件夹。我们可以先选定所有项目，再按"Ctrl"键，单击"记事本"和"学习资料"即可。

③若要清除选择，请单击窗口的空白区域。

注意：选择文件或文件夹后，可以执行许多常见任务，例如，复制、删除、重命名、打印和压缩等。只需右键单击选择的项目，然后单击相应的选项即可。

（3）复制、移动和粘贴文件或文件夹。

复制、移动和粘贴文件的步骤：打开要复制或移动的文件所在的位置，使用快捷菜单，右键单击该文件，然后单击"复制"或"剪切"。打开要用来存储文件或文件夹的位置，右键单击该位置中的空白区域，然后单击"粘贴"。现在，原始文件或文件夹已复制或移动到新的位置。

注意：复制、移动和粘贴文件的另一种方法是使用键盘快捷方式"Ctrl＋C"（复制）、"Ctrl＋X"（剪切）和"Ctrl＋V"（粘贴）。还可以按住鼠标左键，然后将文件拖动到新位置，释放鼠标按钮后，完成移动或复制工作。

例如，将 D 盘中的文件移动至"学习资料"中，再将"学习资料"复制到 F 盘中。打开 D 盘，选中所有文件，按住鼠标左键不放，直接将选中的文件拖动至"学习资料"文件夹中即可，如图 2—50 所示。也可用快捷菜单的"剪切"和"粘贴"命令。将"学习资料"直接拖动至 F 盘，即可完成将 D 盘的"学习资料"复制到 F 盘的工作。如图 2—51 所示。

（4）删除文件或文件夹。

右键单击要删除的文件或文件夹，然后单击"删除"。也可以通过将文件或文件夹拖动到回收站，或者选择文件或文件夹并按"Delete"的方式将其删除。

图2—50　同盘的移动文件或文件夹　　　　图2—51　不同盘的复制文件或文件夹

如果无法删除某个文件，则可能是当前运行的某个程序正在使用该文件。请尝试关闭该程序或重新启动计算机以解决该问题。

（5）文件或文件夹的重命名。

右键单击要重命名的文件，然后单击"重命名"，在原名称还呈选取的状态下键入新的名称，然后按回车键即可。重命名时，如显示有扩展名，注意不要修改扩展名。如果无法重命名文件，则可能是无权更改该文件或文件正在被使用。

重命名文件的另一种方法是打开该文件，通过程序菜单用不同名称另存该文件。

（6）文件或文件夹的浏览和查找。

为了在众多文件中快速找到需要的文件，了解文件或文件夹的浏览和查找是十分必要的，如图2—52和图2—53所示。

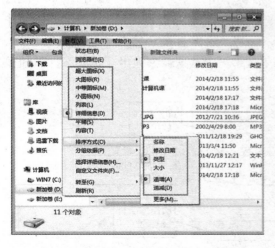
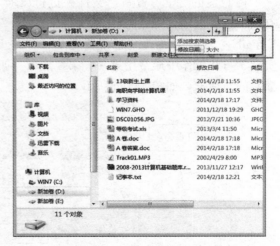

图2—52　浏览（查看）文件或文件夹　　　　图2—53　查找文件或文件夹

也可以通过「开始」菜单上的搜索框来查找存储在计算机上的文件或文件夹。单击「开始」按钮 ⬤，然后在搜索框中键入字词或字词的一部分，如图 2—54 所示。键入后，与所键入文本相匹配的项将出现在"开始"菜单上。搜索结果基于文件名中的文本、文件中的文本、标记以及其他文件属性。

图 2—54　搜索框

图 2—55　"添加压缩文件"选项

任务 3　WinRAR 软件的使用

任务要求：熟练掌握文件或文件夹的压缩和解压方法。

WinRAR 是 Windows 版本的 RAR 压缩文件管理器，是一个可以创建、管理和控制压缩文件的强大工具。操作步骤如下：

（1）文件压缩。

将 D 盘的"学习资料"文件夹进行压缩。右键单击"学习资料"，如图 2—55 所示。有四个压缩选项："添加到压缩文件（A）…"、"添加到'学习资料.rar'（T）"、"压缩并E-mail…"和"压缩为'学习资料.rar'并 E-mail"。这里直接选第二个选项进行压缩。实际学习和工作中通常用第一、第二选项。如果选第一个选项，会弹出"压缩文件名和参数"的对话框，如图 2—56 所示。

图 2—56　"压缩文件名和参数"的对话框

46

（2）解压缩的方法。

右键单击压缩文件图标，弹出菜单，如图2—57所示。选择"解压文件（A）…"，在"解压路径和选项"中选择自己需要的方式，即可解压缩，如图2—58所示。也可根据需要选择另外两个解压选项。

图2—57　"解压文件"选项

图2—58　"解压路径和选项"对话框

项目实训

1. 打开"计算机"或"资源管理器"窗口，在D盘根目录下创建"计算机模块二练习"文件夹，并在此文件夹下创建3个子文件夹："文本"、"图片"、"压缩"。

2. 设置"文件夹选项"，显示已知文件类型的扩展名。

3. 在D盘根目录下，创建kk1.txt、kk2.txt和kk3.txt三个文件，并在kk1.txt中输入自己的姓名和学号，然后设为只读文件。

4. 将kk1.txt、kk2.txt和kk3.txt移动至"文本"文件夹中，并直接删除"文本"文件夹中0字节的文本文档，不放入回收站。

5. 在C盘中查找JPG格式的图片文件，选择查找到的三个图片文件，将它复制到"图片"文件夹中，并将三张图片重命名为：图片1、图片2、图片3。

6. 将图片1、图片2，添加到压缩文件，命名为tu.rar，存放到"图片"文件夹中。

7. 将"tu.rar"解压至"计算机模块二练习"中。

8. 利用搜索功能在C盘中找到一个文件大小为60KB左右的位图文件（扩展名为bmp），将屏幕背景设置为该位图文件，并将屏幕保护程序设置为"气泡"。

9. 在"写字板"程序的文字编辑窗中输入一段50字以内的自我介绍，将字体设置为仿宋体、12磅，然后将其存入"文本"文件夹，文件命名为"自我介绍"。

10. 利用Windows的"帮助和支持"系统查找关于"文件共享基础"的帮助信息，然后将查找到的信息作为"共享帮助.txt"文件保存在D盘中的"文本"文件夹中，并在桌面创建该文件的快捷方式。

11. 将D盘的"计算机模块二练习"设置为共享，请同学们查阅有关共享的帮助信息。

12. 利用WinRAR软件将D盘中的任意一个文件夹压缩成"数据.rar"文件，并查看该文件的属性。

1. 鼠标的使用

（1）指向。

将鼠标依次指向桌面每一个图标，如将鼠标指向"计算机"，如图2—59和图2—60所示。指向图标或文件夹，会出现该图标的功能或文件夹包含的内容。

（2）单击。

单击用于选定对象。单击桌面的"网络"图标处，图标颜色变浅，说明选中了该图标，如果单击"开始"按钮，可以打开"开始"菜单。

图2—59　指向"计算机"图标

图2—60　指向"文件夹"图标

（3）双击。

连续两次快速点击鼠标左键，用于执行程序和打开窗口。双击桌面上的"计算机"图标，即打开"计算机"窗口；双击某一应用程序或文件夹图标，即启动某一应用程序或打开文件夹。

（4）右击。

右击用于调出快捷菜单。右击桌面左下角"开始"按钮，或右击任务栏上空白处、右击桌面上空白处、右击"计算机"图标，右击文件夹图标或程序图标，都会弹出不同的快捷菜单。

（5）拖动。

将桌面上的"计算机"图标移动到新的位置。如不能移动，则应在桌面上空白处右击，在快捷菜单的"查看"菜单中，把"自动排列图标"前的对钩去掉。

2. 窗口

每当打开程序、文件或文件夹时，都会弹出一个矩形框，我们称之为窗口，如图2—61所示。

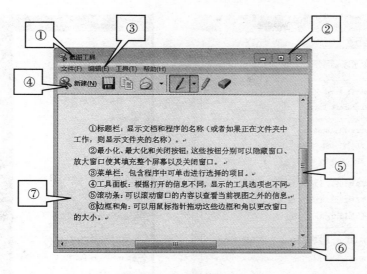

图 2—61　窗口的基本组成

（1）窗口的基本组成。

①标题栏：标明当前窗口的名称。

②最小化、最大化（还原）、关闭按钮：这些按钮分别可以隐藏窗口、放大或还原窗口以及关闭窗口。

③菜单栏：提供了操作该应用程序所需的各种菜单命令。

④工具栏：工具栏里的各个按钮都可在菜单里找到，只是因为比较常用，放在工具栏方便用户使用而已。

⑤滚动条：可以滚动窗口的内容以查看当前视图以外的信息。

⑥边框和角：可以改变窗口大小。

⑦主窗口：窗口的主要工作区域，当前窗口无法全部显示所有内容时，将出现滚动条。

（2）窗口的基本操作。

①移动窗口：拖动窗口标题栏可以移动窗口位置。

②改变窗口大小：使用最大化、最小化、关闭按钮，或通过拖动窗口边框和角改变。

③排列窗口：对着任务栏空白地方右键，可选择合适的排列方式。

④切换窗口：通过单击任务栏窗口，或按"Alt＋Tab"切换。

⑤关闭窗口：单击"关闭"按钮或按"Alt＋F4"。

3. 对话框

用于完成任务的选项的小型窗口，它没有最大、最小化按钮，也不能改变大小。如图2—62所示，当我们想看一个文件的属性时，弹出的对话框。

4. 菜单

（1）菜单分类。

包含"开始菜单"、"下拉菜单"和"快捷菜单"，如图2—63～图2—65所示。

图 2—62　对话框

图 2—63　"开始"菜单

（2）菜单项说明。

①以黑色显示的命令，表示正常的菜单项，可以选取。

②以灰色显示的命令，表示当前不能选择该命令。如图 2—64 所示，"计算机"窗口中没有选取任何对象时，"编辑"菜单下的"剪切"和"复制"菜单命令呈灰色，表示当前无可操作对象。

图 2—64　下拉菜单

图 2—65　快捷菜单

③带"…"的命令，表示选择这个命令会弹出相应的对话框，要求用户输入信息或更改设置。

④分组线，表示菜单项之间的浅色分隔线，通常按功能进行分组显示。如"编辑"菜

单项下有几组分组线，"撤消"跟"恢复"一组，"剪切"、"复制""粘贴"、"粘贴快捷方式"是一组等。

⑤带"●"符号的命令表示可选项，在分组菜单中，只能选择一个，被选中的选项前带有该标记。

⑥带"▶"符号的命令表示表示级联菜单，当鼠标指向它时，会自动弹出下一级子菜单。

⑦带组合键的命令表示可以在不打开菜单的情况下，通过键盘按下组合键执行相应菜单命令。

5. 资源管理器

右击"开始"菜单，打开"打开 Windows 资源管理器"或者按键盘上的"WIN＋E"组合键即可打开资源管理器，在导航窗格中单击某个文件夹，可将其变成当前文件夹。导航窗格中的"◢"标记表示该文件夹已经展开；"▷"标记表示该文件夹的下级文件夹尚未展开，如图 2—66 所示。

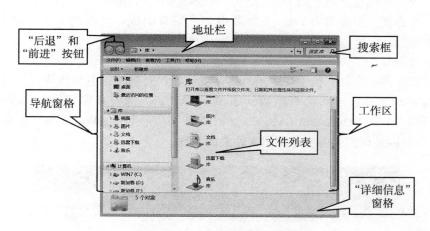

图 2—66 "资源管理器"窗口

6. 文件的命名规则

文件名是指为文件指定的名称。为了区分不同的文件及其类型，必须给每个文件命名。

（1）主要命名规则如下。

①文件名最长可以使用 255 个字符，这些字符可以是 26 个英文字母、汉字、数字"0~9"，及某些特殊符号等。不区分字母的大小写。

②文件名中不允许使用下列字符："＜"、"＞"、"/"、"\"、"｜"":"""、"＊"、"?"。

③文件名中可以包含多个间隔符，如"我的文件 . 图片 . 001. jpg"是一个合法的文件名，但其文件类型由最后一个扩展名决定。

51

（2）常见的文件类型。

文件名包含主文件名和扩展名，主文件名和扩展名之间用"."隔开。文件扩展名是用来区分文件属性的，常见的扩展名有以下几种类型。

①.exe 和 .com 表示可执行的程序文件。

②.bmp 和 .jpg 表示图像文件。

③.txt 表示文本文档。

④.html 表示网页文件。

⑤.doc 和 .docx 表示 Word 文档。

⑥.xls 和 .xlsx 表示 Excel 电子表格文件。

⑦.ppt 和 .pptx 表示 PowerPoint 演示文稿文件。

（3）文件的通配符。

文件的通配符是指符号"＊"和"？"，其中"＊"代表任意字符串，"？"代表任意一个字符。当要搜索某文件或文件夹时可以使用通配符来表示。

例如，要查找磁盘上所有的 mp3 文件，可表示为：＊.mp3。

例如，要查找一个类型为 txt，文件名由 3 个字符组成，且第三个字符是"k"的文件，则可表示为：??k.txt。

（4）文件路径。

指文件或文件夹在计算机系统中的具体存放位置。完整路径由驱动器符、冒号、文件夹和子文件夹的名称、反斜杠等组成。如 WinRAR.exe 的安装路径为：C：\ WIN7 \ Program Files \ WinRAR \ WinRAR.exe。如图 2—67 所示，在 Windows 7 显示地址的窗口中，"▶"分隔地址栏中的文件和子文件夹的名称。

图 2—67　文件的路径

7. 剪贴板

剪贴板实际上是在内存中开辟的临时存储区，用于存储应用程序之间交换的数据。复制或剪切操作是将数据放入剪贴板，粘贴是将数据从剪贴板读出，放在光标所在的位置。所以剪贴板起的是一个中介作用，可以传送文本、图像、声音和其他数据。例如，按下键盘上的"PrintScreen"键，可以将当前屏幕的内容作为图像复制到剪贴板。按下"Alt＋PrintScreen"组合键可以将当前活动窗口以图像的形式复制到剪贴板。

8. 回收站

它是一个系统文件夹，是硬盘的一部分。从硬盘中删除文件或文件夹时，不会立即将其删除，而是将其存储在回收站中，直到清空回收站为止；若要永久删除文件，请选择该文件，然后按"Shift＋Delete"；如果从网络文件夹或 USB 闪存驱动器删除文件或文件夹，则不会将其先放入回收站，而是会永久删除该文件或文件夹。若要还原文件，请打开回收站单击该文件，然后在工具栏上单击"还原此项目"。如图 2—68 所示。

9. "帮助和支持"

"帮助和支持"是 Windows 的内置帮助系统。在这里可以快速获取常见问题的答案、疑难解答提示以及操作执行说明。若要打开 Windows"帮助和支持"，请单击"开始"按钮，然后单击"帮助和支持"，也可按"F1"打开。同学们可以通过"帮助和支持"获取课本及课堂上没讲到的计算机相关知识，如图 2—69 所示。

图 2—68 "回收站"窗口

图 2—69 "Windows 帮助和支持"窗口

模块小结

本模块通过 2 个项目，9 个任务对 Window 7 系统进行简单直观的介绍，使读者能较快地掌握 Windows 7 系统的一些基本操作和应用。本模块主要介绍内容有操作系统及其安装、认识和自定义桌面项目、设置任务栏和快捷方式、使用控制面板、使用附件、用户管理、磁盘管理、文件和文件夹的操作、WinRAR 软件的使用等。这些都是计算机操作中最基础、最常用的知识。通过对本模块的学习，读者可以对 Windows 7 系统有一个比较全面的了解。

模块3 创建与编辑 Word 文档

Word 2010 是 Microsoft 公司开发的 Office 2010 办公组件之一，主要用于文字处理，创建具有专业水准的文档。Word 2010 中带有诸多顶尖的文档格式设置工具，可帮助您更有效地组织和编写文档。Word 2010 还包括功能强大的编辑和修订工具，以便您与他人轻松地开展协作。

项目1 制作普通文档

项目情境：珊珊到南宁职业技术学院办公室实习，需要完成一些日常文档的工作。为了让广大学子更好地了解学校情况，主任分配的第一项工作就是制作南宁职业技术学院的简介。

本项目最终设计效果，如图3—1所示，包括以下任务：

· 新建文档；
· 字符和段落格式化；
· 查找和替换；
· 设置背景；
· 设置文档页面。

任务1 新建文档

任务要求：启动 Word 2010 软件，在 D 盘"Word 项目"文件夹中新建一个"南宁职业技术学院简介"的文档，并按样文输入内容。

操作步骤如下：

（1）创建文档。

启动 Word 2010，界面如图3—2所示，此时 Word 软件自动创建一个文件名为"文档1.docx"的空文档。

（2）命名文档。

使用"文件——另存为"将文件以"南宁职业技术学院简介.docx"为名保存至"D：\ Word 项目"文件夹中，如图3—3所示。

图 3—1　项目 1 效果图

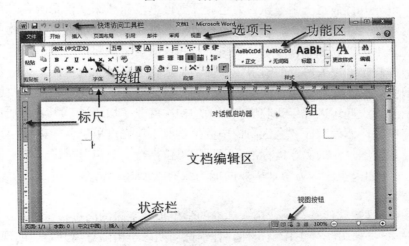

图 3—2　Word 2010 软件界面

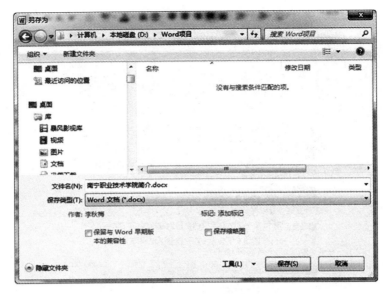

图3—3 "另存为"对话框

（3）输入内容。

输入如下文字内容：

南宁职业技术学院坐落在享有"中国绿城"美誉的广西首府南宁市相思湖高教园区内，是广西第一所"国家示范性高等职业院校"。

学院占地面积近 2 000 亩，建有目前广西最先进的实训综合体、现代化图书馆、学生公寓、体育馆；学院下设 10 个二级学院，60 多个招生专业，含室内设计技术、机电一体化技术、物流管理、酒店管理、应用泰语、软件技术等 6 个国家示范性重点专业和六大专业群；来自全国 10 多个省市自治区的全日制在校生 17 500 多人；2005—2014 年连续 9 年毕业生初次就业率均达保持在 92％以上，毕业生薪酬和就业质量不断提升。

学院坚持"以服务为宗旨，以就业为导向，走产学研结合的发展道路"通过"订单培养"模式，与世界五百强富士康等知名大企业开展订单培养和深度校企融合。积极服务南宁，广西北部湾乃珠江三角洲、长三角洲及东盟等区域建设。学院重视学生就业观念的引导，学生把"从生产、服务和管理第一线岗位做起，从基层做起，产学研融合"作为自身的就业定位，即满足了用人单位的需求，又使学生走稳了自己职业生涯的第一步，实现供需双方的"双强"——专业性强、动手能力强和"双证"——毕业证和职业技能资格证受到用人单位的普遍欢迎。近九年我院毕业生平均初次就业率均超过 95％，位居广西高校前列，连续多年荣获广西教育厅"全区高校毕业生就业工作先进单位"的称号。

我院坚持以"客户"的满意度标准，向用人单位推行"三包"承诺：

"包退"——如果企业认为个别毕业的能力没有达到实际需求，可把学生退回，学院将进行"回炉培养"；

"包换"——推荐其他符合企业用人标准的学生顶替空缺的岗位；

"包稳定"——保障学生工作稳定性，杜绝试用期内学生随意离开企业的现象。

总结过去，展望未来，面对建设"国家示范性高等职业院校"的重大历史机遇，南宁职业技术学院将发扬自强不息，争创一流的精神，朝着建成"广西乃至西南地区区域性高等职业教育名校和国家示范职业技术学院"的宏伟目标阔步前进。

（4）输入标题。

在文档前输入标题文字"奋进中的南宁职业技术学院"。

（5）段落划分。

将正文第二段在文中分号"；"后进行重新分段，将其分成 4 个段落。

（6）插入符号。

依次在新生成的段落前插入符号🐟、🐜、🐜、🐚。将光标定位在要插入符号的位置，单击"插入→符号→其他符号"，如图 3—4 所示。打开"符号"对话框，在"字体"列表中选中"Webdings"，如图 3—5 所示，双击相应符号即完成插入。将光标定位到下一个要插入符号的位置，双击"符号"对话框中的所需符号，完成下一个符号的插入。

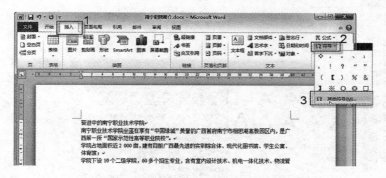

图 3—4　插入符号

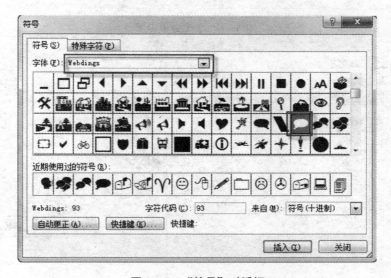

图 3—5　"符号"对话框

（7）保存文档。

按"Ctrl＋S"快捷键，保存文档。

任务2 字符和段落格式化

任务要求：根据要求分别设置文档标题、正文及正文中指定文字的字符格式和段落格式，设置首字下沉、分栏，并按要求添加项目符号与编号。操作步骤如下：

（1）设置标题字符格式。

拖动鼠标选中标题文字，在"开始"选项卡中选择字体为"华文彩云"、"一号"、"加粗"、"居中对齐"。单击文本效果按钮 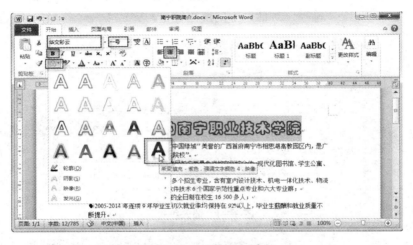，设置标题文本效果"渐变填充—紫色，强调文字颜色4，映像"，如图3—6所示；映像变体"全映像，接触"，如图3—7所示；发光变体"红色，11pt发光，强调文字颜色2"，如图3—8所示。

图3—6 字体效果设置

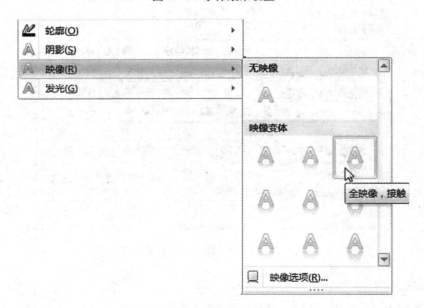

图3—7 映像效果设置

58

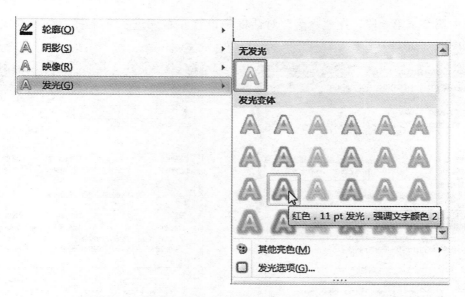

图 3—8　发光效果设置

单击"字体"组的"对话框启动器"或直接按下"Ctrl＋D"，打开"字体"对话框，如图 3—9 所示，给标题文字加着重号。切换到"高级"选项卡，设置字符间距为"加宽"、磅值为"2 磅"，如图 3—10 所示。

图 3—9　"字体"对话框"字体"选项卡

图 3—10　"字体"对话框"高级"选项卡

（2）设置正文字号。

设置正文第 2 至第 5 段以及最后一段，字号为"小四"。

（3）设置正文段落格式。

选中正文所有段落，单击"段落"组对话框启动器，打开"段落"对话框，如图 3—11（a）所示，设置首行缩进 2 字符，行距为固定值，15 磅，段前间距 0.5 行。最后单击"确定"按钮，选中第 2 至第 5 段，在"段落"对话框中设置左右缩进各 2 字符，对齐方式为左对齐，如图 3—11（b）所示。

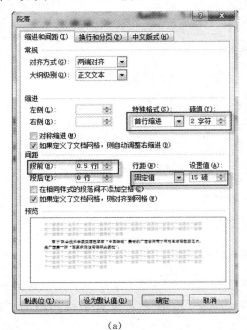

（a）   （b）

图 3—11　"段落"设置对话框

（4）设置项目符号。

选中正文第 9～第 11 段，单击"开始"选项卡中的"项目符号"下拉按钮，单击"定义新项目符号"，如图 3—12 所示。

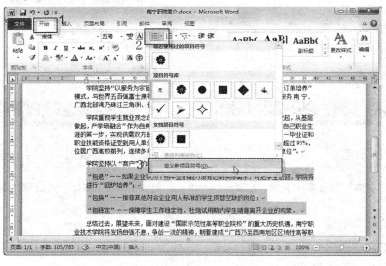

图 3—12　项目符号下拉按钮

在打开的"定义新项目符号"对话框中单击"符号"按钮，在打开的"符号"对话框中选择符号⌘，如图 3—13 所示。单击"确定"，再单击"确定"。此时在每个段落前都添加了项目符号⌘。

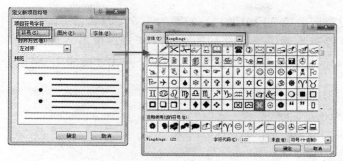

图 3—13　定义新项目符号

（5）首字下沉。

将正文第一段设置首字下沉，下沉 4 行，字体为"华文新魏"。

选中第一段首字或将光标定位在第一段中，如图 3—14 所示，单击"插入→首字下沉→首字下沉选项"，在打开的"首字下沉"对话框中设置，如图 3—15 所示。

图 3—14　首字下沉按钮

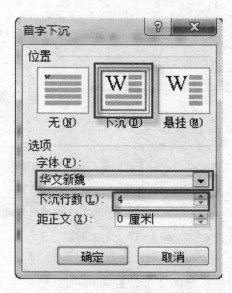

图 3—15　首字下沉设置

（6）设置分栏。

将正文第 6 段至倒数第 2 段分两栏，间距为 1.5 字符，带分隔线。

选中正文第 6 段至倒数第 2 段，如图 3—16 所示，单击"页面布局→分栏→更多分栏"。在"分栏"对话框中设置，如图 3—17 所示。单击"确定"，完成分栏设置。

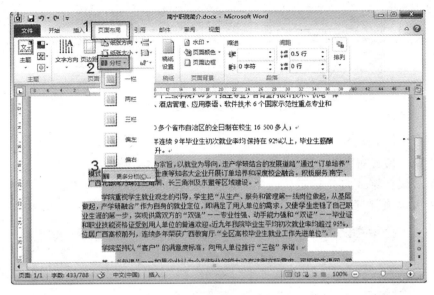

图 3—16　分栏

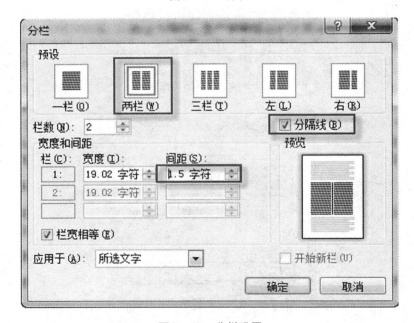

图 3—17　分栏设置

（7）格式刷的使用。

将分两栏的段落中双引号括起的文字设置为相同格式："楷体"，红色，加字符底纹，加字符边框。

选中一对双引号括起的文字，利用"开始"选项卡"字体"组中的按钮设置"楷体"，红色，加字符底纹，加字符边框，如图3—18所示。

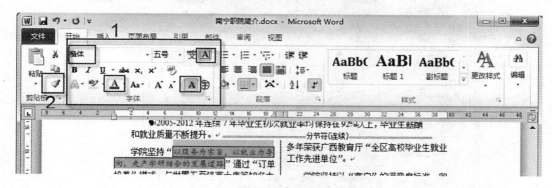

图3—18 文字格式设置

保持文字选中状态，双击"格式刷"按钮 ✎，然后在其他双引号的文字中拖拉，则格式被复制。完成后单击"格式刷"按钮，退出格式复制。

（8）设置段落边框底纹。

将正文最后一段设置加橙色、阴影、宽度为1磅的段落边框，底纹填充为黄色，图案样式为5％。

双击最后一段的选定栏，选中正文最后一段。如图3—19所示，单击"开始"选项卡中的"边框和底纹"按钮 ⊞ ▼，单击"边框和底纹"。

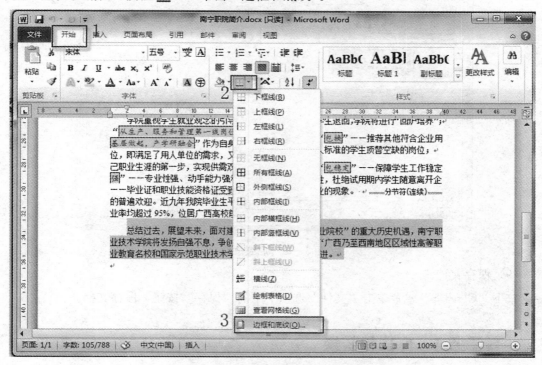

图3—19 边框和底纹按钮列表

在"边框和底纹"对话框中设置，如图 3—20 所示。

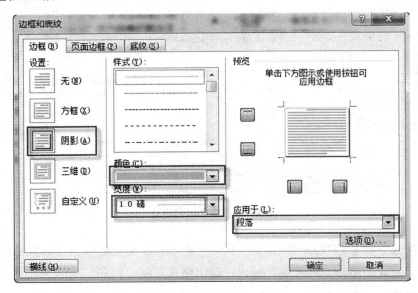

图 3—20　段落边框设置

切换到"底纹"选项卡，设置填充为黄色，图案样式为 5％，如图 3—21 所示。

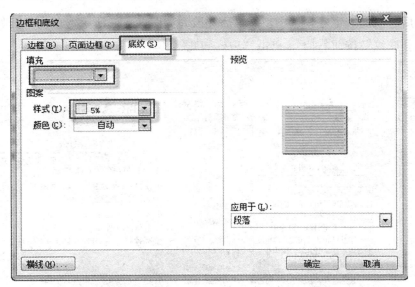

图 3—21　底纹设置

（9）保存文档。

按下"Ctrl＋S"或者单击"文件"选项卡下的"保存"按钮，保存文档。

任务3　查找和替换

任务要求：利用"查找"和"替换"功能将全文中相同的、重复出现的某对象按要求更改其字符格式或更改其内容。

文字的查找和替换：将正文第 6 到第 11 段中的"学院"替换为小四号、蓝色、绿色双线型下划线、华文楷体的"南宁职院"。操作步骤如下：

（1）选中文字。

选中第 6～第 11 段落。

（2）替换文字。

选择"开始"选项卡，单击"编辑"组的"替换"按钮，打开"查找和替换"对话框，选择"替换"选项卡，在"查找内容"组合框中输入"学院"。把光标移动到"替换为"组合框中并输入"南宁职院"，如图 3—22 所示，单击"全部替换"。此时弹出如图 3—23 所示对话框，单击"否"，则完成文字替换。

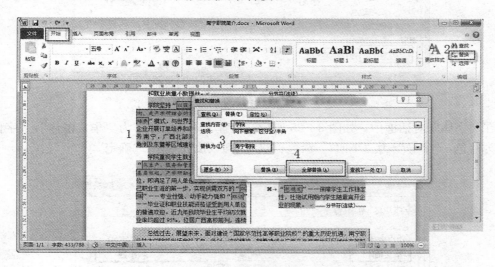

图 3—22 "查找和替换"文字

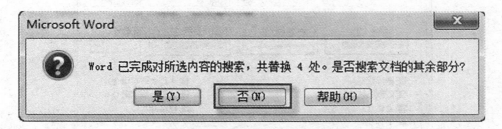

图 3—23 查找确认框

（3）文字格式替换。

单击第 6 段文档空白处，取消文本选定。单击图 3—22 中的"更多"按钮，将"查找和替换"对话框中的折叠部分打开。单击"搜索"下拉按钮，选择"向下"。

（4）修改查找内容。

将查找内容改为"南宁职院"。

把光标定位到"替换为"组合框中的"南宁职院"文字中，单击"格式"按钮，在下拉列表中选择"字体",如图 3—24 所示。

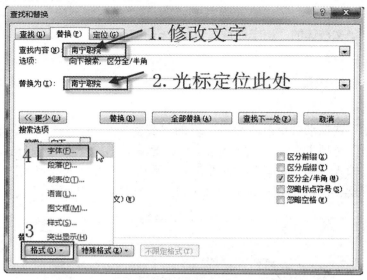

图 3—24　格式的查找与替换

在·"字体"对话框中,如图 3—25 所示,设置"中文字体"为"华文楷体","字体颜色"为蓝色,"字号"为"小四",绿色、双线型下划线,单击"确定"。

图 3—25　替换字体设置

此时"查找和替换"对话框，如图3—26所示。

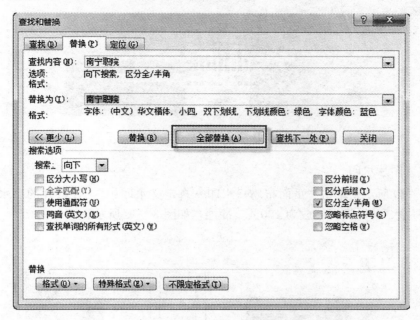

图3—26　格式替换设置结果

单击"全部替换"按钮并在弹出的对话框中选择"否"，如图3—27所示，完成格式替换。

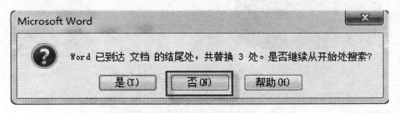

图3—27　搜索确认框

注意：也可以单击"查找下一处"按钮找到要替换的对象时单击"替换"按钮。

（5）保存文档。

按下"Ctrl＋S"键，保存文档。

任务4　设置背景

任务要求：给文档设置页面颜色，并设置一个图片水印的背景。

操作步骤如下：

（1）设置页面颜色。

如图3—28所示，单击"页面布局→页面颜色"，选中页面颜色，整个页面填充颜色。
（单击"文件→打印"，在预览框中页面颜色不显示）。

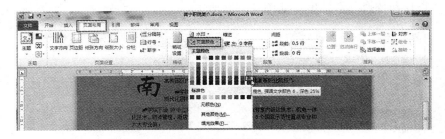

图 3—28 设置页面颜色

（2）设置图片水印。

如图 3—29 所示，单击"页面布局→水印→自定义水印…"，在打开的"水印"对话中选中"图片水印"，设置缩放为 100%，冲蚀，如图 3—30 所示。

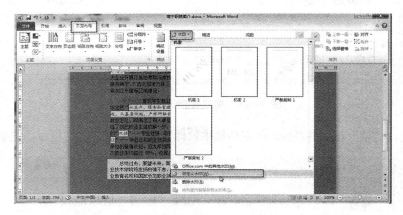

图 3—29 水印按钮列表

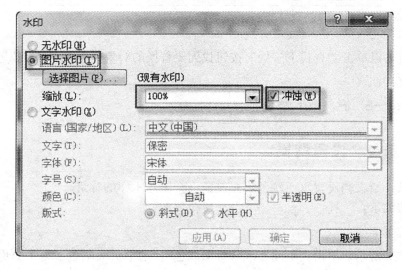

图 3—30 图片水印设置

单击"选择图片",打开"插入图片"对话框,如图3—31所示,选择"项目1素材"中的"bg1.jpg",单击"插入"。单击"确定"按钮,完成背景插入。

图3—31　选择水印图片

(3) 保存文件。

按下"Ctrl+S"键,保存文件。

任务5 设置文档页面

任务要求:设置"南宁职业技术学院简介"文档的页边距、纸张类型、打印方向、每行的字符数量及每页的行数等。

操作步骤如下:

(1) 打开文件。

单击"文件→打印",如图3—32所示,窗口右侧为打印预览,单击"页面设置"。

(2) 设置页面。

在"页面设置"对话框,"页边距"选项卡,设置页边距"上"、"下"2.5厘米,"左"、"右"页边距均为2厘米,将"方向"设置为"纵向",应用于整篇文档,如图3—33所示。

(3) 设置纸张。

切换到"纸张"选项卡,在"纸张大小"下拉列表中选择16开,应用于整篇文档,如图3—34所示。单击"确定"。

(4) 保存文档。

按"Crl+S"键,保存文档。

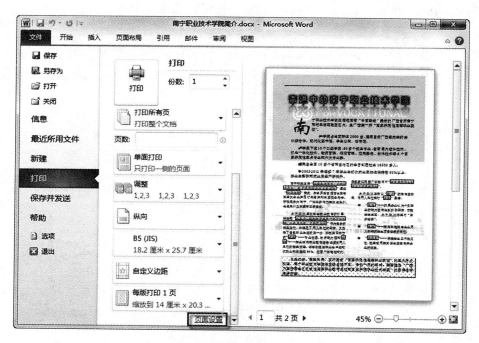

图 3—32　打印窗口

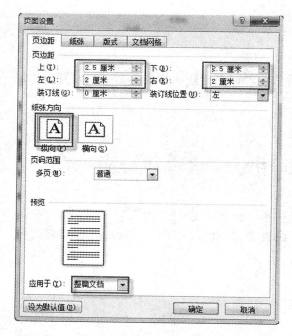

图 3—33　"页面设置"对话框"页边距"选项卡

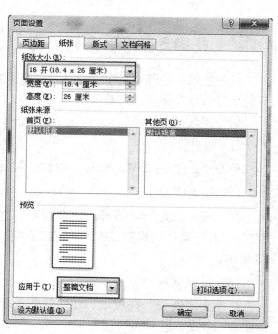

图 3—34　"页面设置"对话框"纸张"选项卡

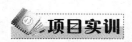

利用项目一实训素材文件"信息工程学院简介.docx",完成设置。设置最终效果如图3—35所示。

信息工程学院

——信息技术人才摇篮,IT精英培训基地

信息工程学院是南宁职业技术学院(国家首批示范性高职院校)的二级学院之一。校园绿树成荫,生活设施良好。学院开设的专业涵盖了计算机类、通信技术类和数字媒体类等7个专业及方向,是国家示范性重点建设的专业及专业群。目前在校生1 800余人,专业教师70多人,其中副教授及以上职称者占30%以上,研究生及以上学历者占70%。**信息工程学院**应用最新的信息技术培养社会急需的信息化人才,在飞速增长的信息化行业中,所培养的学生都能找到适合自己的岗位。

【培养目标】

培养软件开发、网站开发、软件测试、网页设计、广告设计、VI 设计、动漫设计、网络工程、网络管理、网络安全、网络通信、移动通信、物流工程、计算机设备生产与维护、物联网技术、办公设备生产与维护等方面的高素质、高技能的应用性人才

【专业及专业方向】

- 软件技术
- 计算机应用技术
- 计算机网络技术
- 移动通信技术
- 动漫设计与制作
- 物联网应用技术
- 数字媒体技术

【就业情况】

信息工程学院的毕业生面向广州、深圳、杭州、苏州、北京、上海、南宁、柳州、桂林等大、中城市的就业。就业渠道多、就业面广、工作环境好、工资待遇高、职业生涯发展潜力大、学生自主创业机会多,能圆学子的创业梦想,据国家相关部门预测,信息类、通信类、动漫类和物联网类专业市场需求不断增加。主要的就业去向:

- ❖ IT行业或企业
- ❖ 企业、事业、政府的信息化部门
- ❖ 港口、航运、铁路行业或企业
- ❖ 软件开发公司、网站设计制作公司
- ❖ 广告公司、媒体设计公司、印刷出版公司
- ❖ 电视台、影视制作、动漫设计、数字媒体等公司
- ❖ 通信、银行、证券、保险等企业的网络管理、数据管理等部门
- ❖ 软件销售公司或售后服务部门
- ❖ 计算机及配件的开发、生产、维护企业或部门
- ❖ 物联网、物流等企业
- ❖ 酒店、商场、超市等企业的网络管理、数据管理等部门

图3—35 项目一实训效果图

项目2 制作个人简历

项目情境：为了参加毕业生双选会，国际学院的学生李明需要制作一份简历。本项目以李明的个人简历为例，介绍 Word 中插图的使用方法，以及有关表格的设计及编辑的相关内容。

本项目的最终设计效果，如图 3—36 和图 3—37 所示，包括以下任务：

· 制作简历封面；

· 制作简历表。

图 3—36 "个人简历"封面效果图

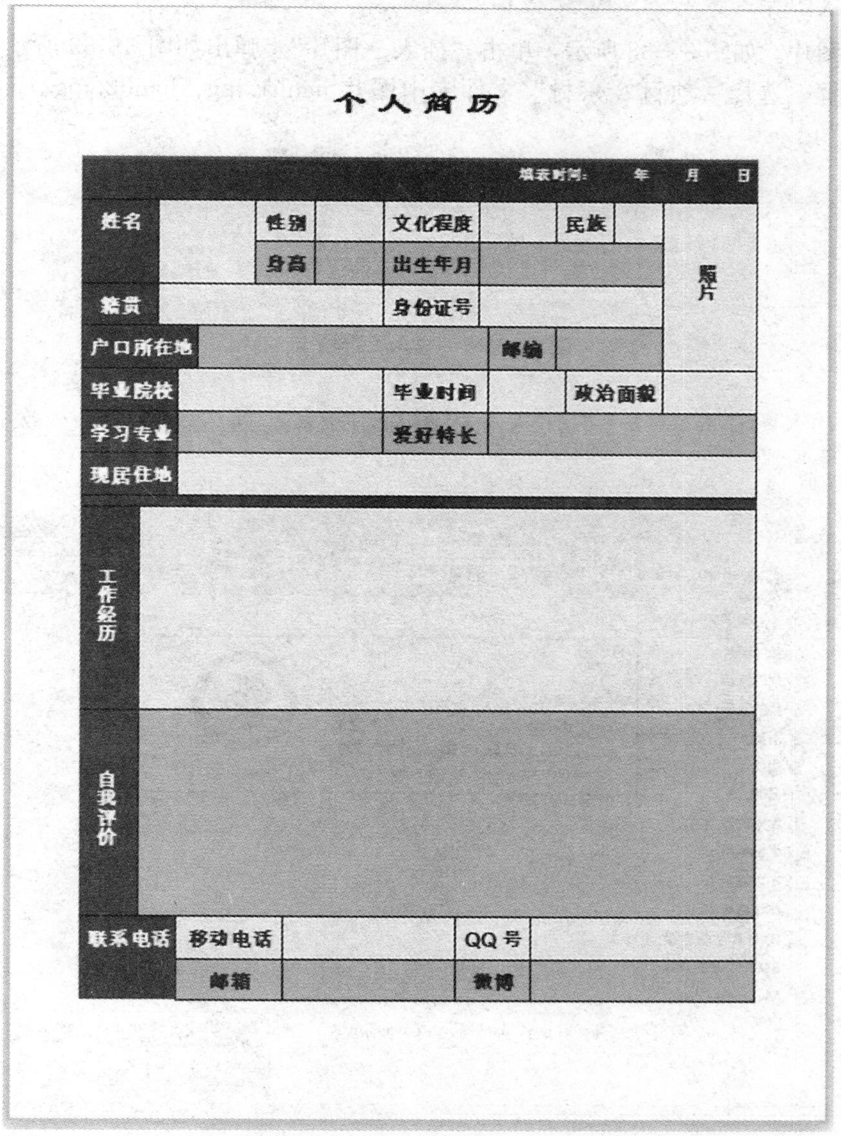

个人简历

						填表时间: 年 月 日
姓名		性别	文化程度		民族	照片
		身高	出生年月			
籍贯			身份证号			
户口所在地				邮编		
毕业院校		毕业时间		政治面貌		
学习专业		爱好特长				
现居住地						
工作经历						
自我评价						
联系电话	移动电话		QQ号			
	邮箱		微博			

图3—37 "个人简历"第二页效果图

任务1 制作简历封面

任务要求：在文档中插入图片、剪贴画并对其进行相关格式的设置。插入文本框并输入标题，根据样例要求设置相关格式及文本框的大小。以艺术字的形式输入相关的内容并对其进行艺术字的美化。

启动 Word 2010，新建文件，将文件以"个人简历"为名另存到"Word 项目"文件夹中。操作步骤如下：

（1）插入图片。

①插入图片。如图 3—38 所示，单击"插入→图片"。弹出如图 3—39 所示的"插入图片"对话框，选择"项目 2 素材"文件夹中图片 jianli1.jpg、jianli2.jpg、jianli3.jpg，单击"插入"。

图 3—38　"插入"选项卡

注意： 插入图片时，可一次插入一张图片，分多次插入；也可以一次插入多张图片。

图 3—39　"插入图片"对话框

②设置图片环绕方式。单击选中图片 1，单击"格式→自动换行→四周型环绕"，如图 3—40 所示。使用相同的操作设置图片 2 和图片 3 为"四周型环绕"。使用鼠标拖动，将图片 2 移动到页面下方。

③调整图片大小。在图片 1 上单击鼠标右键打开快捷菜单，选择"大小和位置…"，如图 3—41 所示。在打开的"布局"对话框的"大小"选项卡下设置图片缩放 85%，如图 3—42 所示。

选中图片 2，单击"格式"选项卡"大小"组对话框启动器按钮，在打开的"布局"对话框的"大小"选项卡下设置图片缩放 65%。

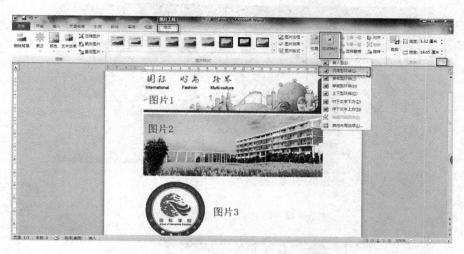

图 3—40　图片"环绕方式"设置

图 3—41　图片快捷菜单

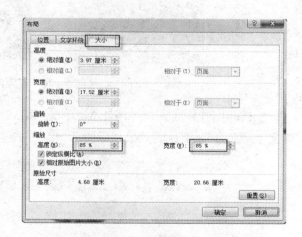

图 3—42　布局对话框"大小"选项卡

选中图片 3，设置图片大小高度为 3.7 厘米，高度为 3.9 厘米。

注意：利用"格式→位置"也可以打开"布局"对话框。

④调整图片。选中图片 1，单击"格式→艺术效果→塑封"，为图片 1 设置"塑封"的艺术效果，如图 3—43 所示。

选中图片 2，为图片 2 的设置艺术效果"胶片颗粒"。

选中图片 3，单击"格式→删除背景"，调整需要删除背景大小，如图 3—44 所示，单击"保留更改"，图片 3 的白色背景就被删除。

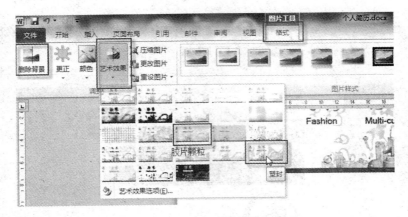

图 3—43　图片"艺术效果"设置

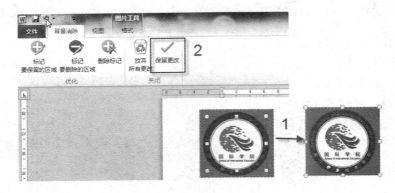

图 3—44　图片背景删除

⑤修改图片样式。选中图片 3，单击"格式→图片效果→发光→红色，11pt 发光，强调文字颜色 2"，图片的效果，如图 3—45 所示。

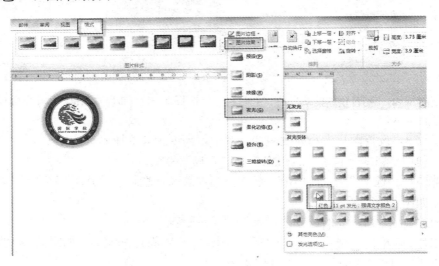

图 3—45　图片发光效果设置

选中图片 1，单击"格式→柔化边缘矩形"图片样式，如图 3—46 所示。

图 3—46　图片样式设置

选中图片 2，单击"格式→图片样式组"其他"按钮，如图 3—47 所示，设置"映像棱台，白色"图片样式。

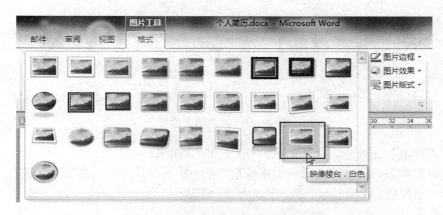

图 3—47　图片样式设置列表

⑥保存文档。

（2）插入艺术字。

①设置艺术字填充颜色。将光标定位在页面中，单击"插入→艺术字→渐变填充→橙色，强调文字颜色 6，内部阴影"，如图 3—48 所示。

图 3—48　插入艺术字

此时出现插入艺术字框，如图 3—49 所示。输入文字"个人简历"，并用鼠标将其拖动到下方文档空白处。

图 3—49　插入艺术字框

②选中文字，如图 3—50 所示，单击"格式→文字方向→垂直"，将文字设置为竖排文字。

图 3—50　文本填充设置

单击"开始"选项卡，设置文字字号为"60"，隶书。

③选中艺术字，单击"格式→文本轮廓"，如图 3—51 所示，设置轮廓颜色为"橄榄色，强调文字颜色 3，深色 50％"，粗细为"1 磅"。

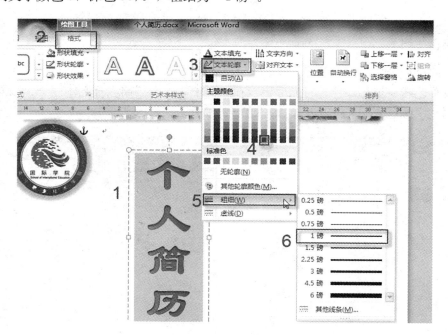

图 3—51　文本轮廓设置

④如图 3—52 所示，单击"文本效果→阴影→向上偏移"，设置阴影效果。单击"文本效果→发光→橄榄色，18pt 发光，强调文字颜色 1"，设置文字发光变体，如图 3—53 所示。

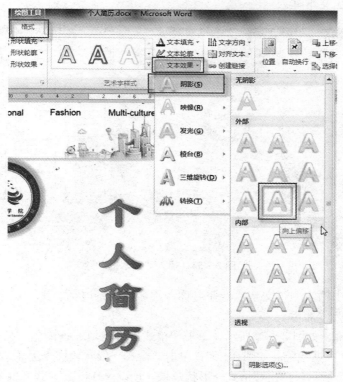

图 3—52 文本"阴影"效果设置

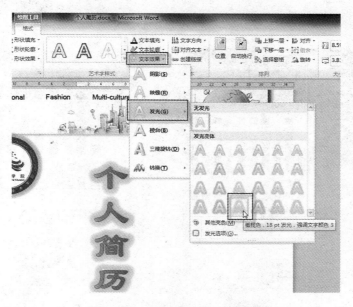

图 3—53 文本"发光"效果设置

（3）插入文本框。

①单击"插入→文本框→绘制文本框"下拉按钮，如图3—54所示。按住鼠标左键在页面上拖拉绘制出文本框。

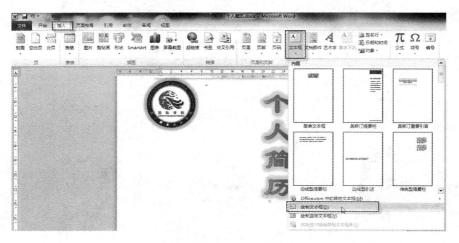

图3—54 插入"文本框"

②在文本框中输入三行文字：专业名称、姓名、联系电话。选中文字，将文字格式设置为"华文行楷"、"加粗"、"三号"。

③选定文本框。如图3—55所示，单击"格式→形状填充→橙色，强调文字颜色6，淡色60％"，设置文本框颜色。如图3—56，单击"格式→形状轮廓→无轮廓"，取消文本框的轮廓。如图3—57所示，单击"格式→形状效果→预设→预设2"，设置文本框的效果。

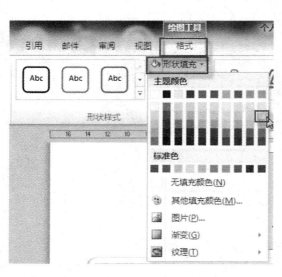

图3—55 形状填充设置

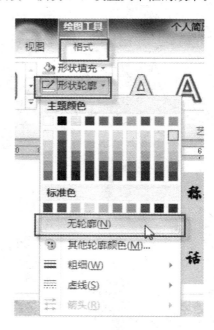

图3—56 形状轮廓设置

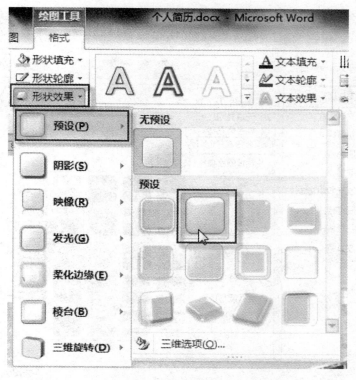

图 3—57　形状预设效果设置

④使用上述方法添加另外一个横排文本框，并在文本框中输入文字"向阳花开的地方"，然后将文字格式设置为"华文琥珀"、"二号"。

⑤如图 3—58 所示，选中文字，单击"格式→文本填充→渐变→其他渐变"。

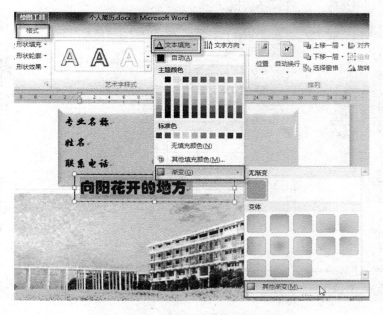

图 3—58　文本渐变填充效果设置

在"设置文本效果格式"对话框中，如图 3—59 所示，设置文本填充效果为预设的"熊熊火焰"渐变。设置文本边框为"深红、实线"，如图 3—60 所示。

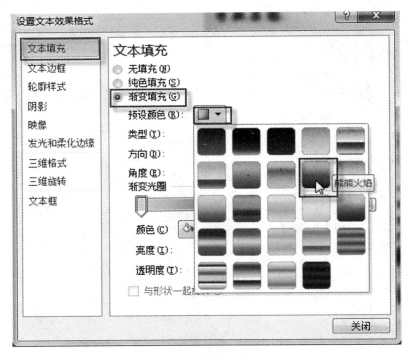

图 3—59　设置文本效果格式对话框"文本填充"

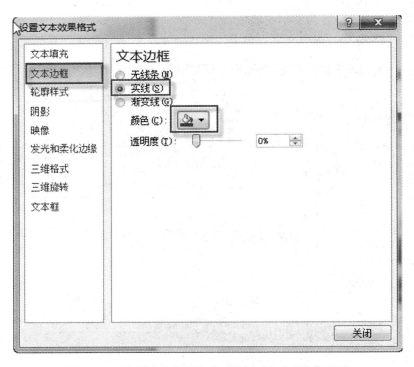

图 3—60　设置文本效果格式对话框"文本边框"设置

⑥设置文本框的形状填充为"水滴"纹理,形状轮廓为"无轮廓"。选中文本框,单击"绘图工具格式→形状填充→纹理→水滴",设置文本框的填充效果。如图3—61所示。

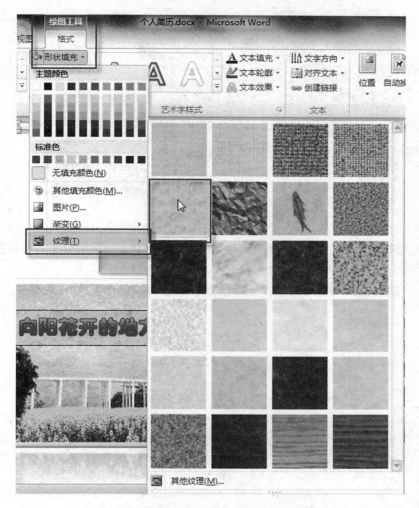

图3—61 形状填充"纹理"设置

单击"格式→形状轮廓→无轮廓",取消文本框的轮廓。将文本框移动到图片2的左上方。

(4)插入形状(线条)。

在文本框中的"专业名称"、"姓名"、"联系电话"文字后添加直线段。

①单击"插入→形状→直线",如图3—62所示。按住"Shift"键的同时,按下鼠标左键向右拖拉绘制出水平线。

②单击选中直线,单击绘图工具"格式→形状轮廓→粗细→1.5磅",设置直线的粗细为"1.5磅",调整直线至合适位置及长度。

③复制直线段:选中直线,按住"Ctrl"键将其拖拉到其余文字后面,松开鼠标实现复制,共复制2份。

图 3—62　插入直线

④按住"Shift"键单击选中 3 条直线，单击"格式→对齐→纵向分布"；"格式→对齐→左对齐"，如图 3—63 所示，实现分布和对齐。

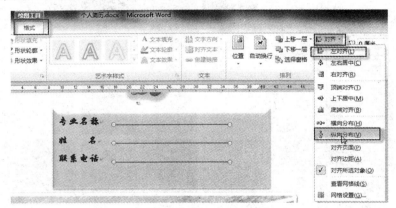

图 3—63　对齐与分布设置

⑤组合对象：按住"Shift"键，依次单击文本框和三条直线，将其全部选中，单击"格式→组合→组合"，如图 3—64 所示。

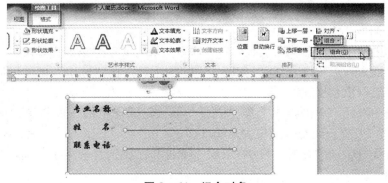

图 3—64　组合对象

将组合后的文本框移动到"个人简历"下方适当位置。

（5）插入剪贴画。

单击"插入→剪贴画"，在弹出的"剪贴画"任务窗格的"搜索文字"文本框中输入"人物"，单击"搜索"，如图3—65所示。在搜索到的图片列表中单击需要插入的剪贴画完成插入。

图3—65　插入剪贴画

选中剪贴画，单击"格式→自动换行→四周型环绕"。将剪贴画移动到专业名称文本框左侧，适当调整大小，最终效果如图3—36所示。

（6）保存文档。

单击"保存"按钮或按"Ctrl+S"键，保存文档。

任务2　制作简历表

任务要求：制作表格型的简历表。在文档中插入一个表格，利用表格的合并和拆分功能调整好表格的构架，接着输入单元格的内容，最后对表格进行美化和修饰。

将光标定位到第一页页面下部，单击"页面布局→分隔符→分节符（下一页）"。光标移到下一页。页面设置：上、下、左、右页边距均为2厘米，应用于本节。操作步骤如下：

（1）建立表格。

单击"插入→表格→插入表格"，如图3—66所示。

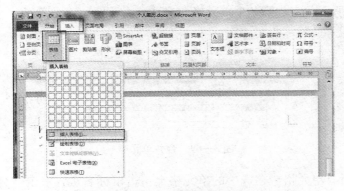

图3—66　表格下拉列表

在"插入表格"对话框中，输入列数"9"，行数"14"，如图 3—67 所示。单击"确定"，则创建了一个 9 列 14 行的标准表格，如图 3—68 所示。

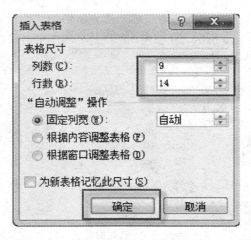

图 3—67　"插入表格"对话框

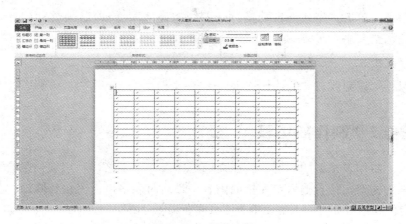

图 3—68　插入表格

（2）合并单元格。

使用鼠标拖动的方式，选中单元格区域 A1：A9，单击表格工具的"布局→合并单元格"，如图 3—69 所示，完成第一个单元格的合并。

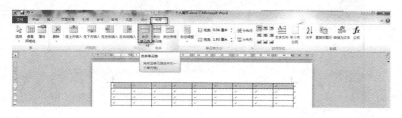

图 3—69　合并单元格

选中第二行所有单元格，在选中的单元格上单击鼠标右键，单击"合并单元格"，完成选定单元格的合并。

使用上述方法，按照图 3—70 所示的最终效果，依次合并单元格区域。

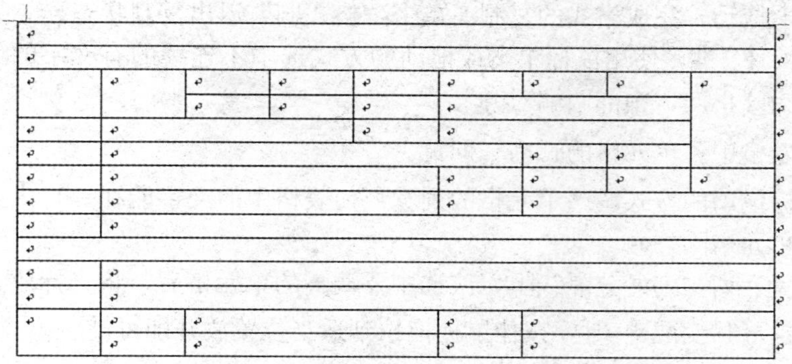

图 3—70 表格效果

（3）输入文字。

按照如图 3—71 所示的"个人简历"，在对应的单元格中输入简历内容。

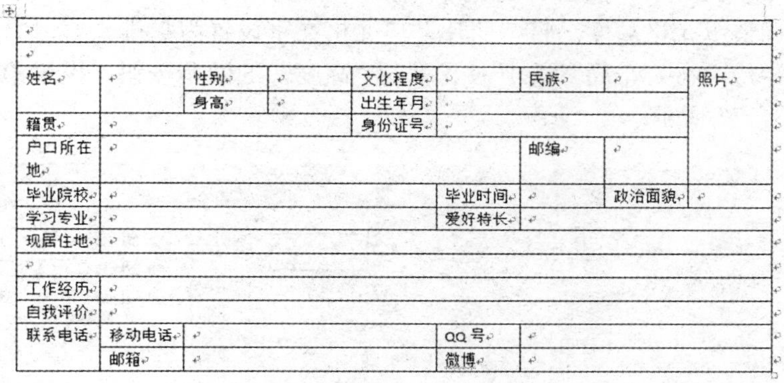

姓名		性别		文化程度		民族		照片
		身高		出生年月				
籍贯				身份证号				
户口所在地						邮编		
毕业院校				毕业时间		政治面貌		
学习专业				爱好特长				
现居住地								
工作经历								
自我评价								
联系电话	移动电话			QQ号				
	邮箱			微博				

图 3—71 个人简历表效果

（4）设置文字格式和对齐方式。

分别设置单元格内文字的字体、字号、字形和对齐方式。如图 3—71 所示，表格中有文字的单元格文字格式设置为"楷体、四号、加粗、水平居中"，除第 1 行、第 2 行外，图 3—71 中未填写内容的单元格都设置为"小四，中部两端对齐"。

①选中"姓名"单元格，单击"开始"选项卡，设置字体为"楷体、四号、加粗"；如图 3—72 所示，单击表格工具"布局——水平对齐"，完成对齐设置。

图 3—72 单元格对齐设置

②保持"姓名"单元格的选中，切换到"开始"选项卡，双击"格式刷"按钮，在其他指定单元格上拖动，完成格式的复制。单击"格式刷"退出复制状态。

③按住"Ctrl"键，使用鼠标单击或拖动的方式选中不连续的有文字的单元格，设置单元格的格式为"小四，中部两端对齐"。

（5）调整表格中各单元格的行高、列宽。

①使用鼠标拖动的方式调整单元格的列宽，使表格中的文字能在一行内显示（工作经历、自我评价单元格除外）。

将光标放置在列与列的分隔线上，或选中要调整的单元格后，将光标放置在单元格的边线上，当鼠标形状变成 ↔ 时，按住鼠标拖拉到适当位置放开即可。

注意：将鼠标指针放在行与行之间的表格线上，当其变成 ↕ 时，按住鼠标左键上下拖动可调整表格的行高。将鼠标指针放在列与列之间的表格线上，当其变成 ↔ 时，按住鼠标左键左右拖动可调整表格的列宽。

②选中"工作经历"、"自我评价"单元格，单击"布局→文字方向"，更改文字方向为纵向。适当调整单元格高度。将"照片"单元格文字设置为竖排。

③选中第一行，在"布局"选项卡下单击"高度"的微调按钮，设置第一行的行高为2厘米，如图3—73所示。

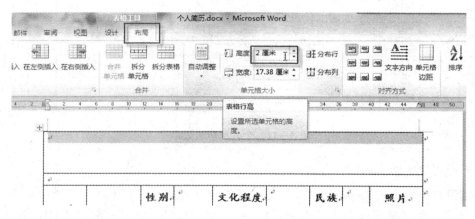

图3—73　行高设置

使用同样的方法设置第2行行高为1厘米，"工作经历"、"自我评价"所在行行高为5.5厘米。

④将"工作经历"上方间隔行行高设置为0.3厘米。选中该行，单击"布局"选项卡"单元格大小"组对话框启动器，打开"表格属性"对话框进行设置，如图3—74所示。

（6）输入表格内容。

在表格第一行输入标题文字：个人简历，将其格式设置为隶书、加粗、小一、字符间距加宽3磅、单元格水平居中对齐。

在第二行输入文字："填表时间：　　年　　月　　日"，字体加粗，单元格中部右对齐。完成效果，如图3—75所示。

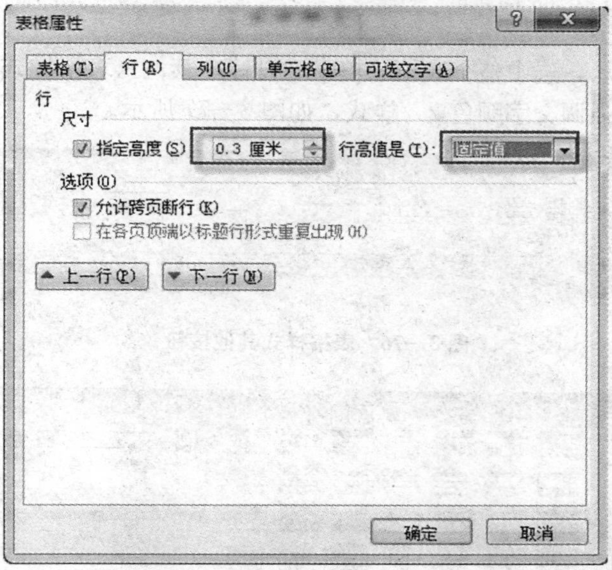

图 3—74 “表格属性”对话框

个人简历								
					填表时间： 年 月 日			
姓名		性别		文化程度		民族		照片
		身高		出生年月				
籍贯				身份证号				
户口所在地					邮编			
毕业院校				毕业时间		政治面貌		
学习专业				爱好特长				
现居住地								
工作经历								
自我评价								
联系电话	移动电话			QQ号				
	邮箱			微博				

图 3—75 “个人简历”表格文字效果

（7）设置表格样式。

①如图 3—76 所示，选中整个表格，单击"设计→其他（表格样式组）"，在样式列表中选择"彩色底纹，强调文字颜色 2"样式，如图 3—77 所示。

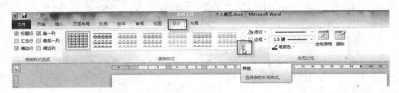

图 3—76　表格样式其他按钮

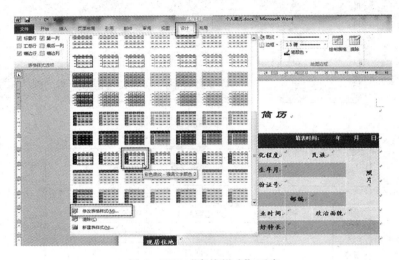

图 3—77　"表格样式"列表

②单击"修改表格样式"，在"修改样式"对话框中设置，如图 3—78 所示。

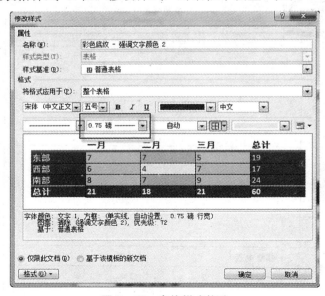

图 3—78　表格样式修改

90

（8）调整表格在页面中的位置。

选中整个表格，右击表格，单击快捷菜单中的"表格属性"命令，打开"表格属性"对话框设置对齐方式为"居中"，文字环绕为"无"，如图3—79所示，单击"确定"。

图3—79　"表格属性"表格选项卡

（9）保存文档。

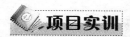 **项目实训**

制作如图3—80所示的个人简历表。

个人简历一览表

姓名		性别		出生年月		照片
地址	学校通信地址：					
	家庭通信地址：					
电话	宿舍电话		电子邮件			
	家庭电话		手机电话			
应聘岗位	□ 教学　　　□ 科研　　　□ 管理　　□ 服务					
所受教育程度	时间		学校			
掌握计算机使用程度外语种类	□ 英语　□ 日语　□ 俄语　□ 法语　□ 其他					
	□ 计算机一般操作　　□ 具有编程能力 □ 熟悉Oracle数据库　□ 熟悉网页制作					

图3—80　项目二实训效果图

91

项目3 制作简报

项目情境：学校的"金葵文化"建设得到社会各界的高度评价，为此学校办公室要制作一份图文并茂的简报。本项目以珊珊制作的金葵简报为例，介绍 Word 的图文混排。通过文字、图片与艺术字等对象位置的合理安排，借助自动换行以及形状、文本框对象的综合应用、表格的高级运用实现页面布局。

本项目简报的最终效果，如图 3—81～图 3—83 所示，包括以下任务：
· 图文混排制作简报第 1 页；
· 使用文本框制作简报第 2 页；
· 使用表格布局制作简报第 3 页。

图 3—81 简报第 1 页效果图

图 3—82　简报第 2 页效果图

图 3—83　简报第 3 页效果图

93

任务1 图文混排制作简报第1页

任务要求：本任务制作简报的首页，通过插入文件获得文档内容，插入图片和艺术字美化页面。用图片的自动换行实现图文混排，添加页面边框使页面清新自然更有特色。

操作步骤如下：

（1）新建文档。

启动 Word 2010，新建文档，以"金葵花简报"为名保存文件至"Word 项目"文件夹中。

（2）插入文件。

单击"插入→对象→文件中的文字"，如图 3—84 所示。在"插入文件"对话框中找到项目 3 素材文件"向阳花开 .docx"，单击"插入"，如图 3—85 所示。

图 3—84 插入对象

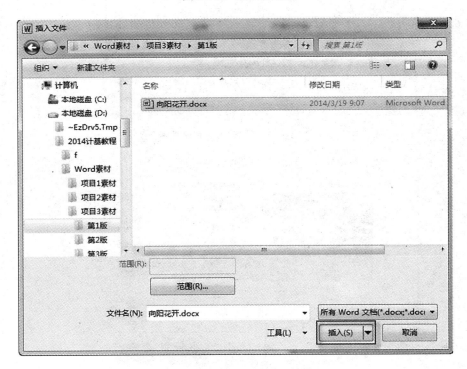

图 3—85 "插入文件"对话框

（3）设置页面。

设置页边距，上边距、下边距为 2.5 厘米，左边距、右边距为 3 厘米。

（4）文章标题设成艺术字。

选中标题，单击"插入→艺术字→填充—红色，强调文字颜色2，暖色粗糙棱台"，如图3—86所示，设置字体为"黑体"。

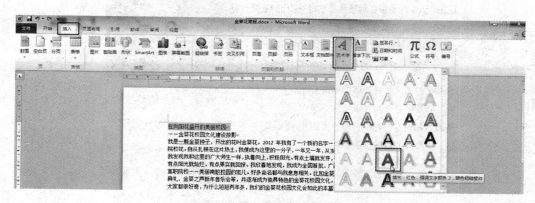

图3—86　文本转换为艺术字

（5）设置副标题格式。

标题格式设置为：宋体、四号、加粗，居中对齐。

（6）设置文字和段落格式。

选中正文，设置为：宋体，小四号，首行缩进2字符，1.5倍行距。

（7）插入素材图片。

在文档中插入：向日葵1.jpg、向日葵2.jpg、向日葵3.jpg。

（8）设置图片环绕格式。

修改图片大小，并设置图片版式为"四周型环绕"。

（9）移动图片。

将图片分别移动到正文开头、右侧和左下，最终效果，如图3—81所示。

（10）设置艺术字。

将正文第一段的"有点土壤就发芽，有点雨露就生长，有点阳光就灿烂，有点果实就回报。"设置成艺术字，艺术字样式为"渐变填充—橙色，强调文字颜色6，内部阴影"，设置文字为四号、幼圆，文本左对齐。在文字后增加一行"——向日葵精神"，设置右对齐。调整艺术字位置及大小，如图3—87所示。

（11）修改图片颜色。

修改左下方图片颜色："格式→颜色→饱和度：300％"，如图3—88所示。

（12）突出显示文字。

如图3—89所示，将正文最后一段中的"六化"、"五个一"、"四位一体"、"三大核心"、"两大核心素质"、"一输出"设置字体为红色，设置黄色突出显示。

从发芽、生长到盛开，我发现我和这里的广大师生一样，执着向上，积极阳光。我欣喜地发现，我成为全国首批、广西第一家国家示范高职院校——美丽南职校园的宠儿。好多命名都与我息息相关。比如金葵广场、金葵奖颁奖典礼、金葵之声新年音乐会等，并逐渐成为独具特色的金葵花校园文化。

大家都很好奇，为什么短短两年多，我们的金葵花校园文化会如此的丰富多彩？我要很自豪地告诉大家。那是因为我们有一颗钻石般的大心脏。这颗大心脏就是南宁职院长

有点土壤就发芽，有点雨露就生长，有点阳光就灿烂，有点果实就回报。

——向日葵精神

期坚持的核心理念和核心文化。宏观上它

图3—87　艺术字效果图

图3—88　图片颜色（饱和度）设置

图3—89　突出显示文本

（13）插入分节符。

将插入点定位在文档尾，单击"页面布局→分隔符→分节符下一页"，如图3—90所示，则在文章尾部插入符并在下一页上开始新节。

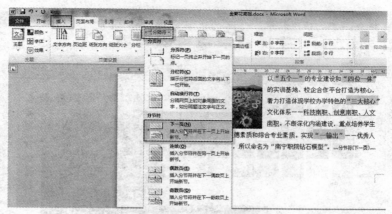

图 3—90　插入分隔符

（14）添加双波浪形页面边框。

将插入点定位在文档首页中，单击"页面布局——页面边框"，在打开的"边框和底纹"对话框中，设置"方框、红色、30 磅、艺术型、应用于本节"页面边框，如图 3—91 所示，单击"确定"。

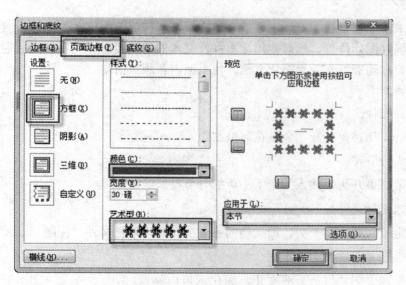

图 3—91　"页面边框"设置

（15）添加背景。

插入一张图片制作背景。

①在文档首页，插入图片素材"向日葵 4.jpg"。

②设置图片自动换行为"衬于文字下方"。

③调整图片大小，使之衬于所有文字下方。

④如图 3—92 所示，单击"格式→颜色→冲蚀"，设置图片重新着色为"冲蚀"。

（16）保存文件。

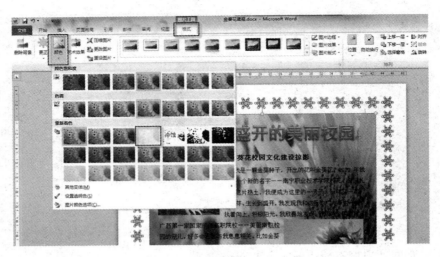

图3—92 图片颜色（冲蚀）设置

任务2 使用文本框制作简报第2页

任务要求：本版素材文章短小，适合用文本框进行页面编排。先通过设置图片的"自动换行"布局好图片位置，然后使用文本框及文本框的链接布局文字，最后通过设置文本框的形状填充和轮廓填充效果美化文档，使页面内容版块清晰。

操作步骤如下：

（1）打开文件。

启动 Word 2010，打开"金葵花简报制作.docx"文件。

（2）插入分节符。

在文档第二页开头，插入一个下一页的分节符。

（3）插入素材文件。

插入点定位在第二页开头，即文档的第二节，插入素材文件"标题.docx"。

（4）将标题文字转换为文本框。

①选中标题文字"打造金葵文化，深化示范内涵"，单击"插入→文本框→绘制文本框"，为文字添加文本框。单击"格式→文字方向→垂直"，修改文字方向为"垂直"，居中对齐。选中文本框，设置字号"小初"、"华文新魏"；单击"格式→文本填充→渐变→其他渐变"，设置文本填充颜色为渐变填充，预设颜色"金乌坠地"，如图3—93所示，调整渐变光圈和角度，单击"关闭"。将文本框移到页面左侧。

单击选中标题文本框，设置大小：高度22厘米，宽度2.5厘米。设置形状填充颜色"橄榄色，强调文字颜色3，淡色80%"，形状轮廓"无轮廓"，形状效果为"发光→紫色，18pt发光，强调文字颜色4"。

②使用同样的方法，将标题文字"奉献南职智慧，服务区域发展"转换为文本框，选中文本框，设置字号"二号"，字体"华文琥珀"，艺术字样式为"填充—红色，强调文字

颜色 2，双轮廓—强调文字颜色 2"。如图 3—94 所示，单击"格式→文本效果→转换→朝鲜鼓"设置文本效果。设置形状轮廓"无轮廓"。

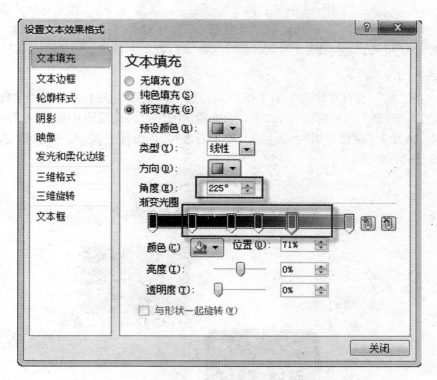

图 3—93　文本填充效果设置

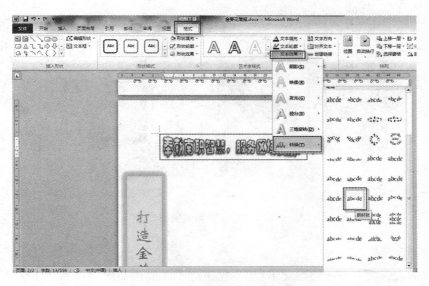

图 3—94　文本效果（转换）设置

适当调整文本框大小，将文本框移动到页面底端。

③同理，将文字"讲述南职故事，践行复兴梦想"转换为文本框，字体为隶书，一号，艺术字样式"渐变填充—紫色，强调文字颜色4，映像"。形状填充颜色"浅绿"，渐变"浅色变体，线性向下"，形状轮廓"无轮廓"，形状效果"柔化边缘→5磅"。文本框大小：高度2.2厘米，宽度15.5厘米。将此文本框放置页面顶端。

（5）插入图片。

插入"第2版"素材文件夹中的4张图片，适当调整图片大小。将图片"自动换行"设置为"四周型环绕"，移动图片到如图3—95所示的位置。设置图片效果：图片1"居中矩形阴影"，图片2"棱台矩形"，图片3"映像右透视"，图片4"棱台左透视，白色"。布局效果，如图3—95所示。

图3—95 布局效果图

（6）绘制文本框。

单击"插入→文本框→绘制文本框"，在图片1左侧拖拉绘制与图片1大小的文本框1，文本框中插入素材文件"金葵广场.docx"中的文字。设置段落首行缩进2字符。此时文本框中的文字没有全部显示。

100

（7）插入文本框。

在图片1的下方插入一个文本框2。

（8）创建链接。

如图3—96所示，先单击选中文本框1，然后单击"格式→创建链接"，此时鼠标形状变成![icon]，单击文本框2，实现文字从文本框1到文本框2的流动。调整文本框2的大小，使文字全部显示。

图3—96 文本框链接设置

（9）绘制多个文本框。

依次绘制文本框3、文本框4、文本框5、文本框6，如图3—97所示。将文本框3和文本框4创建链接，插入文件"金葵之声.docx"。文本框5插入文件"金葵奖.docx"，文本框6插入文件"金葵宣传.docx"。

（10）设置文本框效果。

按住"Shift"键单击选中文本框1和文本框2，设置形状填充颜色浅黄，无轮廓，形状效果"柔化边缘5磅"。类似地设置其余文本框的填充颜色及轮廓。调整文本框的大小、位置和文本框内文字大小，最终效果如图3—82所示。

（11）保存文件。

注意：选中文本后，单击"插入→文本框→绘制文本框"，将文本转换成文本框，可在页面上随意移动位置；选中文本框中的文字后向页面空白处拖动，能使文字从文本框中分离。

图 3—97　文本框布局图

利用表格布局制作简报第3页

任务要求：使用表格布局页面，通过表格的边框设置、插入艺术字、图片来美化页面。

启动 Word 2010，打开"金葵花简报.docx"文件。操作步骤如下：

（1）设置页面。

光标定位在第三页的开头（新的一节）中，进行页面设置。设置纸张大小 B4，横向，上、下、左、右页边距设置均为 2 厘米。此时可看到相邻的两张纸张的大小是不一样的。

（2）插入表格。

使用表格布局页面：插入一个 7 行 7 列表格，设置表格居中对齐。

（3）编辑表格。

对表格进行编辑，通过合并、拆分单元调整行高与列宽，调整表格大小基本占满一个页面，表格形状及单元格内容，如图 3—98 所示。

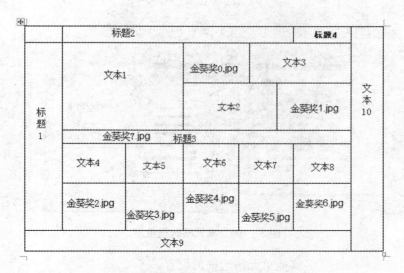

图 3—98　简报第 4 版布局图

（4）填写表格。

打开素材文件"金葵奖页.docx"，将其中相应部分的内容复制到表格的单元格中。

（5）插入素材图片。

插入素材图片"金葵奖 0—7"到相应单元格，修改图片大小适应单元格。

（6）设置文本图片格式。

参照效果图，设置各单元格中文本的格式，单元格的背景，图片的格式。

（7）设置表格边框。

如图 3—99 所示，选中表格，单击"设计→边框→无边框"，去掉表格所有框线。

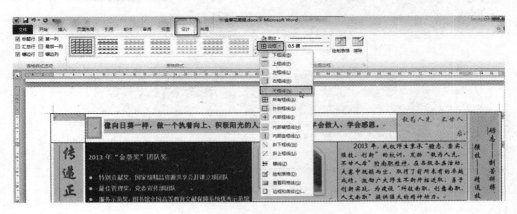

图 3—99　去除表格边框设置

选中要添加边框的单元格，单击"格式→边框→边框和底纹"，利用"边框和底纹"对话框设置表格单元格的边框。如图 3—100 所示，设置"金葵奖颁奖盛典"下方单元格的边框。

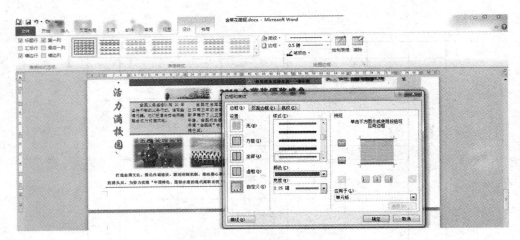

图 3—100　单元格边框设置

参看效果图 3—83，完成其他单元格边框的设置。

注意：步骤（7）也可以改为直接应用表格样式，设置边框和底纹的效果，快速实现表格美化。如选择"浅色底纹，强调颜色 2"表格格式。效果，如图 3—101 所示。

图 3—101　表格样式应用效果

（8）保存文档。

　项目实训

使用项目三实训素材文件，制作"图书馆简介 .docx"，效果，如图 3—102 所示。

图 3—102　项目三实训效果图

1. 打开素材文件"图书馆简介.docx"，以"南职图书馆简介"为名保存。

2. 页面设置，A4，纵向，页边距：上 1.8 厘米，下 1.8 厘米，左 2.2 厘米，右 2.2 厘米。

3. 所有文字首行缩进 2 字符，两小标题文字设置为四号，加粗。

4. 在文中插入素材图片"图书馆 1"～"图书馆 9"，设置图片"图书馆 1"～"图书馆 8"的"自动换行"为"四周型环绕"，"图书馆 9"的"自动换行"为"衬于文字下方"。调整图片的大小及位置，设置图片格式，参照效果图。

5. 插入艺术字：将文字"创意设计铺陈莘莘学子炫彩人生路"转换为艺术字，小三号、隶书、竖排文字，放置在页面左下。插入艺术字"等你，在南职图书馆……"，字号一号、华文行楷，将艺术字放在页面中部空白处。

6. 保存文档。

项目情境：毕业前夕，珊珊为自己的毕业论文忙碌着。本项目以毕业论文排版为例，介绍长文档的编排和目录制作方法。

完成排版后，本项目的最终效果（局部），如图3—103所示，包括以下任务：

- ·设置页眉和页脚；
- ·应用和修改样式；
- ·生成目录页；
- ·添加页码。

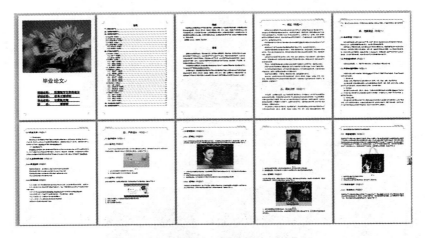

图3—103　论文排版效果图（局部）

任务1　设置页眉和页脚

任务要求：按要求设置页面，设置首页和奇偶页不同的页眉，并插入封面页。

操作步骤如下：

（1）建立文档。

打开项目4素材文件"毕业论文排版.docx"文件，另存为"毕业论文.docx"。

（2）页面设置。

页面设置：纸张A4纸，页边距：上边距为2.5厘米，下、左、右边距为2厘米。切换到"版式"选项卡，单击选中"奇偶页不同"、"首页不同"，页脚距边界1.5厘米，如图3—104所示。

注意：设置首页和奇偶页不同的页眉，也可以双击页面的页眉处，打开"页眉和页脚工具设计"选项卡，在"选项"组中勾选中"首页不同"、"奇偶页不同"，如图3—105所示。

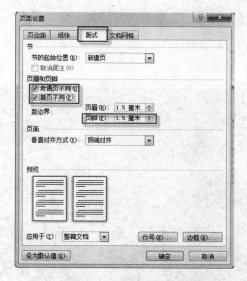

图 3—104　页面设置对话框（版式）

图 3—105　"页眉和页脚工具—设计"选项卡

（3）制作论文封面。

将光标定位在文档首，单击"插入→封面"，如图 3—106 所示，选择"危险性"封面，插入到页面中。

图 3—106　插入"封面"下拉列表

删除修改内置的文本框，输入相关文字，并设置字体、字号等，完成封面制作，最终效果，如图3—107所示。

图3—107　封面效果图

任务2　应用和修改样式

任务要求：将报告中不同等级的标题用不同的格式区分开。利用样式快速进行应用。该任务包括样式的新建、修改和应用等内容。

操作步骤如下：

（1）应用样式。

①选中要使用"标题1"样式的标题行，单击"开始→标题1"，如图3—108所示；或单击"样式"组对话框启动器，打开"样式"窗格，如图3—109所示，单击"标题1"，则选中的标题使用"标题1"样式。

图3—108 应用"标题1"样式

图3—109 "样式"窗格

②将素材中标注"标题一"的行都设置为应用"标题1"样式。

③使用同样的方法，将素材中标注"标题二"的行都应用"标题2"样式。

④将素材中标注"标题三"的行都应用"标题3"样式。

（2）样式的修改。

根据论文对各标题格式的要求，修改标题1、标题2、标题3样式。

①修改标题1字体样式为"小二号，黑体字"。

单击"样式"窗格中"标题1"样式右侧的下拉箭头，单击"修改"，如图3—110
所示。

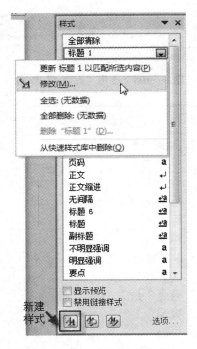

图 3—110　修改样式命令

在打开的"修改样式"对话框中，按照图 3—111 进行设置。单击"格式"按钮，打开如图 3—112 所示的列表，选择"字体"命令，打开"字体"等对话框进行设置。单击"确定"按钮后，样式被修改且自动更新应用"标题 1"样式的标题。

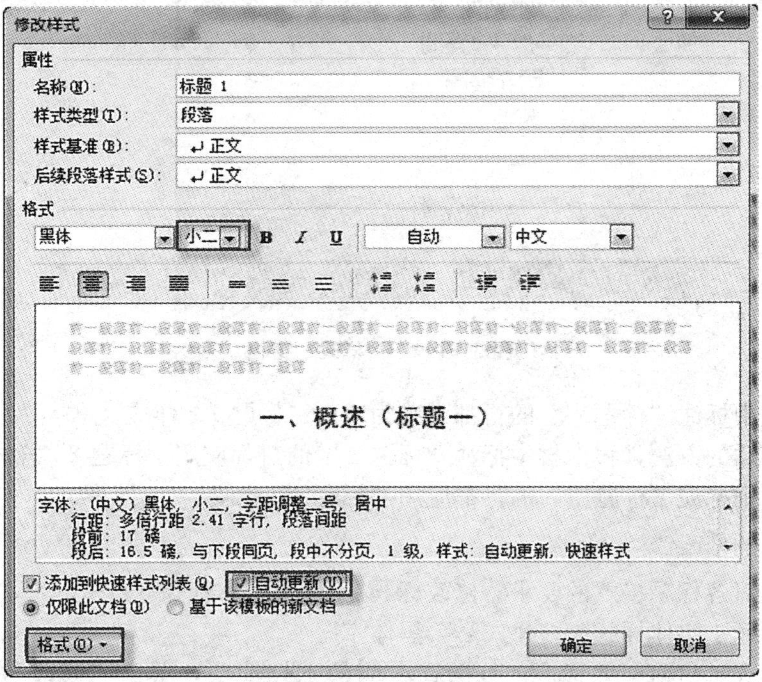

图 3—111　"修改样式"对话框

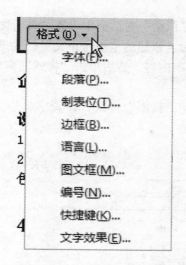

图3—112 "格式"按钮列表

②使用同样的方法，修改"标题2"样式改为"小三号黑体字"。

③把"标题3"样式修改为"四号黑体字"。

（3）样式的新建。

①新建"报告正文"样式。字体格式为仿宋、五号，段落格式为"首行缩进2字符，行距为1.25倍行距。"

单击"样式"窗格中的"新建样式"按钮，打开"根据格式设置创建新样式"对话框，如图3—113所示，设置样式名称为"报告正文"，设置字体格式为"仿宋、五号"。

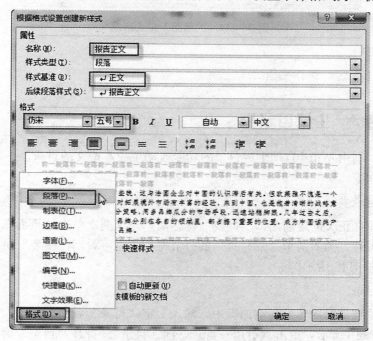

图3—113 "新建样式"对话框

单击"格式→段落",在"段落"对话框中设置"首行缩进2字符,行距为1.25倍多倍行距"。单击两次"确定"后,新建的"报告正文"样式出现在"样式"窗格。

选择除各级标题以外的文本内容,然后单击"样式"窗格中"报告正文"样式,应用该样式。

②如图3—114所示,新建"插图"样式,设置字号小五,居中对齐。将"插图"样式应用到论文图片行。

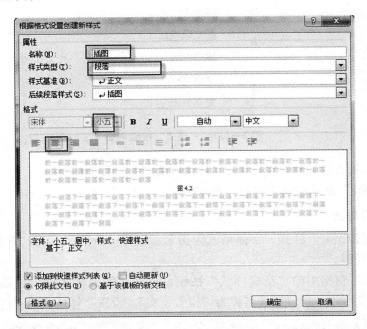

图3—114 "插图"样式新建

(4)保存文档。

按"Ctrl+S"键,保存文档。

任务3 生成目录页

任务要求:利用Word自动生成目录的功能自动生成本论文的目录。

操作步骤如下:

(1)插入目录页。

将光标定位在正文的最前面即"摘要"标题前,连续两次单击"页面布局→分隔符→分节符(下一页)",插入两个"下一页"的分节符。此时可看到"摘要"页前插入了一个空白页,如图3—115所示。

(2)生成目录。

①光标定位在文章内容前的空白页中,输入文字"目录"后回车。

②如图3—116所示,单击"引用→目录→插入目录"。打开"目录"对话框,在对话框中设置,如图3—117所示。

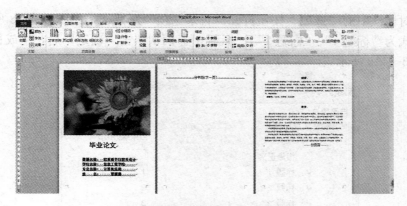

图 3—115　连续插入两个分节符

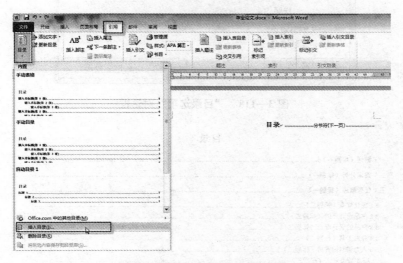

图 3—116　插入目录

图 3—117　"目录"对话框

③单击对话框中的"选项"按钮打开"目录选项"对话框，如图 3—118 所示，这里设置有效样式为"标题 1"、"标题 2"、"标题 3"。两次单击"确定"后，生成目录，部分目录，如图 3—119 所示。

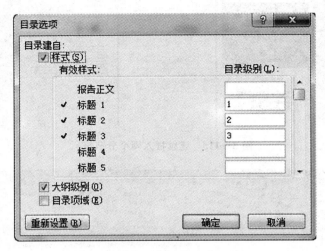

图 3—118　"目录选项"对话框

目录

图 3—119　目录效果（部分）

任务 4　添加页码

任务要求：从正文处开始设置页码，并在奇偶页设置不同的页眉。

操作步骤如下：

（1）页码的设置。

设置报告的第 3 节页脚显示页码，奇数页的页码右对齐，偶数页的页码左对齐。

①单击"插入→页脚→编辑页脚",如图 3—120 所示,进入"页眉和页脚"视图。

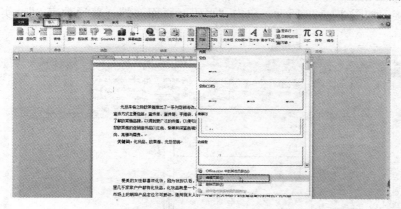

图 3—120 插入页脚

将光标定位在报告内容所在的"首页页脚—第 3 节"页脚中,如图 3—121 所示,单击"页眉页脚工具设计"选项卡"链接到前一条页眉"按钮断开与前节的链接。

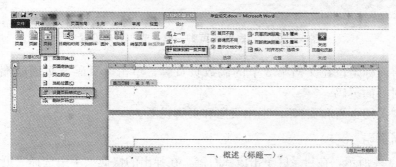

图 3—121 "首页页脚—第 3 节"页脚设置

单击"页码→设置页码格式",如图 3—122 所示,设置该节起始页码为 0,此时首页不插入页码。

图 3—122 页码格式设置

②向下将光标定位在文档第 3 节的奇数页页脚，单击取消"链接到前一条页眉"断开与前节的链接。如图 3—123 所示，单击"页码→页面底端→普通数字 3"，实现插入右对齐的页码。

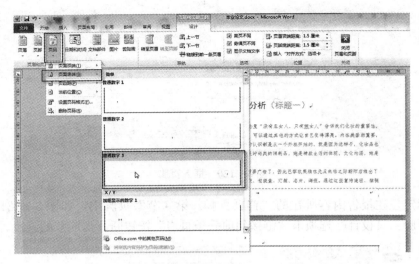

图 3—123 **"奇数页页脚—第 3 节"页码设置**

③向下将光标定位在文档第 3 节的偶数页页脚，单击"页码→页面底端→普通数字 3"，插入左对齐的页码。

④单击"关闭页眉和页脚"，退出页眉和页脚视图。

（2）更新页码。

如图 3—124 所示，在目录区单击鼠标右键，在弹出的快捷菜单中选择"更新域"命令，打开"更新目录"对话框，如图 3—125 所示。根据实际选择更新内容，"确定"后即可更新。

目录

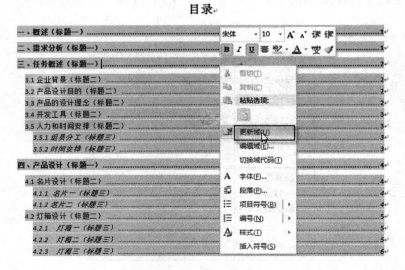

图 3—124 更新域

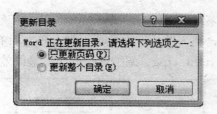

图 3—125　"更新目录"对话框

（3）页眉的设置。

双击页面顶端空白处进行入"页眉页脚"视图，设置正文部分的首页不设置页眉和页脚，在奇数页眉输入文字"节日促销宣传设计"，单击"开始→文本右对齐"实现右对齐；偶数页页眉输入"信息工程学院"，单击"开始→文本左对齐"实现左对齐。双击文档退出。

（4）保存文件。

项目实训

对素材文件"移动图书馆使用手册.docx"进行如下设置。

1. 页面设置。

设置页边距：上：2 厘米，下：2 厘米，左：2 厘米，右：2 厘米；纸张大小：32 开；页脚距边距 1.5 厘米，页眉距边距 1.5 厘米。

2. 应用 Word 内置样式。

（1）所有文字应用"正文"样式。

（2）将各编号为"一、二、三…"的标题均应用样式"标题 1"。

（3）将各编号为"（一）、（二）、（三）…"的标题应用样式"标题 2"。

（4）将各编号为"1、2、……"的标题均应用样式"标题 3"。

3. 修改 Word 内置样式。

（1）将正文样式修改为：首行缩进 2 字符。

（2）将标题 1 的样式格式改为：三号，黑体、浅蓝色底纹。

（3）将标题 2 的样式格式改为：四号，黑体；双线下划线，字体颜色为紫色。

（4）将标题 3 的样式格式改为：小四号，黑体。

4. 自定义 Word 样式。

（1）新建样式"功能说明"：样式基于正文，添加项目编号，首行缩进 2 字符。将此样式应用到文中"（三）主要功能及主要说明"相关标题下方文字。

（2）新建样式"图片"：居中对齐。应用样式到文中前 3 张图片。

5. 添加目录。

（1）在第一页后连续插入两个"下一页"的分节符。

（2）在第二页自动生成目录（自动目录 1）。

6. 修改目录格式。

（1）"目录"两文字的格式为居中、二号、黑体，字符间距：加宽 4 磅。

（2）选中所有目录行，取消首行缩进 2 字符设置。

7. 设置页眉和页脚。

（1）首页不同，奇偶页不同。

（2）在页脚处插入页码，插入图片：奇数页页脚页码左对齐，插入图片 left. jpg；偶数页页脚右对齐，插入图片 right. jpg。调整图片大小，最终效果如图 3—126 所示。

图 3—126　项目四实训效果图

8. 更新目录，使目录中的页码从第 1 页起。

9. 保存文档。

 # 项目 5　制作毕业证书

项目情境：又到一年毕业季，学院教务处要进行毕业证书的制作。毕业证书的内容和格式都基本相同，但是要把每位学生的姓名等信息填写进去，并不是件轻松的事。珊珊先是想用创建模板文件的方式解决，但后继的工作量依然很大。后来她利用 Word 2010 的"邮件合并"功能轻松地解决了这一问题。

本项目包括以下任务：

· 创建模板文件；

· 邮件合并。

任务 1　创建模板文件

任务要求：将"毕业证书"另存为模板文件以便日后使用。

操作步骤如下：

（1）打开文档。

打开项目 5 素材文件"毕业证书 .docx"文档。

（2）页面设置。

设置页边距：上、下：1.5 厘米，左、右 2 厘米；纸张方向：横向；纸张大小：自定义大小，宽度 23 厘米，高度 16 厘米。

（3）对文档进行如下格式设置。

第 1 段：宋体、二号、居中对齐，3 倍行距。

第 2 段：隶书、初号、居中对齐，字符间距：加宽，8 磅。3 倍行距。

其余段落：三号、宋体字，2 倍行距。

第 3 段：首行缩进 2 字符。

（4）插入文本框。

在文档右上方插入竖排文本框，文字"在此粘贴相片"，文字居中对齐。设计效果，如图 3—127 所示。

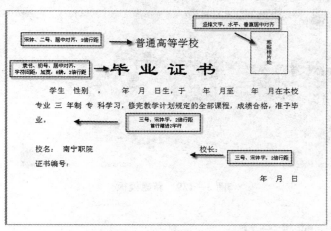

图 3—127　文档效果

（5）保存文档。

将文档以"毕业证主文档.docx"为名另存。

（6）将文档另存为模板文件。

单击"文件→另存为"，打开"另存为"对话框，如图 3—128 所示，选择文件保存类型为"Word 模板（＊.dotx）"，以"毕业证模板"为名保存。

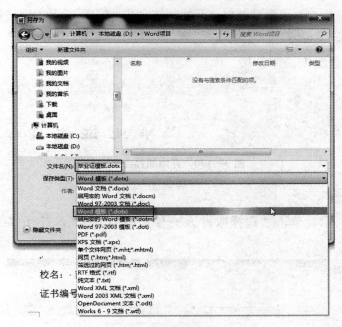

图 3—128　另存为模板

(7) 关闭模板文件。

注意：创建模板文件也可用新建的方式进行。如图 3—129 所示，单击"文件→新建→我的模板"，在打开的"新建"对话框中选择"空白文档"，新建"模板"，单击"确定"按钮。此时进入模板内容的编辑，如同文档的编辑一样进行。

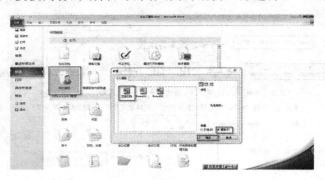

图 3—129　新建模板

任务 2　邮件合并

任务要求：利用邮件合并功能把制作好的"毕业证主文档.docx"和素材"学生信息表.xlsx"链接起来，并将文档合并到新文档中。

操作步骤如下：

（1）设置主文档。

①打开"毕业证主文档.docx"文件。

②如图 3—130 所示，单击"邮件→开始邮件合并→信函"，开始邮件合并。

图 3—130　开始邮件合并

（2）选择数据源。

如图 3—131 所示，单击"选择收件人→使用现有列表"，打开"选取数据源"对话框。

图 3—131　选择收件人

120

如图 3—132 所示，选中"Word 素材"文件夹中的"学生情况表.xlsx"，单击"打开"按钮。

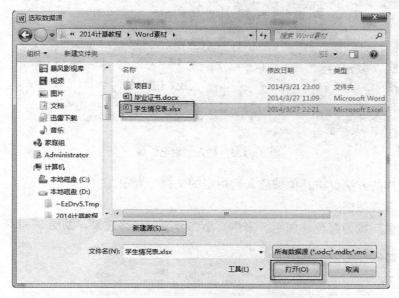

图 3—132　"选取数据源"对话框

弹出"选择表格"对话框，如图 3—133 所示，单击选中"情况表$"，单击"确定"按钮。

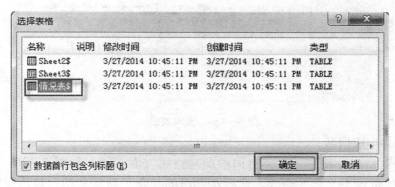

图 3—133　"选择表格"对话框

此时"邮件"选项卡，如图 3—134 所示。

图 3—134　"邮件"选项卡

（3）将数据源插入到主文档中。

①如图 3—135 所示，光标定位在文档中要插入学生姓名的位置，单击"插入合并

域→姓名",姓名域插入文档中。

图3—135　插入"姓名"域

②使用同样的方法,将其他域插入到指定的文档位置中。

(4)设置合并域格式。

设置"姓名"域为蓝色、加粗、宋体、小二号字,最终效果,如图3—136所示。

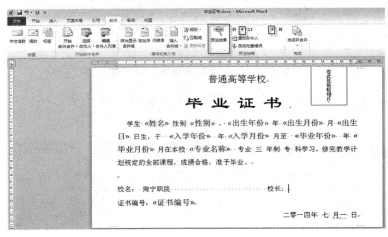

图3—136　文本效果

(5)预览并生成信函。

单击"预览结果"按钮,可通过向前向后按钮查看信函。如图3—137所示,单击"完成合并→编辑单个文档"命令,然后在弹出的"合并到新文档"对话框中单击"全部",如图3—138所示,单击"确定"完成合并,生成信函1。

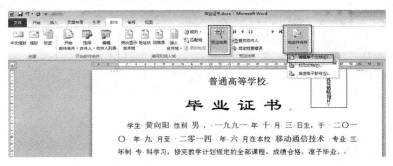

图3—137　预览及合并邮件

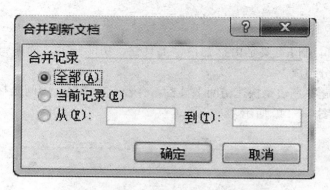

图3—138 "合并到新文档"对话框

（6）保存文档。

保存文档为"合并信函1.docx"。

项目实训

利用邮件合并功能制作美观的录取通知书。其中主文档、数据源分别见"项目五实训素材"：录取通知书.doc，录取名单.xls。最终效果，如图3—139所示。

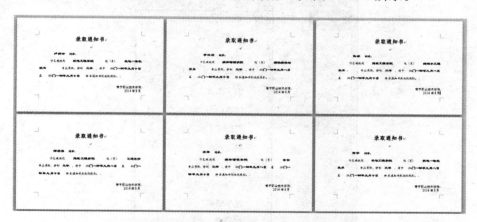

图3—139 录取通知书效果图

基础知识

1. Word 文本的编辑

Microsoft Word 从 Word 2007 升级到 Word 2010，其最显著的变化就是使用"文件"按钮代替了 Word 2007 中的 Office 按钮，使用户更容易适应和掌握。Word 2010 取消了传统的菜单操作方式，用各种功能区替代。在 Word 2010 窗口上方看起来像菜单的名称其实是功能区的名称，当单击这些名称时并不会打开菜单，而是切换到与之相对应的功能区面板。每个功能区根据功能的不同又分为若干个组。

（1）Word 2010 操作界面。

Word 2010 编辑窗口主要是由标题栏、工具栏、功能区、文档编辑区、标尺、滚动条、状态栏等几部分组成。

①标题栏。标题栏左边是快速访问工具栏，有若干功能键，中间是标题名称，右边是窗口控制按钮。如图 3—140 所示。

图 3—140　标题栏组成

单击"保存"按钮就会保存文档，它的快捷键是"Ctrl+S"。

撤消和恢复，实际上是两个功能键，左边的是"撤消"（"Ctrl+Z"）按钮，单击一次就撤消上一步的操作，右边的是"恢复"（"Ctrl+Y"）按钮，它的作用是恢复上一步撤消了的操作，它与"撤消"功能相反。

单击"自定义快速访问工具栏"下拉按钮，会弹出如图 3—141 所示的菜单。它显示了可以设置为快速访问工具的名称和已经设置为快速访问工具的名称。

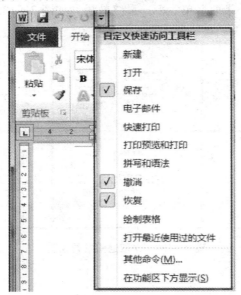

图 3—141　"自定义快速访问工具栏"下拉菜单

②选项卡。功能区是 Word 的核心，是最能体现 Word 强大功能的地方。系统默认情况下包括"文件"、"开始"、"插入"、"页面布局"、"引用"、"邮件"、"审阅"和"视图"等选项卡。在每个选项卡中，都将通过组把一个任务分解为多个子任务，来完成对文档的编辑。每个选项卡内包括一些常用的功能按钮。

③文档编辑区。文档编辑区就是建立、编辑、修改和查看文档的工作区域。所有的文本编辑都在编辑区上进行和显示。编辑区内闪烁的"I"称为插入点，指示当前编辑的位置和文字、图形、表格的插入位置。

④标尺。标尺有水平标尺和垂直标尺，用于设置和查看行宽、段首位置、段落缩进、页面边距及表格的行高、列宽和制表位等。

⑤状态栏。状态栏位于 Word 窗口的最底部，在状态栏中显示了当前文档的信息及状态，如图 3—142 所示。

图 3—142　状态栏

当状态栏上显示"插入"时，此时从键盘键入的文字插入到插入点之后；若显示"改写"，此时从键盘键入的文字将会替代插入点右侧的文字。按下键盘上的 Insert 按钮或双击"改写"按钮可以在"改写"和"插入"两种状态下切换。

⑥Word 视图方式。所谓视图就是文档的查看方式。中文版 Word 2010 为用户查看文档提供了多种视图模式供用户选择。这些视图模式包括"页面视图"、"阅读版式视图"、"Web 版式视图"、"大纲视图"和"草稿视图"五种视图模式。用户可以在"视图"功能区中选择需要的文档视图模式，也可以在 Word 2010 文档窗口的状态栏右侧单击"视图"按钮选择。

"页面视图"可以显示 Word 2010 文档的打印外观，主要包括页眉、页脚、图形对象、分栏设置、页面边距等元素，是最接近打印结果的页面视图。

在编辑文档时，用户可以根据显示器的大小和对文档的显示要求设置文档的显示比例，最为便捷的操作方法可以是直接拖动状态栏右侧的显示比例滑块进行调整。此外，还可以单击"视图→显示比例"，在弹出的"显示比例"对话框中进行设置。

（2）Word 文档操作。

在 Word 2010 中，如图 3—143 所示，"文件"选项卡中的命令主要用于执行有关文档的基本操作，包括新建、打开、保存、关闭、打印文档等；此外利用"快速访问工具栏"上的按钮也能完成文档操作。

图 3—143　"文件"选项卡

为提高操作速度，文档的基本操作可利用快捷键完成。新建空白文档的快捷键为"Ctrl＋N"；打开已有的文档的快捷键为"Ctrl＋O"；保存文档的快捷键为"Ctrl＋S"。

单击"文件→另存为"，打开"另存为"对话框，如图 3—3 所示，在对话框中设置保存的位置及文件名，以及保存文件的类型，完成后单击"保存"按钮。

单击"另存为"对话框右下方的"工具→保存选项…"，如图 3—144 所示，打开"Word 选项"对话框，可进行文档保存方式的设置，如图 3—145 所示，设置保存自动恢复信息时间间隔，单击"确定"。

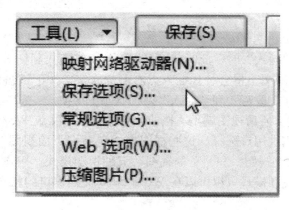

图 3—144   "工具"按钮下拉菜单

图 3—145   "保存选项"对话框

文档打印可以通过单击"文件"选项卡下"打印"命令。在 Word 2010 的打印界面分为两部分，左侧是打印设置，在其中可以设置打印机型号，还可以设置打印方向、打印页数以及页面设置等。而 Word 2010 打印界面右侧则是打印预览。调整"显示比例"可设置显示的大小。如果文档有多页，可以设定在一个窗口中显示多个页面。在 Word 2010 中，打印文档可以边进行打印设置边进行打印预览，大大简化了 Word 打印工作，节省了时间。

（3）Word 的文本录入。

①使用键盘直接输入。通过键盘可以直接在 Word 文档中输入汉字、数字、字母及标点符号。

②使用"插入"菜单插入符号。单击"插入→符号→其他符号"，在打开的对话框中选择相应选项卡，选中相应符号后插入。

在中文输入法状态下，按下如下组合键可以输入相应符号。

省略号："Shift＋6"；破折号："Shift＋－"；人民币符号￥："Shift＋4"。

③使用软键盘输入符号。右击输入法提示器的软键盘按钮，选择相应软键盘，如图3—146 所示，利用键盘输入或鼠标单击输入符号。

✔ PC键盘	标点符号
希腊字母	数字序号
俄文字母	数学符号
注音符号	单位符号
汉语拼音	制表符
日文平假名	特殊符号
日文片假名	用户符号

五笔字型

图 3—146　软键盘

④采用复制、粘贴的方式达到输入文本的目的。如果已有相关文字的电子文档，可利用先复制、后粘贴的方式将文字复制到所需位置。

⑤采用"插入文件"的方式输入文本。在编辑文本时，如果需要把另外一个文档的文字插入到当前文档的某个地方，可单击"插入→对象→文件中的文字"，在打开的"插入文件"对话框中找到相关文件，然后单击"插入"。如果是要将几个文档合并成一个文档，如图 3—147 所示。可单击"插入→对象→对象"，打开的"对象"对话框，如图 3—148所示。单击"浏览"按钮找到要插入的文档，单击"确定"。

图 3—147　"插入"选项卡（插入对象）

（4）文本编辑。

一般来说，空格、分节符、制表位等编辑标记是不显示在 Word 文本区域内的，但是，在文字处理过程中，如果想了解文档哪些地方有空格、分节符等编辑标记，可以单击

"开始"选项卡"段落"组"显示/隐藏编辑标记"按钮 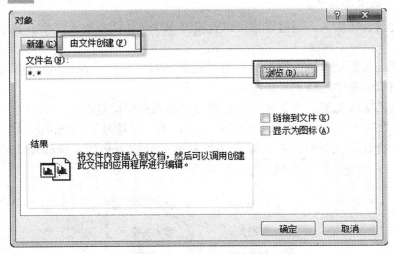，Word 就会把编辑标记显示出来。再单击 按钮，Word 就会把编辑标记隐藏起来。

图 3—148 "对象"对话框

在 Word 2010 中对文本进行操作，都是"先选定，后操作"。

①选定文本的方法。选定文字主要有三种方法：第一种用拖拉鼠标的方法选定文本；第二种用鼠标单击选定栏的方式选定文本；将鼠标指针移动到文本编辑区的最左边选定栏处，单击选一行，双击选一段，三击选全文。将鼠标指针移到文本选定区，按住鼠标左键，垂直方向拖曳选定多行。选择"开始"选项卡"编辑"组"选择"下拉按钮，选择"全选"或按"Ctrl＋A"键则选定整个文档。第三种用键盘与鼠标选定。将鼠标指针移到句子的任何位置，按住"Ctrl"键，单击鼠标左键则选定一句。按住"Ctrl"键拖动鼠标选择可选择不连续区域文本。先将光标置于要选区域的起始处，按住"Shift"键单击结尾处，可选择较长连续区域的文本。将鼠标指针移到区域的左上角（右下角），按住"Alt"键，拖曳鼠标到右下角（左上角）则选定矩形区域。

②删除文字。按"Delete"键删除插入点后的字符，按"Backspace"键删除插入点前的字符。

③复制与粘贴。文本的复制可在选定文本后，按住"Ctrl"键，使用鼠标拖动文本到达目标地来实现；也可使用"开始"选项卡"剪贴板"组的"复制"、"粘贴"按钮或快捷菜单中的复制、粘贴命令，或者使用快捷键"Ctrl＋C"复制、"Ctrl＋V"粘贴来实现。

在 Word 2010 中进行文档编辑时，如果某些文本在一篇文章中要反复输入，那么可以利用 Word 2010 的"剪贴板"窗格来实现。具体操作如下：单击"开始"选项卡"剪贴板"组"对话框启动器"按钮，打开"剪贴板"窗格，然后将要重复使用的文本复制，此时窗格里会看到复制的内容，如图 3—149 所示；将插入点定位到要输入该文本的地方，然后单击"剪贴板"窗格中要粘贴的项目即可。

Word 2010 提供的剪贴板功能可以存储最近 24 次复制或剪切的内容。可以将多个不同的内容（文本、表格、图形或样式等）通过剪切或复制操作放到剪贴板中，然后有选择地粘贴。这些内容可以在 Microsoft office 软件（Word、Excel 等）中共享。使用此功能可以方便地在两个文档间进行信息交换。

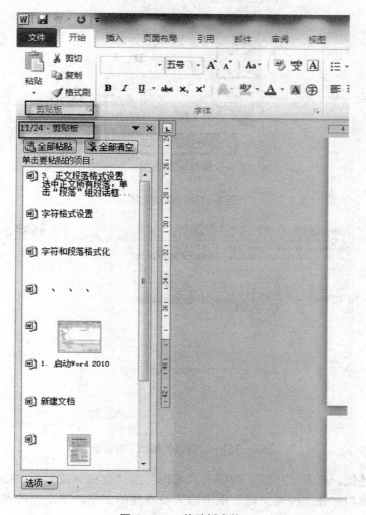

图 3—149 剪贴板窗格

④"选择性粘贴"。用户在制作文档时会用到复制和粘贴的方法，但是直接粘贴的文本有时会出现不希望的格式。通过"选择性粘贴"可以让这些文字按照设置好的格式出现。具体操作如下：将需要的文字复制到剪贴板后，单击"开始"选项卡"剪贴板"组"粘贴"下拉按钮，如图 3—150 所示，可设置粘贴选项。单击"选择性粘贴"，打开"选择性粘贴"对话框，选择"无格式文本"，如图 3—151 所示。单击"确定"，粘贴的文字就是无格式的，也就是会按照粘贴光标位置的格式出现。

⑤移动。移动操作和复制操作的区别是：前者在源位置删除原来的内容，而后者在源位置保留选定的内容。和文本的复制操作类似，文本移动只是将操作中的"复制"改为"剪切"。选中文本后使用先剪切（"Ctrl＋X"）然后粘贴（"Ctrl＋V"）来实现文本移动，或者使用鼠标拖动文本块进行。

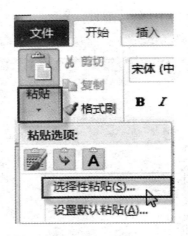

图 3—150 粘贴选项

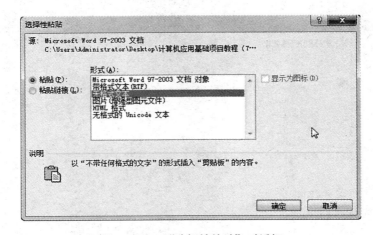

图 3—151 "选择性粘贴"对话框

　　⑥查找和替换。单击"开始"选项卡"编辑"组"查找"按钮或"Ctrl＋F"组合键打开"导航"窗格，在"搜索文档"框中输入要查找的文字，单击"搜索"，文档中就会突出显示查找到的文字，如图 3—152 所示。

图 3—152 查找文字效果

单击“开始”选项卡“编辑”组“替换”按钮或“Ctrl＋H”组合键打开“查找和替换”对话框，可以替换文档中的文本或格式及特殊字符。

通过查找和替换命令可以实现批量设置文字格式。

2. Word 文本的格式化

文档格式的设置包括文字、段落格式设置、项目符号和编号设置以及页面设置等，使用“开始”选项卡中的按钮进置，如图 3—153 所示。

图 3—153 “开始”选项卡

（1）文字格式设置。

利用“开始”选项卡“字体”组中的按钮，可以设置文字的字体、字号、粗体、斜体、颜色、文本效果等。打开“字体”对话框，进行字体、字符间距、文字效果的设置。

（2）段落格式设置。

利用“开始”选项卡“段落”组中的按钮，可以设置段落的项目符号、编号、缩进量、中文版式、对齐方式、行和段落间距、底纹和下框线。

单击“段落”组中相应对齐方式按钮：左对齐（Word 默认）、居中、右对齐、两端对齐、分散对齐，进行对齐方式设置；单击“减少缩进量”和“增加缩进量”按钮，可以使所选段落左缩进或右缩进一个字符位置。

利用标尺也可进行缩进设置：选定欲缩进行段落，拖曳标尺上的相应缩进滑块可进行首行缩进、悬挂缩进、左缩进和右缩进。

（3）项目符号和编号设置。

单击“段落”组中“项目符号”下拉按钮，可定义新项目符号；单击段落组中“编号”下拉按钮，可定义新编号格式；单击段落组中“多级列表”下拉按钮，可定义新的多级列表和新的列表样式。

（4）设置字符边框和底纹。

为突出文档中的某些文字或段落，可以给它们加上边框和底纹。选择要添加边框和底纹的文字，单击“开始”选项卡“字体”组“字符边框”按钮，可以为所选文字添加边框；单击“字符底纹”按钮，可以为所选文字添加底纹。

如果用户需要为字符添加其他颜色的底纹，可以单击“字体”组中的“以不同颜色突出显示”下拉按钮，选择一种颜色即可。

单击“段落”组“下框线”下拉按钮，执行“边框和底纹”命令，在“边框和底纹”对话框中也可为文字段落添加边框。在对话框中设置时，注意选择应用范围，边框可分为文字边框和段落边框；在“页面边框”选项卡下，可以设置页面边框；在“底纹”选项卡下，底纹的填充颜色和图案可应用于文字或段落。设置的过程中要注意查看预览窗口。

（5）格式刷。

复制字符、段落格式可以使用"格式刷"。具体操作如下：选定具有所需要格式的文本或段落，单击"开始"选项卡"剪贴板"组"格式刷"按钮 ，将鼠标指针指向欲改变格式的文本头，拖曳鼠标到文本尾应用格式。若双击 ，则可利用格式刷将格式复制到多个地方。

（6）背景的添加。

选择"页面布局"选项卡，单击"页面背景"组"水印"下拉按钮，选择"自定义水印…"。可以为文档添加水印背景，水印可以是一些内置好的文字，也可以自定义。但此时图片大小只能以百分比缩放，不能随意地控制大小。而以插入的图片作为背景，就可以用鼠标拖拉的方式决定图片的大小，容易控制，设置图片颜色为冲蚀，也就相当于水印的效果。

选择"页面布局"选项卡，单击"页面背景"组"页面颜色"下拉按钮，可以设置页面的颜色及效果。

页面颜色在打印预览时无法预览效果，也就不能进行打印。水印背景则是可以被打印出来的。

（7）首字下沉。

段落首字下沉是一种特殊的段落格式，就是在段落最前面用一个"下沉字"作为段落的开始，并且放大之后和段落第一行的顶端对齐，段落中的其他文字都给它让出一定的空间，从而增加一种视觉上的提示效果。

无法设置首字下沉时，注意查看段落的开头是否有空格，如有空格，该段落则没法设置首字下沉。"首字下沉"按钮在"插入"选项卡"文本"组中。

（8）分栏。

分栏排版是报纸、杂志中常用的排版格式。在 Word 中，用户可以使用"分栏"功能，设置各种美观的分栏文档。"分栏"按钮在"页面布局"选项卡"页面设置"组中，在"分栏"对话框进行分栏设置，可设置栏数、栏间距、分隔线等。

3. 制作图文并茂的文档

在单调的文档中插入图片、剪贴画、艺术字、形状、SmartArt 图形、图表等，可以使文档变得更加引人注目，同时 Word 也提供了强大的美化图像的功能，它可以使文档更加丰富多彩，富有吸引力。

（1）插入图片。

要在文档中插入图片对象，在定位插入点后单击"插入"选项卡，在"插图"组单击所需插图类型按钮即可打开相应的对话框进行插入。

一般情况下，图片在文档中默认为"嵌入型"环绕方式，单击"格式"选项卡"排列"组"自动换行"下拉按钮，单击选择"四周型环绕"修改文字的环绕方式。

图片插入完成后，用户可根据需求设置图片的格式。如调整图片大小、设置其排列方式、添加图片效果等。

①排列图片。通过排列图片，使图形对象与文字结合在一个版面上，以实现图文混排，从而设计出图文并茂的文档。

设置图片位置，图片位置的排列方式，主要分为"嵌入文本行中"和"文字环绕"两大类，其中文字环绕又分为9种位置排列方式。单击选中图片，在"格式"选项卡中，单击"排列"组中"位置"下拉按钮，在展开的列表中选择，如图3—154所示。

图片层次，要设置图片的叠放次序可选中图片，在"图片工具—格式"选项卡中，单击"排列"组中的"上移一层"、"下移一层"按钮，图片的叠放次序就被改变。

如果要设置图片的层次，必须先将图片在文档中的"嵌入型"环绕方式切换，然后图片层次工具才能被激活。

图片的对齐是指在页面中精确地设置图片的位置，它的主要作用是使多个图片在水平或者垂直方向上精确定位。单击"排列"组"对齐"下拉按钮，在如图3—155所示列的表中选择。

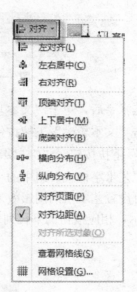

图3—154　图片格式"位置"下拉列表　　　　　　图3—155　　"对齐"下拉列表

图片的旋转，单击选中图片，单击"格式"选项卡"排列"组"旋转"下拉按钮，选择一种旋转方式。

②应用图片样式。Word提供了多种图片样式，使用"图片工具—格式"选项卡，如图3—156所示，可对图片进行美化，使图片更加美观。

图3—156　　"图片工具—格式"选项卡

选中图片，单击"图片工具—格式"选项卡"图片样式"组的"其他"下拉按钮，在展开的列表中选择要应用的图片样式。单击"图片样式"组中的"图片边框"下拉按钮 ✍ 图片边框 ▼，选择一种色块为图片添加边框颜色。单击"图片样式"组"图片效果"下拉按钮 ◯ 图片效果 ▼，在其列表中执行命令，并在相应的级联菜单中选择所需选项，为图片添加效果。

③调整图片。选中图片后单击"图片工具—格式"选项卡"调整"组的对应按钮，其中"删除背景"可删除图片背景，"颜色"可设置图片的冲蚀效果，"艺术效果"可设置各种艺术效果。此外还可以压缩图片，更改图片。

（2）插入艺术字。

艺术字是一个文字样式集，可以将艺术字添加到文档中以制作出装饰性效果，利用"绘图工具→格式"选项卡，如图3—157所示，可以把文本设置成各种文字效果，使其更加突出。

图3—157　"图片工具→格式"选项卡

选中艺术字后，单击"文本填充"下拉按钮 ▲ 文本填充 ▼，可对艺术字的文本颜色设置；单击"文本轮廓"下拉按钮 ✍ 文本轮廓 ▼，进行轮廓设置，单击"艺术字样式"组"文本效果"下拉按钮 ▲ 文本效果 ▼，执行"转换"命令，设置艺术字的转换样式。

单击"艺术字样式"组中的"形状效果"下拉按钮 ◯ 形状效果 ▼，设置艺术字的形状效果，还可设置艺术字的阴影效果、发光效果、棱台效果、三维旋转、转换等效果。如图3—158所示，相应按钮的下拉列表。

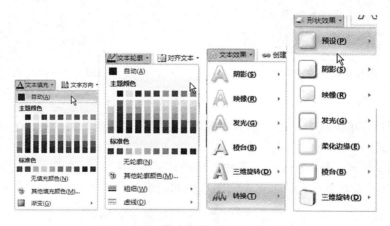

图3—158　艺术字样式设置下拉列表

（3）插入SmartArt图形。

SmartArt图形是信息和观点的视觉表示形式。用户可以通过在多种不同的布局中创建 SmartArt 图形，从而快速、轻松、有效地传达信息。

单击"插入"选项卡"插图"组"SmartArt"按钮，打开"选择 SmartArt 图形"对话框，如图 3—159 所示。单击所需图形样式，单击"确定"后插入 SmartArt 图形。

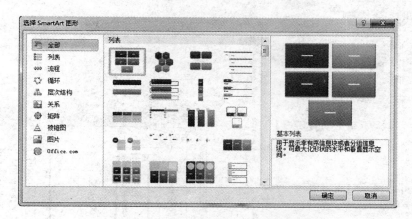

图 3—159   "选择 SmartArt 图形"对话框

利用"SmartArt 工具—格式"选项卡如图 3—160 所示，或"格式"选项卡如图 3—161 所示，可对 SmartArt 图形的格式、布局、样式进行修改。

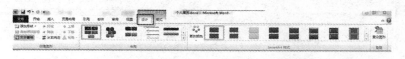

图 3—160   "SmartArt 工具—格式"选项卡

图 3—161   "SmartArt 工具—设计"选项卡

（4）插入文本框。

文本框是存放文本或者图形的容器，可以放到页面的任何位置，也可随意地调整其大小。将文字或图形放入文本框后还可以进行一些特殊的处理。

①插入文本框。单击"插入"选项卡"文本"组"文本框"的下拉按钮，在展开的列表中选择一种文本框样式。在 Word 2010 中，系统自带了 36 种文本框的样式。

用户除了可以插入 Word 内置的文本框外，还可以手动绘制文本框。

选择文本框后选择"绘图工具—格式"选项卡，可对文本框进行各项设置。

②设置文字方向。选择文本框，在"绘图工具—格式"选项卡中，单击"文本组"中的"文字方向"下拉按钮，在如图 3—162 所示的列表中选择一种文字排列方式，可改变文字方向。或者选择"文字方向选项"命令，打开"文字方向→文本框"对话框，（如图 3—163 所示），进行设置。

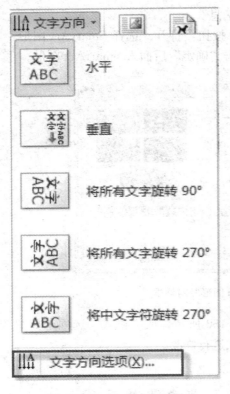

图3—162 文字方向设置

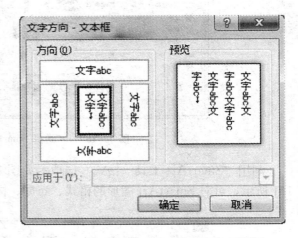

图3—163 "文字方向—文本框"对话框

在按"Shift"键的同时，单击文本框，可选中多个文本框。

选中一个文本框，然后单击"绘图工具—格式"选项卡"文本"组的"创建链接"按钮 ⛓ 创建链接，单击另一个空文本框，即可链接文本框。链接后两个文本框中的文本是连续的。

如要断开文本框的链接，可以选中文本框，单击"断开链接"按钮，如图3—164所示，就会断开该文本框与其他文本框的链接。

图3—164 "绘图工具—格式"选项卡

4. 表格处理

（1）表格的创建。

创建表格有三种方法：

①利用"插入表格"菜单。将光标置于要插入表格的位置，选择"插入"选项卡，单击"表格"组"表格"下拉按钮，拖动鼠标选择行数和列数，如图3—165所示，即可插入相应的表格。

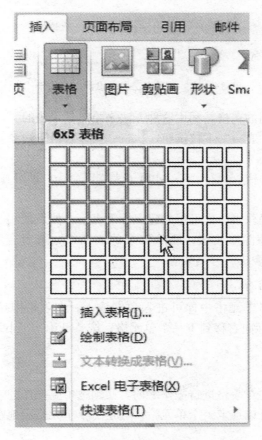

图 3—165　插入表格

②绘制表格。执行图 3—165 中的"绘制表格"命令，当光标变成 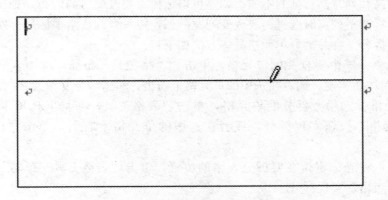 形状时，在工作区中拖动鼠标绘制表格，如图 3—166 所示。

图 3—166　绘制表格

绘制表格时，若要擦除一条或多条线，可选择"表格工具—设计"选项卡"绘图边框"组的"擦除"按钮，如图 3—167 所示，在需要擦除的线上单击即可。

图 3—167　"表格工具—设计"选项卡

对于复杂的、不规则的表格，利用这种方法来绘制是最快的。

③快速表格。单击"表格"下拉按钮，执行"快速表格"命令，在其级联菜单中选择要应用的表格样式。

单击"表格"下拉按钮，执行"Excel 电子表格"命令，即可在文档中插入一个 Excel 电子表格。

在建立表格的实际操作中，也可以先建立标准表格，然后使用"表格工具—设计"选项卡"绘图边框"组"擦除"按钮，删除多余的表格线，或者合并/拆分单元格后再用"绘制表格"按钮画斜线表头、分隔线等。

（2）表格中数据的输入。

将插入点定位到表格单元格中即可进入数据输入。在表格中定位插入点可用鼠标单击，也可按 Tab 键将光标向右移到下一个单元格；按"Shift＋Tab"将光标向左移到前一个单元格。

（3）编辑表格。

①选定表格内容。在对表格进行操作之前，必须选中要操作的表格单元。

在单元格左侧单击可以选定一个单元格；选定一个单元格后拖动鼠标即可选择连续的多个单元格。

将光标移至要选定的行的左方（列的上方），单击选定一行（或一列）；选中一行（或列）后，按住鼠标向上或向下（向左或向右）拖动选择选定多行（列）。

单击表格左上角的表格移动柄⊞可以选定整个表格。

②调整行高和列宽。行高的不精确调整可以选择需要改变行高的行，拖曳行线或垂直标尺上行标记；调整列宽时选择需要改变列宽的列，拖曳列线或水平标尺上列标记。

③合并与拆分。合并拆分单元格具体方法如下：

合并单元格：选中要合并的单元格，单击"表格工具—布局"选项卡"合并"组的"合并单元格"按钮实现，或者在选中的单元格上右击，单击"合并单元格"命令。

拆分单元格：选中要拆分的单元格，单击"表格工具—布局"选项卡"合并"组的"拆分单元格"按钮实现拆分，或者在选中的单元格上右击，单击"拆分单元格"命令。

拆分表格：将光标定位在要拆分表格的位置，单击"表格工具—布局"选项卡"合并"组"拆分表格"实现拆分。

④插入/删除行或列、单元格。具体方法如下：

插入行或列、单元格：使用"表格工具→布局"选项卡"行与列"组中的"在上方插入"、"在下方插入"按钮可以在选中单元格的上方或下方插入新行。先前选中的是几行就插入几行；使用"在左侧插入"、"在右侧插入"按钮可以在选中单元格的左侧或右侧插入新列。先前选中的是几列就插入几列。

插入单元格可单击"布局"选项卡"行与列"组的"对话框启动器"按钮，在打开的如图 3—168 所示的对话框中选择后单击"确定"。

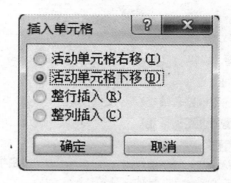

图 3—168   "插入单元格"对话框

要实现快速插入行可将鼠标定位到行尾的行结束符前，回车，则插入一空行。

删除行或列、单元格、表格：选定欲删除的行、列或单元格，单击"表格工具→布局"选项卡"行与列"组"删除"按钮，在下拉列表中选择"删除行"、"删除列"、"删除单元格"、"删除表格"命令，如图 3—169 所示。

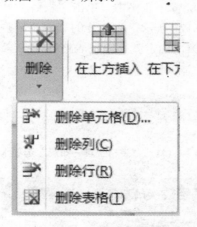

图 3—169   "删除"下拉列表

注意：删除和清除是有区别的。清除只能删除单元格的格式和内容，删除则将单元格内容及单元格删掉。

（4）文字与表格的转换。

在 Word 中表格和文本是可以进行转换的。可以将一组有序的文本转换成表格的形式，同时也可以将表格转换成文本形式。

①文本转换成表格。选择要转换成表格的文字，单击"插入"选项卡"表格"下拉按钮，执行"文本转换成表格"命令，如图 3—170 所示，在打开"将文字转换成表格"对话框中进行相关设置，单击"确定"即可。

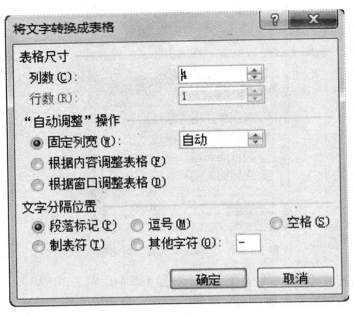

图 3—170 "将文字转换成表格"对话框

②表格转换成文本。将光标置于表格中，单击"表格工具—布局"选项卡"数据"组"转换为文本"按钮，如图 3—171 所示，在打开的"表格转换成文字"对话框，如图 3—172 所示，选择文字分隔符，单击确定就可以把表格转换为文字，转换后为了对齐可能需要进行调整。

图 3—171 "表格工具—布局"选项卡

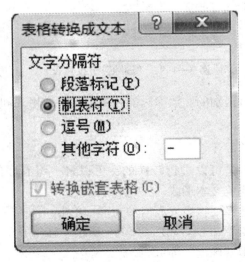

图 3—172 "表格转换成文本对话框

140

（5）设置表格格式。

①设置字体格式。选中要设置字体的单元格或表格，在弹出的浮动工具栏中设置字体格式。或者选择"开始"选项卡，在"字体"组中直接设置或单击"对话框启动器"进行字体设置。

②设置表格对齐方式。选中单元格或表格后，通过"表格工具—布局"选项卡"对齐方式"组的各种对齐方式、文字方向、单元格的边距等功能对数据的显示形式进行设置。

③添加边框。Word 2010 还提供了边框样式，用户可以根据需要选择适合自己的边框。

选中要设置边框的单元格，在其上方单击鼠标右键，单击"边框和底纹"快捷菜单，在弹出的"边框和底纹"对话框中进行设置。

选择要设置边框的表格后，在"开始"选项卡"段落"组中单击"下边框"按钮，也可以对边框进行设置。

④添加底纹。要为表格添加底纹，首先选择要添加底纹的单元格区域，单击"表格样式"组"底纹"下拉按钮，选择一种色块进行填充。

选择要设置边框的表格或单元格，右击并执行"边框和底纹"命令，选择"底纹"选项卡，也可以为表格添加底纹。

⑤套用表格样式。Word 2010 提供了多种表格样式。选中表格，选择"表格工具—设计"选项卡，单击"表格样式"组中的"其他"按钮，在内置区域中选择一种表格样式。

套用表格样式后，单击"表格样式"组中的"其他"下拉按钮，执行"修改表格样式"命令，在打开的"修改样式"对话框中可修改表格样式；执行"清除"命令可清除表格样式。

（6）表间计算。

在 Word 中，可利用表格中的数据进行计算。在表格中可以进行加、减、乘、除、求平均值、最大值、最小值等运算。

具体操作方法如下：

①光标定位到计算结果存放的单元格。

②单击"表格工具→布局"选项卡"数据"组"公式"按钮 f_x ，打开"公式"对话框，如图 3—173 所示。

图 3—173　"公式"对话框

③在"公式"对话框"公式"文本框中输入公式，可在"粘贴函数"框中选择函数，还可在"编号格式"下拉列表中选择数字格式。

④输入完成后单击"确定"。

Word 中公式的输入和 Excel 中公式的输入类似。使用单元格地址去计算，单元格所在行号用 1、2、3…表示，所在列号用 A、B、C…表示，如 B2 表示第 2 行第 2 列。计算公式"＝B2＋C2＋D2"表示将第 2 行第 2～4 列的单元格数值相加（注意：公式必须用等号"＝"开头）。在进行计算时，系统默认将当前单元格上方或左侧连续的数值单元格数据相加。如果要使用其他类型的函数，可以在粘贴函数框中选择合适的函数，或者在公式框中键入需要的表达式、指定要计算的单元格。

（7）排序。

利用"表格工具—布局"选项卡"数据"组"排序"按钮，打开"排序"对话框，如图 3—174 所示。在对话框中，指定有无标题行、关键字、排序的增与减等内容对表格中的数据进行排序。

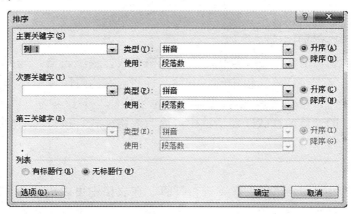

图 3—174　"排序"对话框

（8）表格的其他用途。

表格除了常规的应用即制表和计算以外，还可用于版面的布局设计。灵活运用表格的边框设置，显示或隐藏边线可以达到特殊的效果，还可通过一些特殊处理为表格添加阴影效果，如图 3—175 所示。

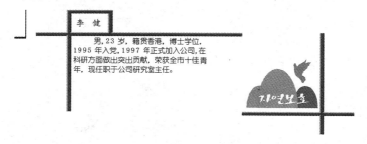

图 3—175　用表格进行版面设计

5. 页眉和页脚

（1）分隔符。

①分页符。如果自动分页的功能不能满足用户的需要，就必须强制分页。方法是在需分页的位置插入一个"分页符"。

按"Ctrl＋Enter"键，可直接在插入点处插入一个分页符。

单击"页面布局"选项卡"页面设置"组"分隔符"下拉按钮，在下拉列表中选择分隔符类型为"分页符"，此时在页面视图中可以看到分页的效果。

②分节。在 Word 中，节是文档的一部分，可以在其中单独设置某些页面格式。创建页眉或页脚时，Word 自动在整篇文档中使用同样的页眉或页脚。除非插入分节符，否则Microsoft Word 会将整个文档视为一个节。分节符是为表示节结束而插入的标记。分节符在文档中显示包含有"分节符"字样的双虚线。分节符中保存有节的格式设置元素，如页边距、页的方向、页眉和页脚以及页码的顺序。

如果在文档不同的部分要求使用不同的页面、页眉页脚或段落设置等，可以将有相同设置的若干段落定为"节"，就可在不同的节中进行设置。

需要分节可单击"页面布局"选项卡"页面设置"组"分隔符"下拉按钮，在下拉列表中根据需要选择分节符类型为"下一页"、"连续"、"偶数页"、"奇数页"，然后单击"确定"。

分节排版通常用于不同的章节、不同的页眉或不同的页码格式时。若要设置不同节的页眉或页脚相同时，注意选中"页眉和页脚工具—设计"选项卡"导航"组中的"链接到前一条页眉"按钮。

（2）页面设置。

单击"页面布局"选项卡"页面设置"组"页边距"、"纸张方向"、"纸张大小"按钮，可直接进行页面的相关设置。

单击"页面布局"选项卡"页面设置"组中对话框启动器，在"页面设置"对话框可以详细进行页边距、纸型、版式、文档网络的设置。

"页边距"设置文本区与纸张边缘的距离，即页面四周的空白部分。页边距的改变也可通过标尺。在"页面"视图下，选定要设置页边距的文本，将鼠标移动到水平标尺的左端或右端，当鼠标形状变为↔时，拖动鼠标可调整左边距和右边距；将鼠标移动到垂直标尺的上端或下端，当鼠标形状变为↕时，拖动鼠标可调整上、下边距。

"纸张"选项卡下可选择纸张的大小、纸张来源，单击"打印选项"按钮，可以设置打印选项。"版式"选项卡下可进行页眉页脚的设置：首页不同、奇偶页不同，距边界的位置等，此外还可以设置行号。"文档网络"选项卡下，可设置一个页面有多少行数，每行有多少个字数。

（3）页眉和页脚。

页眉和页脚是指在 Word 文档页面顶端和底端显示的文字或图片的内容，用户可以在页眉和页脚位置插入页码、时间、公司 Logo 图标等。

选择"插入"选项卡，单击"页眉和页脚"组"页眉"下拉按钮，在展开的列表中选择一种页眉样式或命令，如图 3—176 所示。

文档添加页眉后，Word 将自动添加"页眉和页脚工具—设计"选项卡，用户可以利用该选项卡在页眉和页脚中插入图片、时间和日期等内容。例如，在"设计"选项卡中，单击"插入"组"时间和日期"按钮，在弹出的"日期和时间"对话框中，选择一种日期格式，如图 3—177 所示。单击"确定"按钮就可在页眉或页脚处添加时间和日期。

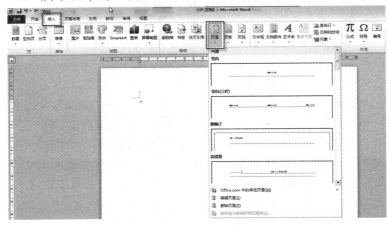

图 3—176　插入页眉

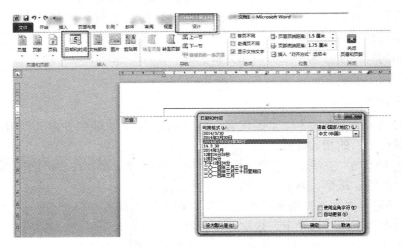

图 3—177　在页眉插入日期和时间

如果要想要删除页眉和页脚，可以单击"页眉"或"页脚"下拉按钮，执行"删除页眉"或"删除页脚"命令。

在文档的页眉或页脚的位置双击，也可使页眉和页脚进入编辑状态。双击文档区，可退出页眉和页脚编辑状态。

要使首页没有页眉和页码，可以在"页眉和页脚工具栏—设计"选项卡中将"首页不同"选上，此时可以单独对首页设置或取消页眉和页码的编排。此外也可以在"页面设置"对话框的"版式"选项卡下将"页眉页脚"区域的"首页不同"选上。

要想使奇偶页页眉不同，操作时可以在"页眉和页脚工具栏→设计"选项卡中将"奇偶页不同"选上，或者在"页面设置"的"版式"选项卡下将"页眉页脚"区域的"奇偶页不同"选上，此时设置页眉页脚，系统就会提示单独输入奇数页、偶数页的不同页眉。

6. 样式与目录

（1）样式。

样式包括字符样式和段落样式，是具有统一格式的一系列排版指令的集合。使用样式可以帮助用户简化对文档的编辑操作，节省大量的排版时间。

编辑长文档时常会遇到标题级别调整的问题，例如，将"标题1"级别调整成"标题2"级别，常用的方法有如下两种：方法一：直接设置。光标定位某标题内，直接单击"开始"选项卡"样式"组中按钮或"样式"任务窗格中所需的标题级别即可；方法二：使用组合键。按下"Ctrl＋Alt＋1"组合键，将选中的文本或光标定位的段落设置成"标题1"；按下"Ctrl＋Alt＋2"组合键，将选中的文本或光标定位的段落设置成"标题2"；光标定位在某个要调整级别的标题段落内，按下组合键"Shift＋Alt＋→"降低级别，按下组合键"Shift＋Alt＋←"提升级别。

当"标题1"、"标题2"等内置标题样式处于"使用前隐藏"状态时，可用上述方法激活。

使用样式，用户可以快速地对文档进行格式化，并且可以利用样式，对文档自动生成目录。

（2）目录。

制作目录可以使用手工输入，单击"引用"选项卡"目录"组"目录"下拉按钮，在列表中单击"手动目录"命令，可不受文档内容的限制，自行填写目录内容。

Word文档只要满足以下3种条件之一，就可以生成自动目录。

①需要在目录中显示的段落使用了某种标题样式。

②段落设置了大纲级别。

③文档中有目录项域。

自动生成目录，可以单击"引用"选项卡"目录"组的"目录"下拉按钮，在列表中单击"自动目录1"或"自动目录2"命令生成。

（3）脚注与尾注。

脚注一般位于页面底端，说明要注释的内容。尾注一般位于文档结尾处，集中解释文档中要注释的内容或标注文档中所引用的其他文章的名称。

在Word中，脚注和尾注添加方法的操作步骤如下：

①先将光标定位在需要插入脚注或尾注的位置。

②单击"引用"选项卡"脚注"组"插入脚注"按钮，在页面底端输入尾注内容。

单击"引用"选项卡"脚注"组"插入尾注"按钮，在文档的结尾处输入尾注内容。

单击"脚注"组"对话框启动器"按钮，并在弹出的对话框中单击"转换"按钮，将弹出"转换注释"对话框，然后根据需要选择进行转换。

（4）题注。

题注是对象下方或上方显示的一行文字，用于描述该对象。在较长的文档或技术文档中需要经常使用题注，使文档中的图表、公式等有序地自动改变这些项目编号。

选择要插入题注的对象，或将光标定位在要插入题注的位置，选择"引用"选项卡，单击"题注"组"插入题注"按钮，弹出"题注"对话框，如图3—178所示，进行设置即可。

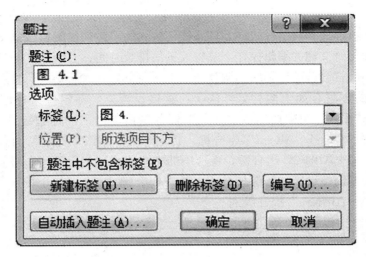

图3—178　　"题注"对话框

7. 模板与邮件合并

（1）模板。

任何Word文档都是以模板为基础进行创建的，模板决定了文档的基本样式。所谓模板是指包含段落结构、字体样式和页面布局等元素的样式。Word 2010内置了很多自带的模板，用户可以在使用时加以选用。

单击"文件"选项卡下"新建"命令，在窗口中部出现可用模板和Office.com模板，如图3—179所示。单击选中其中一个模板，如"书法字帖"，单击"创建"。

图3—179　利用模板新建文件

如果编辑一个文档后，将其另存为".dotx"格式，那么模板就生成了。

（2）邮件合并。

邮件合并是 Word 提供的一项功能强大的数据管理功能。所谓"邮件合并"，就是在邮件文档的固定内容中，合并与发送信息相关的一组资料，使打印输出得以批量处理。

邮件合并前必须先建立主文档和数据源。

"主文档"在邮件合并中通常为"信封"或"信函"文档，其中包含该文档的主体内容（如信封的落款、信函的内容）。

"数据源"其实就是一个表格，其中包含着一组相关的字段名及记录内容。该表格可以是 Word、Excel、Access 甚至 Outlook 文件。在使用 Excel 工作簿时，必须保证数据文件是数据库格式，即第一行必须是字段名，数据行中间不能有空行等。

完成主文档和数据源的准备工作后，接下来需要处理两项工作：一是将数据文档中的"域"插入到主文档的指定位置，通过"插入合并域"对话框进行处理。二是查看插入域的实际结果。

 模块小结

Word 2010 是微软公司 Microsoft Office 套装组件中的一员，可用来创建和保存文档、进行文字的录入和格式编排、表格插入和编辑、图片插入和修饰等各种操作。

通过本模块项目的学习，要熟练掌握 Word 2010 启动和退出方法，了解 Word 2010 的工作环境，明确 Word 窗口上各选项卡的名称和作用。能利用模板创建新文档、保存文档与关闭文档。熟练掌握文档的输入、选取、复制、移动、删除、插入以及文本查找与替换等操作。熟练掌握字符、段落、页面及文档的格式化等操作。

掌握插入图片和设置图片格式的方法。掌握插入艺术字及艺术字格式的设置。掌握文本框的设置方法。掌握简单图形的绘制方法和组合方法。掌握在 Word 2010 中创建表格的基本方法。掌握表格中各元素的编辑方法。设置表格的行高和列宽，在表格中插入、删除行、列和单元格，对表格中的单元格进行合并和拆分，绘制斜线表头。掌握表格的格式化设置，设置表格中文本的字体、对齐方式以及文字方向，设置表格的边框和底纹。对表格中的数据进行计算。将文字转换为表格。

通过学习，能制作出图文并茂的文档，熟练设置图片自动换行，能使用文本框、表格进行页面的布局。会进行长文档的目录的制作，能根据需要利用邮件合并批量制作文档。

模块 4　Excel 数据管理与分析

Excel 是微软办公套装软件的一个重要的组成部分，它可以进行各种数据的处理、统计分析和辅助决策，广泛地应用于管理、统计财经、金融等众多领域。

Excel 2010 可以快速实现数据录入，管理日常数据，制作美观的数据报表；应用公式和函数，对数据做计算处理；应用排序、筛选、分类汇总、图表等高级功能，对数据做统计分析。

项目 1　应用 Excel 基础管理学生社团活动

项目情景：黎明作为学生会干事，日常工作包括学生会活动预算、招聘新成员、成员基本信息的管理等，应用 Excel 强大的电子表格制作功能能够快速地完成相关工作。

本项目包括以下任务：

·制作"学生活动预算表"；
·制作"学生会面试评分表"；
·美化"学生会面试评分表"；
·打印输出"学生会面试评分表"；
·快速输入"学生会花名册"。

任务 1　制作"学生活动预算表"

任务要求：本任务创建和制作"学生活动预算表"，最终效果，如图 4—1 所示。

资金用途	单价	数量	金额
信息工程学院学生会招新预算表			
资金用途	单价	数量	金额
宣传海报	25.00	10	￥ 250.00
横幅	1.00	120	￥ 120.00
音响租金	200.00	1	￥ 200.00
资料复印费	0.50	50	￥ 25.00
饮用水	2.00	10	￥ 20.00
文具	2.00	8	￥ 16.00
总预算金额			￥ 631.00

图 4—1　学生活动预算表

操作步骤如下：

（1）认识 Excel 的工作窗口。

①启动 Excel 2010。执行"开始"→"程序"→"Microsoft Office"→"Microsoft Office Excel 2010"命令即可启动 Excel 2010。

②Excel 2010 工作窗口。Excel 2010 的窗口，如图 4—2 所示，新建的工作簿默认名为"工作簿1"，默认有三张工作表，当前活动单元格定位在 Sheet1 工作表的 A1 单元格，Excel 2010 的工作界面中大部分组件都与 Word 2010 相同，此外还增加了编辑栏、列标和行号、工作表标签区域等。

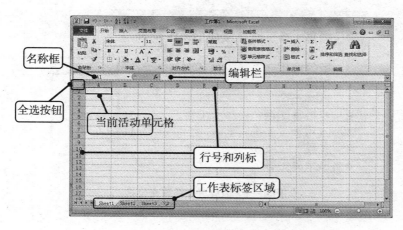

图 4—2　Excel 窗口

（2）输入数据。

在 Sheet1 工作表的 A1 单元格开始输入如图 4—3 所示的数据。

	A	B	C	D
1	信息工程学院学生会招新预算表			
2	资金用途	单价	数量	金额
3	宣传海报	25	10	
4	横幅	1	120	
5	音响租金	200	1	
6	资料复印费	0.5	50	
7	饮用水	2	10	
8	文具	2	8	
9	总预算金额			

图 4—3　输入"学生活动预算表"的数据

（3）计算金额和总预算金额。

使用公式：金额＝单价×数量，计算"金额"的数值。

①输入公式。单击 D3 单元格，输入一个"＝"，单击 B3 单元格，输入一个"＊"，单

击 C3 单元格，按下"Enter"键，在 D3 单元格中即出现公式："＝B3＊C3"的计算结果"250"。单击 D3 单元格即可在编辑栏查看到公式"＝B3＊C3"。

按此方式可以输入公式、查看公式、计算结果，要注意的是公式以"＝"开始，在计算机中乘法运算符要换成"＊"。

②填充公式。鼠标左键单击 D3 单元格右下角的填充柄，向下拖放至 D8 单元格处，拖放时会出现一个虚框帮助定位，如图 4—4 所示，松开鼠标左键后，公式向下填充至 D8。此时 D3：D8 这个单元格区域中出现各行对应的金额数值，完成后效果如图 4—5 所示。

	A	B	C	D
1	信息工程学院学生会招新预算表			
2	资金用途	单价	数量	金额
3	宣传海报	25	10	250
4	横幅	1	120	
5	音响租金	200	1	
6	资料复印费	0.5	50	
7	饮用水	2	10	
8	文具	2	8	
9	总预算金额			

图 4—4　拖放填充柄填充公式

	A	B	C	D
1	信息工程学院学生会招新预算表			
2	资金用途	单价	数量	金额
3	宣传海报	25	10	250
4	横幅	1	120	120
5	音响租金	200	1	200
6	资料复印费	0.5	50	25
7	饮用水	2	10	20
8	文具	2	8	16
9	总预算金额			

图 4—5　填充公式

③计算总预算金额。单击 D9 单元格，单击"开始"选项卡中的"自动求和"按钮 Σ 自动求和 ▾，出现如图 4—6 所示的函数"＝SUM(D3:D8)"，单击"Enter"键完成公式计算。

函数 SUM 功能为求和，图中虚线框标注函数计算的参数为 D3:D8，即对此单元格区域内的数据作求和计算，如计算的单元格区域需要修改可以在参数 D3:D8 被选中的状态下，直接使用鼠标重新选择参数区域。

	A	B	C	D	E	F
1	信息工程学院学生会招新预算表					
2	资金用途	单价	数量	金额		
3	宣传海报	25	10	250		
4	横幅	1	120	120		
5	音响租金	200	1	200		
6	资料复印费	0.5	50	25		
7	饮用水	2	10	20		
8	文具	2	8	16		
9	总预算金额			=SUM(D3:D8)		
10				SUM(**number1**, [number2], ...)		

图4—6　计算总预算金额

（4）设置数字格式。

①设置小数点格式。选中单元格区域 B3:B8，单击"开始"选项卡中的"增加小数位数"按钮 ⚬ 两次，设置"单价"保留小数点后两位。

②设置金额格式。选中单元格区域 D3:D9，单击"开始"选项卡中的"会计数字格式"按钮 ▾，添加中文货币格式。

默认时"会计数字格式"按钮会添加人民币的货币格式，单击"会计数字格式"按钮右侧的三角形可以打开其菜单，如图 4—7 所示，可以选择其他类型的货币格式。

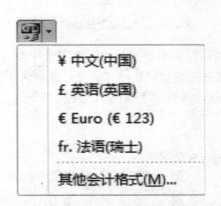

¥ 中文(中国)

£ 英语(英国)

€ Euro (€ 123)

fr. 法语(瑞士)

其他会计格式(M)...

图4—7　打开"会计数字格式"按钮的菜单

③合并单元格。选中 A1:D1，单击"开始"选项卡中的"合并后居中"按钮 合并后居中 ▾；选中 A9:C9，单击"合并后居中"按钮，这两个单元格区域分别合并后居中。

④添加所有边框线。在数据清单中单击任意单元格，按下快捷键"Ctrl＋A"，即可选中整个预算表的所有单元格，单击"开始"选项卡中的"边框"按钮右侧的三角形，在打开的"边框"按钮菜单中选择"所有框线"，如图 4—8 所示。

图4—8 "边框"按钮的菜单

⑤添加填充色。选择标题A1，单击"开始"选项卡中的"填充颜色"按钮右侧的三角形，如图4—9所示，在打开的菜单中选择"蓝色，强调文字颜色1，淡色60％"。选择A2:D2，设置填充色为"蓝色，强调文字颜色1，淡色40％"。

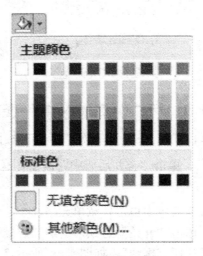

图4—9 填充颜色

（5）重命名工作表和保存工作簿。

①重命名工作表。在工作表标签区域中双击"Sheet1"，进入命名状态后，输入新工作表名"2013招新预算"，按"Enter"键确认修改，如图4—10所示。

图4—10　重命名"招新"工作表

②删除另外两张空工作表。在工作表标签区域中单击"Sheet2"后，按下"Ctrl"键，再单击"Sheet3"，选中两张工作表，右击选中的工作表名，在打开的菜单中选择"删除"即可同时删除两张工作表，如图4—11所示。

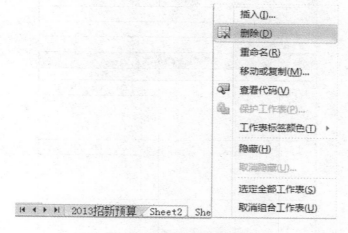

图4—11　删除两张工作表

③保存工作簿。按下快捷键"Ctrl＋S"保存工作簿，此时工作簿还未命名，将会打开"另存为"对话框，如图4—12所示，选择保存路径，输入工作簿名"2013招新预算"，按下"Enter"确认保存。

Excel 2010工作簿默认扩展名为.xlsx，在第二次保存时，按下"Ctrl＋S"键后直接以原名保存，如需要以新文件名保存可以按下快捷键"F12"，重新打开"另存为"对话框设置新文件名及路径。

图4—12　"另存为"对话框

任务2 制作“学生会面试评分表”

任务要求：本任务二至任务四制作完成后效果，如图4—13所示。

信息工程学院
SCHOOL OF INFORMATION ENGINEERING

学生会面试评分表						
面试部门			面试编号			
一、个人资料						
姓名		性别		班级		
电话			E-Mail			
特长						
班团干经历						
参加社团活动经历						
二、面试评分						
问题		回答	评分1			
1			□5 □4 □3 □2 □1			
			评价			
2			□5 □4 □3 □2 □2			
			评价			
3			□5 □4 □3 □2 □3			
			评价			
综合评价			总分			
面试考官（签名）			面试时间： 年 月 日			

信息工程学院学生会制

图4—13 学生会面试评分表

操作步骤如下：

（1）输入信息。

①新建工作簿。新建一个新工作簿，命名为“学生会面试评分表”。

②输入信息。在A1:G12区域中输入信息，如图4—14所示。

在E11单元格中输入的“□5 □4 □3 □2 □1”，其中“□”可以利用搜狗输入法输入“方框”词组时选择“□”，也可以用插入特殊字符完成。

（2）设置“合并后居中”格式。

选择区域A1:G1后，单击“开始”选项卡中的“合并后居中”按钮 合并后居中，实现一行合并后居中。

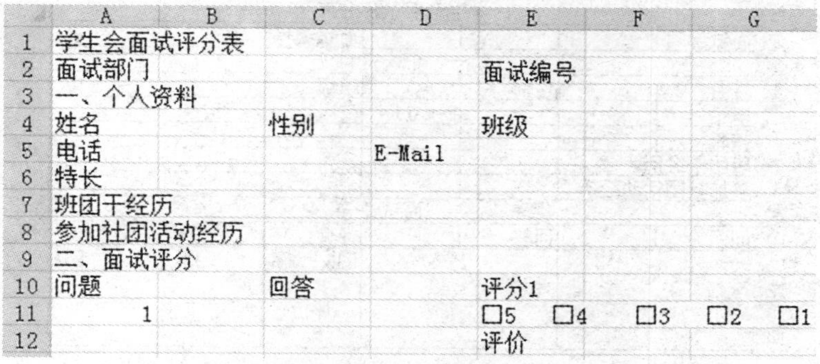

	A	B	C	D	E	F	G
1	学生会面试评分表						
2	面试部门				面试编号		
3	一、个人资料						
4	姓名		性别		班级		
5	电话			E-Mail			
6	特长						
7	班团干经历						
8	参加社团活动经历						
9	二、面试评分						
10	问题		回答		评分1		
11		1			□5	□4	□3 □2 □1
12					评价		

图4—14 输入信息

类似还有以下区域设置"合并后居中"：A3：G3、A9：G9、A10：B10、C10：D10、E10：G10、E11：G11、A11：B14、C11：D14、E12：E14，各合并区域如图4—15所示。

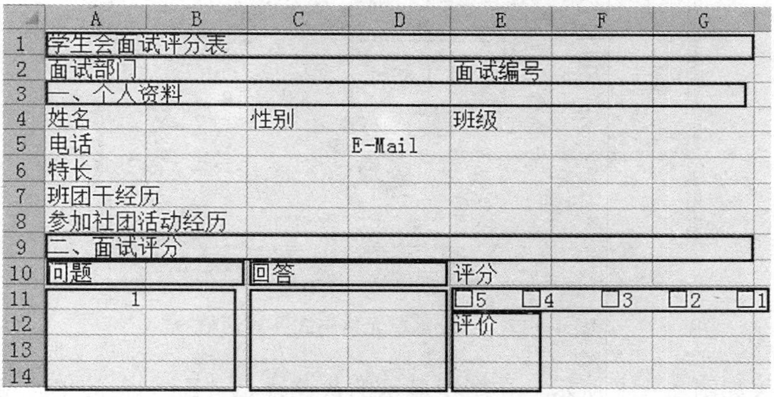

	A	B	C	D	E	F	G
1	学生会面试评分表						
2	面试部门				面试编号		
3	一、个人资料						
4	姓名		性别		班级		
5	电话			E-Mail			
6	特长						
7	班团干经历						
8	参加社团活动经历						
9	二、面试评分						
10	问题		回答		评分		
11		1			□5 □4		□3 □2 □1
12					评价		
13							
14							

图4—15 合并单元格

（3）设置表格的框线。

①添加所有框线。填写的方格不一定需要合并单元格，也可以通过设置只有外框线的格式实现。

选中面试评分表后，单击"开始"选项卡中的"边框"按钮，在菜单中选择"所有框线"按钮，为全部单元格添加框线，完成后效果如图4—16所示。

其中A7、A8单元格因为它们存放的文字长度超过列宽，自动跨列显示文本。

②制作假合并单元格。选择A2：B2区域，按下"Ctrl＋1"快捷键，即可打开"设置单元格格式"对话框，切换到"边框"选项卡，单击竖线按钮，取消内框竖线，在单击"确定"按钮，如图4—17所示。

类似地，取消如下区域的内部框线：C2：D2、B5：C5、E5：G5、B6：G6、C7：G7、C8：G8、F12：G14。

	A	B	C	D	E	F	G
1	学生会面试评分表						
2	面试部门				面试编号		
3	一、个人资料						
4	姓名		性别		班级		
5	电话		E-Mail				
6	特长						
7	班团干经历						
8	参加社团活动经历						
9	二、面试评分						
10	问题		回答		评分1		
11					□5 □4	□3	□2 □1
12	1						
13					评价		
14							

图4—16　添加所有框线

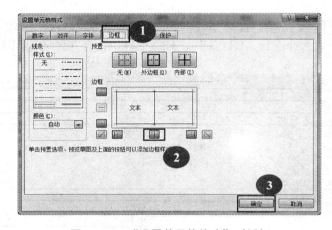

图4—17　"设置单元格格式"对话框

完成后效果如图4—18所示，在图中显示的灰色线是"Excel"的单元格参考线，在打印时将不会出现。

	A	B	C	D	E	F	G
1	学生会面试评分表						
2	面试部门				面试编号		
3	一、个人资料						
4	姓名		性别		班级		
5	电话		E-Mail				
6	特长						
7	班团干经历						
8	参加社团活动经历						
9	二、面试评分						
10	问题		回答		评分1		
11					□5 □4	□3	□2 □1
12	1						
13					评价		
14							

图4—18　取消部分内框线

（4）制作评分部分。

①填充复制。选择A11:G14单元格区域，向下拖放填充柄，填充出另外两个评分行，单击"自动填充选项"按钮，在打开的列表中选择"复制单元格"，如图4—19所示。

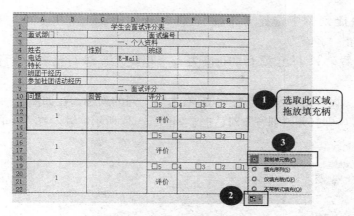

图 4—19　填充另外两个评分行

②设置问题序号的格式并修改值。单击选择 A11 单元格，在"开始"选项卡的"对齐"组中，分别单击"顶端对齐"和"文本左对齐"按钮，如图 4—20 所示，设置序号显示在左上角。

拖放 A11 单元格的填充柄，向下填充，在"自动填充选项"按钮的列表中选择"填充序列"，此时问题区域的数值为序列 1、2、3。

③添加文本并设置边框。在 23 行和 28 行分别添加上相关文本，并设置边框，效果参见图 4—13 所示。

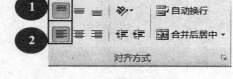

图 4—20　设置对齐方式

（5）保存工作簿。

按下快捷键"Ctrl＋S"键保存工作簿。

任务 3　美化"学生会面试评分表"

任务要求：本任务对"学生会面试评分表"作进一步的格式设置，并添加页眉和页脚。

操作步骤如下：

（1）设置文本的格式。

①设置标题的格式。A1 单元格文本设置为：隶书、20 号。

②设置条目的格式。A3 和 A9 设置为：宋体、12 号、加粗、填充颜色为"白色，背景 1，深色，25％"。

③设置其他文本格式。其他文本的格式为：宋体、12 号。

对 Excel 文本字体、字形等格式的设置与 Word 中是类似的，使用"开始"工具按钮栏的工具按钮即可完成。更多更复杂的格式可以按下"Ctrl＋1"快捷键，在打开的"设置单元格格式"对话框中设置。

（2）设置行高和列宽。

①设置行高。设置第 1 行、第 3 行、第 9 行高度为 27。单击第 1 行的行号，按下"Ctrl"键后，再逐个单击第 3 行和第 9 行的行号，选中这三行，右击行号，在如图

4—21所示的快捷菜单中选择"行高"，即打开如图4—22所示的"行高"对话框，输入"27"，单击"确定"。

类似地，设置第11行至22行的行高为25.5；设置第23行至第27行行高为15；其余行高为25.5。

②设置列宽。设置第1列的宽度为8。右击第1列的列标，在如图4—23所示的快捷菜单中选择"列宽"，即打开"列宽"对话框，如图4—24所示，输入"8"，单击"确定"。

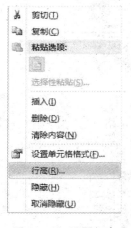

图4—21 设置行高

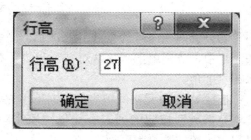

图4—22 行高对话框

图4—23 设置列宽

图4—24 列宽对话框

类似地，设置B列宽度为14；C列、D列宽度为10；E列宽度为4；F列宽度为6；G列宽度为21。

（3）添加页眉。

①切换到"页面视图"。单击"视图"选项，切换到到"视图"工具栏，再单击"页面布局"按钮，即可切换到页面视图。

图4—25 视图工具栏

②进入页眉页脚设计模式。在如图 4—26 所示的界面中单击页眉处，再单击页眉页脚"设计"按钮，进入页眉页脚设计模式。

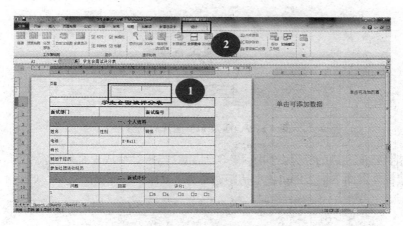

图 4—26　页面视图

③添加 Logo 图片到页眉。在如图 4—27 所示的"页眉页脚工具"的"设计"选项卡中单击"图片"按钮，在"插入图片"对话框中找到 Logo 文件存放的路径，选择 Logo 文件，再单击"插入"按钮，如图 4—28 所示。

图 4—27　页眉和页脚工具

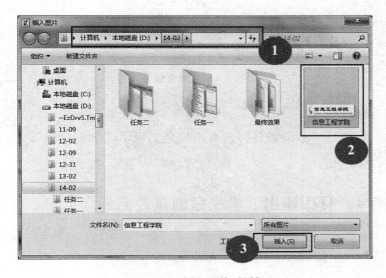

图 4—28　插入图片对话框

④调整页边距。插入 Logo 图片后，如图 4—29 所示，图片与首行重合，可以调整页边距解决。

图 4—29　插入 logo 图片后的效果

把鼠标指针指向左边的标尺，如图 4—30 所示，当指针变成垂直双向箭头时，显示上边距的值，按下鼠标左键向下拖放即可把上边距调整为 2.7 厘米。调整后效果，如图 4—31 所示。

图 4—30　调整上边距

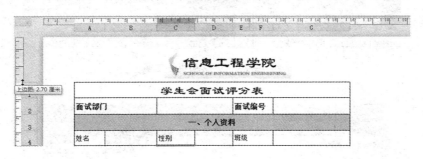

图 4—31　页眉效果

（4）添加页脚。

类似地，在页脚处单击添加页脚文本"信息工程学院学生会制"。按下"Ctrl＋S"键，保存工作簿。

任务 4　打印输出"学生会面试评分表"

任务要求：本任务要在打印"学生会面试评分表"文档前设置页面、纸张等效果，打印预览满意后方可打印输出。在 Excel 中和打印相关的设置与 Word 中类似。

操作步骤如下：

（1）页面设置打印。

打开"学生会面试评分表"，单击"文件"选项，在左侧列标单击"打印"，即可进入如图 4—32 所示的打印页面，选择"A4"作为打印纸类型，单击"页面设置"。

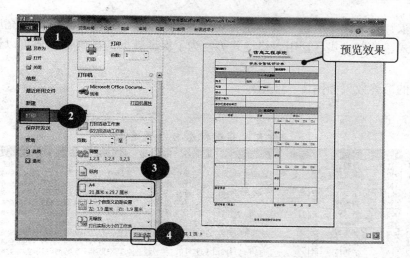

图 4—32　打印页面

（2）设置页面。

在打开的"页面设置"对话框选择"页边距"选项卡，如图 4—33 所示，设置上下左右边距分别为：2.5、1.5、1.9、1.9；页眉、页脚分别为 0.5、0.8，单击"确定"按钮。

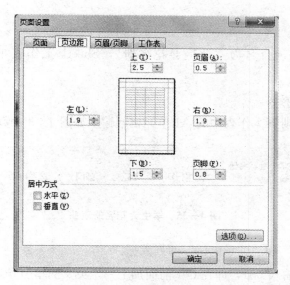

图 4—33　"页面设置"对话框的"页边距"选项卡

（3）打印输出。

回到打印页面，预览工作表效果，满意后，单击如图 4—32 所示的窗口中设置打印

“份数”为 10，再单击“打印”按钮，即可打印出 10 份评分表。

任务 5 快速输入“学生会花名册”

任务要求：本任务要求建立“学生花名册”，输入多种类型的数值、填充序列，并设置长文本格式、日期格式、套用表格格式等。为了保证数据的准确性，还可以设置数据有效性。

本任务的最终效果如图 4—34 所示。

	A	B	C	D	E	F	G	H
1	信息工程学院学生会花名册							
2	序号	姓名	性别	出生日期	班级	部门	联系电话	电子邮箱
3	001	黄丽兰	女	1991年8月1日	11计应03	主席	15907812244	877451900@qq.com
4	002	梁宝泰	男	1989年2月25日	11动漫01	副主席	18078136624	396229628@qq.com
5	003	杨微珊	女	1991年7月20日	11软件03	秘书长	18249948891	395770028@qq.com
6	004	丁宁	男	1992年8月18日	12动漫01	学习部	18778999292	469519167@qq.com
7	005	黄慎铭	男	1990年5月10日	12动漫02	生劳部	15578892022	770646458@qq.com
8	006	陈 佩	女	1991年10月21日	12计网01	宣传部	18777165602	258361049@qq.com
9	007	周艳玲	女	1992年5月22日	12计网02	体育部	18078116965	396789188@qq.com
10	008	邹春娜	女	1992年6月19日	13计应01	纪检部	18277185315	540642964@qq.com
11	009	黄甫成	男	1993年5月25日	13计应02	女生部	15878749739	215941450@qq.com
12	010	农恒恒	男	1992年11月13日	13软件01	学习部	18249985296	398464130@qq.com
13	011	黄小红	女	1990年2月23日	13软件02	生劳部	18249987028	573414462@qq.com
14	012	李宝泰	男	1990年10月20日	13软件03	宣传部	18249988656	461138808@qq.com
15	013	李杨	男	1992年8月24日	13软件04	女生部	18078180450	164363762@qq.com
16	014	刘庭义	男	1993年11月9日	13通信01	生劳部	18076562397	411502174@qq.com
17	015	韦娜	女	1992年9月28日	13通信02	宣传部	18249983994	416868653@qq.com
18	016	杜朗	男	1993年4月6日	13软件03	体育部	18078115952	66033236@qq.com
19	017	郭鸿连	男	1993年2月27日	13软件04	纪检部	18249983975	406151797@qq.com

图 4—34 “学生会花名册”最终效果

操作步骤如下：

（1）新建工作簿。

新建一个工作簿，命名为“学生会花名册”，Sheet1 工作表重命名为“学生会花名册”。

（2）输入标题和表头。

在“学生会花名册”工作表中的 A1 单元格起输入如图 4—35 所示的信息。

	A	B	C	D	E	F	G	H
1	信息工程学院学生会花名册							
2	序号	姓名	性别	出生日期	班级	部门	联系电话	电子邮箱
3								

图 4—35 学生会花名册表头

（3）输入“序号”和“联系电话”两列数据。

在 A3 单元格中输入'001，即在 001 前面加上一个英文的单引号，Excel 可以把此数字 001 转换成文本型数据保存，拖放 A3 单元格的填充柄向下填充至 A19 单元格。类似地，输入联系电话时在数字前加上单引号。

（4）设置数据有效性。

限制"性别"列只能输入男或女，可以设定数据有效性为序列：男，女。

①打开数据有效性按钮。选择性别所在列 C 列，单击"数据"选项卡，在"数据"选项卡的"数据工具"组中单击"数据有效性"按钮，如图 4—36 所示。

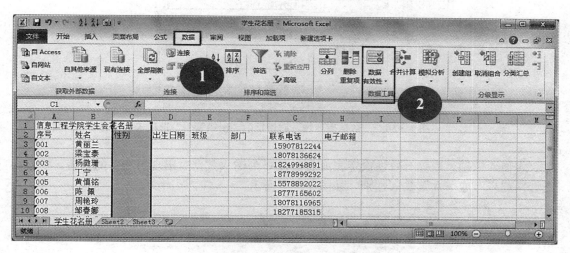

图 4—36　设置性别列的数据有效性

②设置数据有效性。在如图 4—37 所示的"数据有效性"对话框的"设置"选项卡中设置允许为"序列"，来源为"男，女"，注意逗号为英文字符。

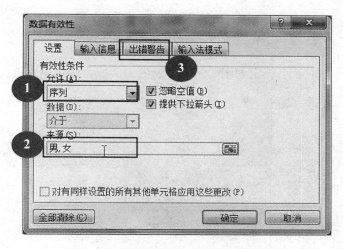

图 4—37　"数据有效性"对话框的"设置"选项卡

③设置出错警告。切换到"出错警告"选项卡中，如图 4—38 所示，标题为"性别输入错误"，错误信息为"性别只能为男或女"，单击"确定"按钮。

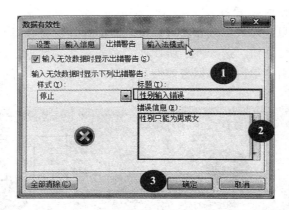

图4—38　"数据有效性"对话框的"出错警告"选项卡

④输入数据。数据有效性设定完成后，在C列输入数据时出现男和女的列表，可以单击选择"男"或"女"输入性别，如图4—39所示。

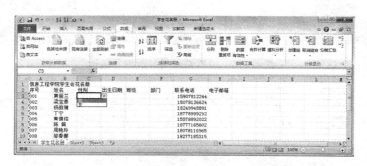

图4—39　"性别"列提供列表选择

输入错误的数据时，会弹出如图4—40所示的对话框，提示用户输入错误。

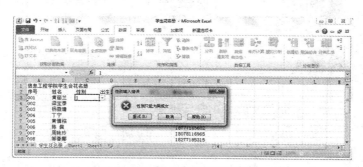

图4—40　性别输入错误对话框

⑤设置其他数据有效性。使用相同方法，设置"部门"列数据有效性为序列：主席，副主席，秘书长，学习部，生劳部，宣传部，体育部，纪检部，女生部。

⑥输入其他数据。输入"性别"和"部门"两列的数据，参考如图4—34所示数据。

（5）输入"出生日期"列数据。

①输入出生日期。设置日期的显示格式为"××××年××月×日"。单击 D3 单元格，输入"91-8-1"，此时 D3 单元格中显示一串#号，如图 4—41 所示，这是单元格长度不足以显示全部数据时出现的提示。鼠标指向 D 和 E 两列间的分隔线，双击即可以调整 D 列到最适合宽度。D3 中将会显示"1991-08-1"，如图。

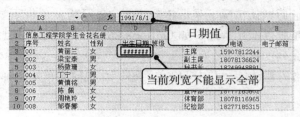

图 4—41　输入出生年月

②设置日期显示格式。选择 D 列，按下快捷键"Ctrl+1"，在如图 4—42 所示的"设置单元格格式"对话框中，切换到"数字"选项卡，在"分类"中选择"日期"，区域设置为"中文（中国)"，类型设置为"2001年3月14日"，单击"确定"确认。此时 D3 单元格显示为"1991年8月1日"。

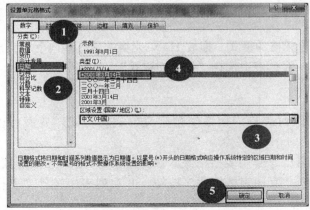

图 4—42　设置"出生日期"列的日期类型

③输入其他成员的出生日期。

（6）输入"姓名"、"班级"、"电子邮箱"等三列的数据。

根据最终效果图4—34，输入"姓名"、"班级"、"电子邮箱"等三列的数据。

（7）取消"电子邮箱"列的超链接。

输入电子邮箱地址后默认情况下是带超链接的，显示为蓝色带下划线的格式，单击即会打开系统默认的电子邮件应用程序，如Outlook 2010，向此邮箱地址写新邮件。为了避免误操作，可以取消此列的超链接。

①取消H3单元格的超链接。右击H3单元格，在快捷菜单中选择"取消超链接"，如图4—43所示。

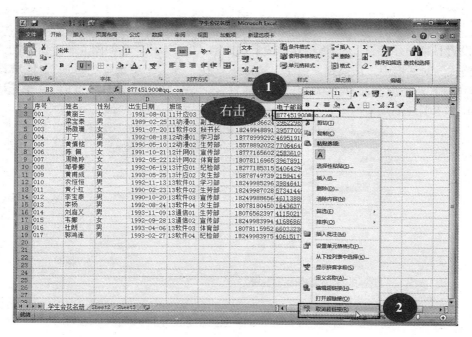

图4—43　取消超链接

②向下填充H3单元格的格式。拖放H3单元格的填充柄向下填充至H19单元格，单击"填充选项"按钮，在列表中选择"仅填充格式"，如图4—44所示。

（8）设置表格格式。

套用表格格式可以对表格应用系统预定义的表格样式，从而可以快速设置表格的格式。

①对"学生会花名册"套用表格格式。选择A2：H19单元格区域，在"开始"工具栏的"样式"组中单击"套用表格格式"按钮，并在列表中选择"表样式浅色9"，如图4—45所示。

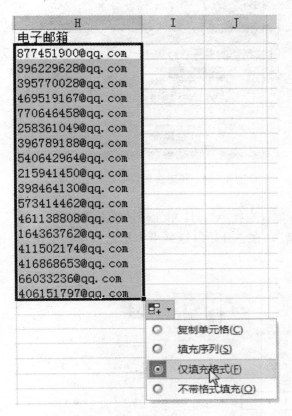

图 4—44 填充格式

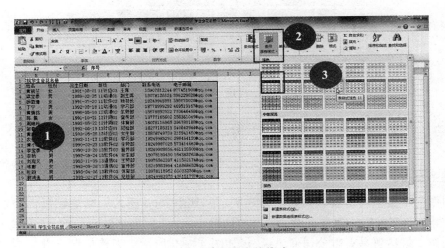

图 4—45 套用表格格式

在如图 4—46 所示的"套用表格式"对话框中单击"确定"即可。

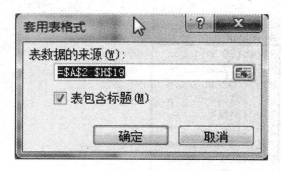

图 4—46 设定套用表格样式的区域

②设置第 1 行的标题。选择 A1:H1 单元格，单击"合并后居中"按钮，合并单元格；设置字体为"华文行楷"；在"开始"选项卡中单击"单元格样式"按钮，在如图 4—47 所示的列表中选择"标题"。

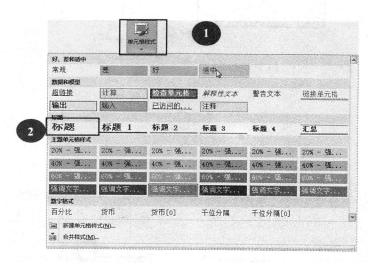

图 4—47 应用"单元格样式"

③保存工作簿。按快捷键"Ctrl＋S"键，保存工作簿。

 **项目实训**

1. 制作一个员工履历表，如图 4—48 所示。其中 logo 插入一幅剪贴画、公司名称使用艺术字制作。完成后，调整页面设置并打印输出。

2. 制作"远达贸易有限公司通讯录"，如图 4—49 所示，表格标题合并后居中、华文隶书、20 号字，表格信息套用表格样式"表样式中等深浅 2"样式，删除 E-mail 的超链接。

远达贸易有限公司

员工履历表

应征工作项目				照片粘贴处
部门	职务	希望待遇	希望工作地点	

一、个人资料

姓名：	男 MALE ☐ 女 FEMALE ☐	出生日期：		
身份证号：			身高： CM	体重： KG
健康状况：	血型：	☐未婚 ☐已婚 ☐离婚		
民族类别：	籍贯：	联络电话：		
居住地址：		邮编：	电话：	
户籍地址：		邮编：	电话：	
紧急联络人：	电话：	E-mail地址：		

二、教育程度

等别	学校名称	科系	自	至
初中			年 月	年 月
高中			年 月	年 月
大学			年 月	年 月
其他			年 月	年 月
其他			年 月	年 月

三、社团活动

名称	担任职务	自	至

四、工作经验

公司	部门	职务	工作说明	起讫时间自至

人事处：0771-3425768/3214754

图 4—48　员工履历表

	A	B	C	D	E	F
1			远达贸易有限公司通讯录			
2	序号	姓名	性别	部门	联系电话	E-mail
3	001	陈福海	男	业务部	15957958869	425888544@qq.com
4	002	曾永红	女	研发部	18065714257	381920635@qq.com
5	003	翁振雄	男	品质部	18242236090	366157883@qq.com
6	004	李艳玲	女	行政部	18733194983	813100018@qq.com
7	005	凌有进	男	业务部	15553305206	607071569@qq.com
8	006	张永福	女	研发部	18743796786	346425203@126.com
9	007	覃飞	男	品质部	18093337155	908735676@qq.com
10	008	杨娜	女	行政部	18212959337	927364285@qq.com
11	009	李本威	男	业务部	15837421995	563994750@qq.com
12	010	滕添振	男	研发部	18293171904	697546864@sohu.com
13	011	梁志伟	女	品质部	13769467758	924724519@qq.com
14	012	刘杰	男	行政部	18278059773	248089641@qq.com
15	013	曾晓花	女	工程部	15949023586	367429588@qq.com
16	014	伍丹	女	工程部	18033972769	281269805@qq.com
17	015	韦丽	女	工程部	18281731440	536363418@qq.com
18	016	刘玉含	女	工程部	18789524116	699088456@qq.com
19	017	杨爱明	男	工程部	15566008985	702392397@qq.com
20	018	何亚晖	男	工程部	18718536864	454274769@126.com

图 4—49　远达贸易有限公司通讯录

项目 2 应用 Excel 的公式和函数管理学生成绩

项目情境：张伟作为教学秘书，日常工作包括学生成绩管理和分析，应用 Excel 强大的公式和函数功能能够快速地完成相关工作。

本项目包括以下任务：

· 制作"学生单科成绩表"；

· 制作"学生成绩统计分析表"；

· 统计班级成绩并排名；

· 巧用"辅助序列"和"定位"制作学生成绩通知条。

任务 1 制作"学生单科成绩表"

任务要求：制作"学生单科成绩表"。

操作步骤如下：

（1）输入《网页设计与制作》成绩登记表中的信息。

①新建工作簿。新建一个工作簿，以"网页设计与制作成绩登记表"为名保存。

②重命名工作簿。把 Sheet1 工作表重命名为"网页设计与制作成绩登记表"。

③录入数据。录入成绩登记表中的信息，如图 4—50 所示。

学号	姓名	平时成绩	实验成绩	期末成绩	总评成绩	是否补考
《网页设计与制作》成绩登记表						
1302020501	陈崇英	84	85	72		
1302020502	吴福宁	99	85	60		
1302020503	莫明	80	80	32		
1302020504	梁宇平	67	76	58		
1302020505	吴忠尚	79	87	70		
1302020506	潘永英	87	85	64		
1302020507	石芳	84	86	54		
1302020508	顾飞	81	85	40		
1302020509	陈东	94	100	62		
1302020510	李诚	60	71	16		
1302020511	黄燕	60	60	8		
1302020512	黄子健	81	85	70		
1302020513	周程	97	100	80		
1302020514	何海晓	80	86	62		
1302020515	韦羽	60	60	34		
1302020516	杨美周	82	80	64		
1302020517	赖雪	84	86	68		
1302020518	黎培斌	79	86	68		
1302020519	梁超	67	69	62		
1302020520	覃玉斌	60	60	13		

图 4—50 网页设计与制作成绩登记表

④设置成绩登记表格式。

首行将 A1:G1 合并后居中、华文行楷、15 号字、加粗；标题行（第 2 行）单击"开始"选项卡的"单元格样式"按钮下的"强调文字颜色1"、加粗;除首行外其他单元格加上框线,效果如图4—50所示。

(2)计算"总评成绩"。

按照平时成绩占30%、实验成绩占30%、期末成绩占40%的比例计算总评成绩。

①输入公式。在F3单元格中输入公式"=C3*0.3+D3*0.3+E3*0.4",按下"Enter"键。

②填充数据。双击F3单元格的填充柄,自动向下填充至数据清单的最后一行。

(3)设置不及格的总评成绩突出显示。

设置总评成绩低于60分时,显示为红色。

①选择单元格。选择"总评成绩"列的单元格。

②设置条件。在"开始"选项卡的"样式"组中单击"条件格式"按钮,在弹出的菜单中选择"突出显示单元格规则"下的"小于",如图4—51所示。

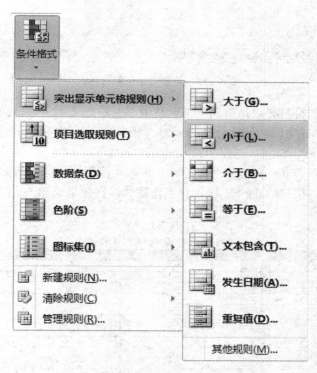

图4—51 "条件格式"

③设置条件数据。在弹出的对话框中设置小于值为"60",格式使用默认的效果,如图4—52所示,单击"确定"按钮。

(4)判断是否补考。

总评成绩低于60分时,在G列中显示补考,否则不显示信息。

①输入函数。单击G3单元格,输入函数"=IF(F3<60,"补考","")",按下"Enter"键。

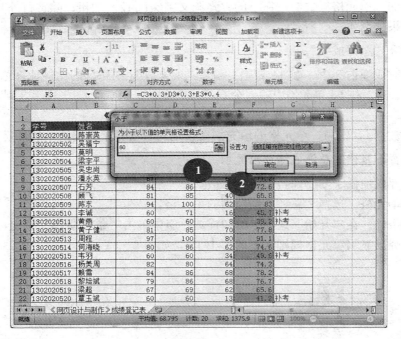

图 4—52　设置"小于"对话框

在函数中使用的符号必须是英文字符，其中双引号是文本字符串的定界符，""表示一个空串。当 F3＜60 成立时，函数计算结果为"补考"，不成立时显示为空串。若第三个参数省略，则条件为 FALSE 时，会在 G3 中显示"FALSE"。

②填充数据。双击 G3 单元格的填充柄，自动向下填充至数据清单的最后一行。

③保存工作簿。按"Ctrl＋S"键保存工作簿。最终效果如图 4—53 所示。

	A	B	C	D	E	F	G
1			《网页设计与制作》成绩登记表				
2	学号	姓名	平时成绩	实验成绩	期末成绩	总评成绩	是否补考
3	1302020501	陈崇英	84	85	72	79.5	
4	1302020502	吴福宁	99	85	60	79.2	
5	1302020503	莫明	80	80	32	60.8	
6	1302020504	梁宇平	67	76	58	66.1	
7	1302020505	吴忠尚	79	87	70	77.8	
8	1302020506	潘永英	87	85	64	77.2	
9	1302020507	石芳	84	86	54	72.6	
10	1302020508	顾飞	81	85	40	65.8	
11	1302020509	陈东	94	100	62	83	
12	1302020510	李诚	60	71	16	45.7	补考
13	1302020511	黄燕	60	60	8	39.2	补考
14	1302020512	黄子健	81	85	70	77.8	
15	1302020513	周程	97	100	80	91.1	
16	1302020514	何海晓	80	86	62	74.6	
17	1302020515	韦羽	60	60	34	49.6	补考
18	1302020516	杨美周	82	80	64	74.2	
19	1302020517	赖雪	84	86	68	78.2	
20	1302020518	黎培斌	79	86	68	76.7	
21	1302020519	梁超	67	69	62	65.6	
22	1302020520	覃玉斌	60	60	13	41.2	补考

图 4—53　网页设计与制作成绩表最终效果

任务2 制作“学生成绩统计分析表”

任务要求：对某个学期的班级成绩表做统计分析，计算总分、平均分、最高分、最低分。

操作步骤如下：

（1）打开素材文件。

打开“班级成绩表（源数据）. xlsx”，按下“F12”，另存为“班级成绩表 . xlsx”。素材效果如图 4—54 所示。

13计应5班成绩表

学号	姓名	Photoshop图形图像设计	网页设计与制作	图形图像综合项目开发	Coreldraw平面广告设计
1302020501	陈崇英	87.5	79.5	55	55
1302020502	吴福宁	83	79.2	82.5	82.5
1302020503	莫明	82.5	60.8	72.5	72.5
1302020504	梁宇平	91	66.1	60.5	60.5
1302020505	吴忠尚	84	77.8	77	77
1302020506	潘永英	81	77.2	83	83
1302020507	石芳	80	72.6	69.5	69.5
1302020508	顾飞	87	65.8	80.5	80.5
1302020509	陈东	90	83	73.5	73.5
1302020510	李诚	89	45.7	84	84
1302020511	黄燕	82	39.2	75	75
1302020512	黄子健	91.5	77.8	52	52
1302020513	周程	86	91.1	60	60
1302020514	何海晓	88	74.6	81	81
1302020515	韦羽	89	49.6	80.5	80.5
1302020516	杨美周	88	74.2	75.5	75.5
1302020517	赖雪	79.5	78.2	71.5	71.5
1302020518	黎培斌	76	76.7	87.5	87.5
1302020519	梁超	85	65.6	65	65
1302020520	覃玉斌	80	41.2	80	80

图 4—54 班级成绩表（源数据）

（2）添加标题。

在 G2 和 H2 单元格中分别添加标题“总分”、“平均分”；在 B23 和 B24 单元格中分别添加标题“最高分”、“最低分”。

（3）计算总分。

单击选择 G3 单元格。在“开始”选项卡中的“编辑”组中单击“自动求和”按钮 **Σ 自动求和 ▾**，在 G3 单元格中自动添加了函数：＝SUM(C3:F3)，如图 4—55 所示，按“Enter”键确认。

13计应5班成绩表

学号	姓名	Photoshop图形图像设计	网页设计与制作	图形图像综合项目开发	Coreldraw平面广告设计	总分	平均分
1302020501	陈崇英	87.5	79.5	55	55	=SUM(C3:F3)	
1302020502	吴福宁	83	79.2	82.5	82.5	SUM(number1, [number2], ...)	
1302020503	莫明	82.5	60.8	72.5	72.5		

图 4—55 SUM 函数编辑状态

（4）计算平均分。

①选择平均值函数。单击选择 H3 单元格。单击"自动求和"按钮右侧的三角，即可打开如图 4—56 所示的列表，选择"平均值"。

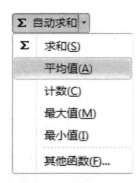

图 4—56　"自动求和"按钮的列表

②修改函数。此时 H3 单元格中显示如图 4—57 所示的函数，C3:G3 的函数参数范围包括了第 3 行的总分值，计算区域不对，在 AVERAGE 函数的参数编辑状态下可以直接用鼠标重新选择区域 C3:F3，此时函数自动修改为＝AVERAGE(C3:F3)，按下"Enter"键确认。

	A	B	C	D	E	F	G	H	I	J
1					*13计定5班成绩表*					
2	学号	姓名	Photoshop图形图像设计	网页设计与制作	图形图像综合项目开发	Coreldraw平面广告设计	总分	平均分		
3	1302020501	陈崇英	87.5	79.5	55	55	277.0	=AVERAGE(C3:G3)		
4	1302020502	吴福宁	83	79.2	82.5	82.5		AVERAGE(**number1**, [number2], ...)		
5	1302020503	莫明	82.5	60.8	72.5	72.5				

图 4—57　AVERAGE 函数的参数编辑状态

④填充函数。选择 G3:H3 区域，拖放填充柄至第 22 行，向下填充 G3 和 H3 这两个单元格中的函数。

（5）计算最高分和最低分。

①添加"最大值"函数。单击选择 C23 单元格，单击"自动求和"按钮右侧的三角，选择"最大值"，自动添加函数＝MAX(C3:C22)，按下"Enter"键确认。

②添加"最小值"函数。单击选择 C24 单元格，单击"自动求和"按钮右侧的三角，选择"最小值"，添加函数＝MIN(C3:C22)，按下"Enter"键确认。

③填充函数。选择 C23:C24 区域，向右拖放填充柄至 H 列，填充这两个函数。

最终效果如图 4—58 所示。

13计应5班成绩表

	A	B	C	D	E	F	G	H
2	学号	姓名	Photoshop图形图像设计	网页设计与制作	图形图像综合项目开发	Coreldraw平面广告设计	总分	平均分
3	1302020501	陈崇英	87.5	79.5	55	55	277.0	69.3
4	1302020502	吴福宁	83	79.2	82.5	82.5	327.2	81.8
5	1302020503	莫明	82.5	60.8	72.5	72.5	288.3	72.1
6	1302020504	梁宇平	91	66.1	60.5	60.5	278.1	69.5
7	1302020505	吴忠尚	84	77.8	77	77	315.8	79.0
8	1302020506	潘永英	81	77.2	83	83	324.2	81.1
9	1302020507	石芳	80	72.6	69.5	69.5	291.6	72.9
10	1302020508	顾飞	87	65.8	80.5	80.5	313.8	78.5
11	1302020509	陈东	90	83	73.5	73.5	320.0	80.0
12	1302020510	李诚	89	45.7	84	84	302.7	75.7
13	1302020511	黄燕	82	39.2	75	75	271.2	67.8
14	1302020512	黄子健	91.5	77.8	52	52	273.3	68.3
15	1302020513	周程	86	91.1	60	60	297.1	74.3
16	1302020514	何海晓	88	74.6	81	81	324.6	81.2
17	1302020515	韦羽	89	49.6	80.5	80.5	299.6	74.9
18	1302020516	杨美周	88	74.2	75.5	75.5	313.2	78.3
19	1302020517	赖雪	79.5	78.2	71.5	71.5	300.7	75.2
20	1302020518	黎培斌	76	76.7	87.5	87.5	327.7	81.9
21	1302020519	梁超	85	65.6	65	65	280.6	70.2
22	1302020520	覃玉斌	80	41.2	80	80	281.2	70.3
23		最高分	91.5	91.1	87.5	87.5		
24		最低分	76	39.2	52	52		

图 4—58 “13 计应 5 表成绩表”最终效果

任务3 统计班级成绩并排名

任务要求：对某个班级成绩表做统计分析，计算总分、平均分、课程门数、不及格门数和排名做统计。

操作步骤如下：

（1）打开素材文件，插入 5 个列。

①打开素材。打开“班级排名表（源数据）. xlsx”，按下 F12，另存为“班级排名表. xlsx”。

②插入列。选择 C、D、E、F、G 这 5 列，右击列标，在快捷菜单中选择“插入”，一次性插入 5 个空列。

③输入列名。在 C1、D1、E1、F1、G1 这 5 个单元格中分别输入列名：总分、平均分、门数、不及格门数、排名。

（2）计算“总分”和“平均分”。

利用“自动求和”按钮在 C2 中，输入函数“＝SUM(H2:O2)”。利用“自动求和”按钮在 D2 中，输入函数“＝AVERAGE(H2:O2)”。

（3）计算“门数”。

①单击选择 E2 单元格，单击“自动求和”按钮右侧的三角，在打开的列表中选择“计数”，此时添加的函数为“＝COUNT(C2:D2)”，函数参数范围不对。

②重新选择函数参数范围。单击 H2 单元格，按下“Ctrl＋Shift＋→”，选择从 H2 单元格开始至本行最后一个有数据的单元格区域。

③修改后 E2 单元格中的函数为"＝COUNT(H2:O2)"，按下"Enter"键确认。

（5）计算不及格门数。

在 F2 单元格中输入函数"＝COUNTIF(H2:O2,"＜60")"，其中"＜60"表示条件为小于 60 分。

（6）计算排名。

使用 RANK 函数，根据总分计算排名。

①输入函数。在 G2 单元格中输入函数"＝RANK(C2,$C$2:$C$21)"。

其中 C2 为第 2 行的"总分"，$C$2:$C$21 是对第 2 行至第 21 行中"总分"列的绝对引用，填充公式时，对此区域的绝对引用是不会发生变化的，从而保证了排名的区域是不变的。

②填充数据。选择 C1:G1 区域，双击填充柄向下填充函数至本数据清单的最后一行。

③保管工作簿。按下"Ctrl＋S"键保存工作簿。

完成后 5 个统计计算列的最终效果，如图 4—59 所示。

	A	B	C	D	E	F	G
1	学号	姓名	总分	平均分	门数	不及格门数	排名
2	1302020514	何海晓	676.6	84.6	8	0	1
3	1302020508	顾飞	676.6	84.6	8	0	1
4	1302020515	韦羽	640.6	80.1	8	1	3
5	1302020510	李诚	635.2	79.4	8	1	4
6	1302020516	杨美周	627.7	78.5	8	0	5
7	1302020502	吴福宁	624.2	78.0	8	0	6
8	1302020509	陈东	619	77.4	8	1	7
9	1302020507	石芳	617.6	77.2	8	0	8
10	1302020503	莫明	610.3	76.3	8	0	9
11	1302020518	黎培斌	604.7	75.6	8	0	10
12	1302020519	梁超	603.6	75.5	8	0	11
13	1302020517	赖雪	589.2	73.7	8	1	12
14	1302020513	周程	582.6	72.8	8	1	13
15	1302020506	潘永英	573.7	71.7	8	1	14
16	1302020520	覃玉斌	571.2	71.4	8	2	15
17	1302020501	陈崇英	566	70.8	8	2	16
18	1302020511	黄燕	563.7	70.5	8	1	17
19	1302020505	吴忠尚	549.3	68.7	8	1	18
20	1302020512	黄子健	548.8	68.6	8	3	19
21	1302020504	梁宇平	548.6	68.6	8	1	20

图 4—59　班级排名表

任务 4　巧用"辅助序列"和"定位"制作学生成绩通知条

任务要求：在期末要给学生下发成绩通知单，要求每个通知单都有列标题。要求应用数据填充和空值定位功能批量制作通知条。最终效果如图 4—60 所示。

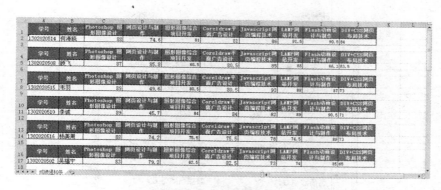

图 4—60　学生成绩通知条

操作步骤如下:

(1) 打开素材文件。

打开"成绩通知条(源数据). xlsx",按下"F12",另存为"成绩通知条.xlsx"。

(2) 插入空行。

①填充数据,形成两列错开的数据。选择目标区域:K1、L1、K2、L2、K3、L4,输入 1,按下快捷键"Ctrl+Enter",向目标区域填充数据 1。选择 K3:L4 区域,向下拖放填充柄填充至数据清单最后一行。

完成后 K 列和 L 列中的数据如图 4—61 所示,K 列和 L 列自第 3 行开始交错有空值。

②定位空值。选择区域 K1:L21,单击"开始"选项卡"编辑"组中的"查找和选择"按钮,在列表中选择"定位条件",如图 4—61 所示。

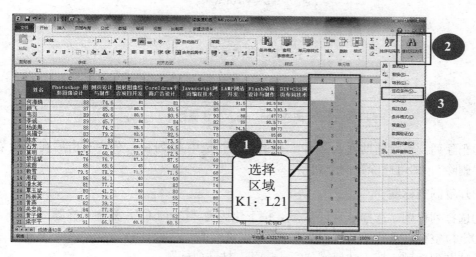

图 4—61　定位空值

在如图 4—62 所示的"定位条件"对话框中选择"空值",单击"确定"按钮确认。此时选定了 K 列和 L 列中没有数据的单元格。

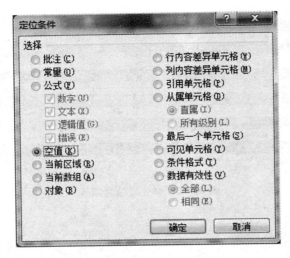

图 4—62 "定位条件"对话框

③插入空行。单击"开始"选项卡"单元格"组中的"插入"按钮，在列表中选择"插入工作表行"，如图 4—63 所示，即可一次性在每个成绩行前插入一个空行。

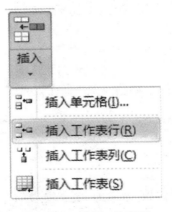

图 4—63 插入工作表行

④删除列。删除辅助列 K 列和 L 列的数据。选中 K 列和 L 列，右击后在快捷菜单中选择"删除"，即可删除这两个列。

（3）复制列标题。

①选择列标题。选择 A1:J1 区域，按下快捷键"Ctrl＋C"，复制列标题。

②定位空行。选择 A1:J21 区域，再次定位空值。

③粘贴列标题。按下快捷键"Ctrl＋V"，粘贴列标题。

（4）在每个成绩通知条之间插入空行。

为了能更好地分割成绩通知条，在每个成绩通知条之间插入空行。

①填充数据。向区域 K1:K4、L1:L2、L4 填充数据 1，选择 K3:L4 后，向下填充数据至数据清单最后一行。

②定位列。定位 K 列和 L 列中空值。

③插入空行。即可在每个成绩通知条之间插入空行。

④取消空行的框线。选择 A1：J59 区域，定位空值，单击"边框"按钮右侧的三角，展开如图 4—64 所示的边框按钮菜单，单击"无框线"，再次单击展开后选择"下框线"，第三次单击展开后选择"上框线"。

图 4—64　边框按钮

⑤删除数据。删除辅助列 K 列和 L 列的数据。

⑥保存工作簿。按下"Ctrl＋S"键，保存工作簿。

项目实训

1. 制作"远达公司业务培训成绩表"

（1）输入标题、序号、姓名、性别、部门、笔试、操作 6 列的数据，添加总分、是否达标、排名 3 个列标题。

（2）计算总分，其中笔试权重 40％、实际操作权重 60％。

（3）判断是否达标，若总分达到 75 分，在 H 列中显示"达标"；否则为不达标，在 H 列中显示空串。

（4）根据总分计算排名，保存在“排名”列中。

（5）设置格式。

（6）第 1 行的表格标题合并后居中、应用“单元格格式”中的“标题 1”、字体：华文行楷、字号 22；加粗。

（7）数据清单套用表格格式“表样式浅色 9”。

（8）总分小于 75 分时，单元格显示为“浅红填充色深红色文本”。

最终效果如图 4—65 所示。

	A	B	C	D	E	F	G	H	I
1	远达公司业务培训成绩表								
2	序号	姓名	性别	部门	笔试	操作	总分	是否达标	排名
3	001	陈福海	男	业务部	66	68	67.2		18
4	002	曾永红	女	研发部	71	95	85.4	达标	7
5	003	翁振雄	男	品质部	89	68	76.4	达标	14
6	004	李艳玲	女	行政部	75	87	82.2	达标	11
7	005	凌有进	男	业务部	95	68	78.8	达标	12
8	006	张永福	女	研发部	89	84	86	达标	6
9	007	覃飞	男	品质部	79	98	90.4	达标	5
10	008	杨娜	女	行政部	74	93	85.4	达标	7
11	009	李本威	男	业务部	99	65	78.6	达标	13
12	010	滕添振	男	研发部	96	100	98.4	达标	1
13	011	梁志伟	女	品质部	80	67	72.2		17
14	012	刘杰	男	行政部	80	100	92	达标	3
15	013	曾晓花	女	工程部	84	65	72.6		16
16	014	伍丹	女	工程部	71	74	72.8		15
17	015	韦丽	女	工程部	81	85	83.4	达标	10
18	016	刘玉含	女	工程部	68	95	84.2	达标	9
19	017	杨爱明	男	工程部	91	98	95.2	达标	2
20	018	何亚晖	男	工程部	81	97	90.6	达标	4

图 4—65　远达公司业务培训成绩表

2. 分析“远达公司业务培训成绩表”中总分的情况

（1）在“远达公司业务培训成绩表”工作表中的 K 列中添加分析项目：最高分、最低分、平均分、考试人数、达标人数、不达标人数 6 个项目。

（2）在 L 列中分别计算：最高分、最低分、平均分、考试人数、达标人数、不达标人数 6 个项目的结果。

最终效果，如图 4—66 所示。

3. 结算工资，制作工资条

（1）打开素材“一月份工资表 . xlsx”，计算应发工资和实发工资，其中应发工资＝基本工资＋绩效奖金＋全勤奖＋餐费津贴＋出差补贴，实发工资＝应发工资－四金缴费－税费。

（2）制作工资条。要求每名员工的工资信息都有标题。

K	L	K	L
最高分	98.4	最高分	98.4
最低分	67.2	最低分	67.2
平均分	82.9	平均分	82.9
考试人数	18	考试人数	18
达标人数	14	达标人数	14
不达标人数	4	不达标人数	4

图 4—66　分析成绩表

项目3 应用 Excel 高级功能分析学生成绩

项目情境：张伟作为教学秘书，在学期末要完成对学生成绩进行排名、筛选出不及格名单、统计分析各班级成绩分布等工作，大量的数据统计与分析可以利用 Excel 2010 对强大的数据排序、筛选、分类汇总等操作快速实现。

本项目包括以下任务：

· 制作专业成绩排名；

· 筛选成绩；

· 按专业统计分析各班成绩分布；

· 制作图表分析成绩。

任务1 制作专业成绩排名

任务要求：利用 Excel 的高级功能，对学生成绩进行排序、筛选、分类汇总和统计分析。

操作步骤如下：

（1）打开素材。

打开素材"专业排名表（源数据）. xlsx"，另存为"专业排名表. xlsx"。

（2）根据总分的降序排序。

当总分相同时，按照学号的升序排序。

①排序数据。单击数据清单中任意单元格，在"开始"选项卡的"编辑"组中单击"排序和筛选"按钮，展开菜单，如图4—67所示，选择"自定义排序"。

图 4—67 排序

②设置排序关键字。在如图 4—68 所示的"排序"对话框中设置排序主关键字为"总分",次序为"降序";单击"添加条件"按钮可以添加第二个排序关键字,设置次要关键字为"学号",单击"确定"按钮确认。

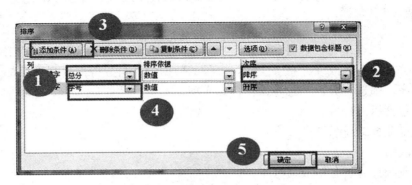

图 4—68 设置"排序"对话框

③带文本的数据的处理方式。此时出现"排序提醒"对话框,如图 4—69 所示,提示排序关键字中有文本格式的数字(如数据清单中的"学号"列),询问处理方式,选择"将任何类型数字的内容排序",单击"确定"按钮确认。

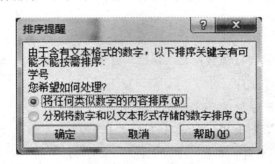

图 4—69 排序提醒对话框

(3)突出显示"总分"列的相同值。

①设置条件格式。选择"总分"列,单击"条件格式",在菜单中选择"突出显示单元格规则"→"重复值",如图 4—70 所示。

②设置重复值。在如图 4—71 所示的"重复值"对话框中设置"重复"值,格式为"浅红填充色深红色文本",并单击"确定"按钮确认。

(4)添加"排名"列。

①添加排名列。在 F 列中添加"排名"列,使用填充序列的方式添加各学生的排名,总分相同时,排名相同。

②保存工作簿。按下"Ctrl+S"快捷键,保存工作簿。

完成后"专业排名"表效果,如图 4—72 所示。

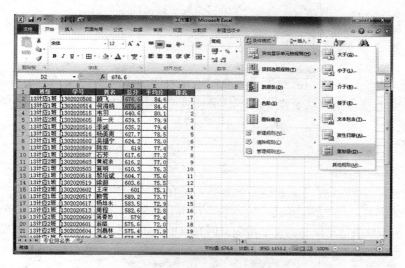

图 4—70　设置突出显示重复值

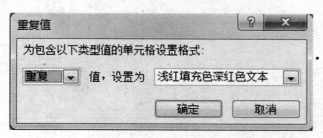

图 4—71　"重复值"对话框

	A	B	C	D	E	F
1	班级	学号	姓名	总分	平均分	排名
2	13计应1班	1302020508	顾飞	676.6	84.6	1
3	13计应1班	1302020514	何海晓	676.6	84.6	1
4	13计应1班	1302020515	韦羽	640.6	80.1	2
5	13计应2班	1302020605	陈一庆	639.5	79.9	3
6	13计应1班	1302020510	李诚	635.2	79.4	4
7	13计应1班	1302020516	杨美周	627.7	78.5	5
8	13计应1班	1302020502	吴福宁	624.2	78.0	6
9	13计应1班	1302020509	陈东	619	77.4	7
10	13计应1班	1302020507	石芳	617.6	77.2	8
11	13计应2班	1302020603	黄能余	616.2	77.0	9
12	13计应1班	1302020503	莫明	610.3	76.3	10
13	13计应1班	1302020518	黎培斌	604.7	75.6	11
14	13计应1班	1302020519	梁超	603.6	75.5	12
15	13计应2班	1302020602	王深	601	75.1	13
16	13计应1班	1302020517	赖雪	589.2	73.7	14
17	13计应2班	1302020617	杨培永	583.5	72.9	15
18	13计应1班	1302020513	周程	582.6	72.8	16
19	13计应2班	1302020609	蒋春妙	579	72.4	17
20	13计应2班	1302020601	翁皓	575.6	72.0	18
21	13计应2班	1302020604	刘昌林	575.4	71.9	19

图 4—72　专业排名

任务要求：在实际工作中面对大量数据的工作表，为了高效查找到所需数据，可以利用筛选功能隐藏不符合条件的数据。在本任务中要对成绩总表做筛选，并应用高级筛选制作不及格名单。

操作步骤如下：

（1）自动筛选。

①打开素材"成绩总表（源数据）. xlsx"，另存为"成绩总表. xlsx"。

②设置筛选状态。在"成绩总表"工作表中单击数据清单中任意单元格，在"开始"选项卡的"编辑"组中单击"排序和筛选"按钮，展开菜单，如图4—73所示，选择"筛选"。

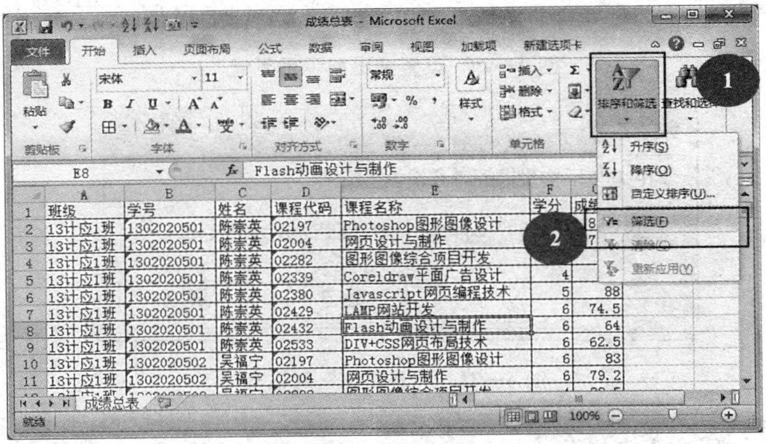

图4—73　筛选

③设置筛选条件。此时数据清单中的每个列右侧有一个筛选按钮▼，启用筛选状态，单击"班级"列右侧的▼，即可打开如图4—74所示的筛选列表，在其中单击"13计应2班"前的勾号，单击"确定"按钮确认，即可隐藏此班级的成绩。

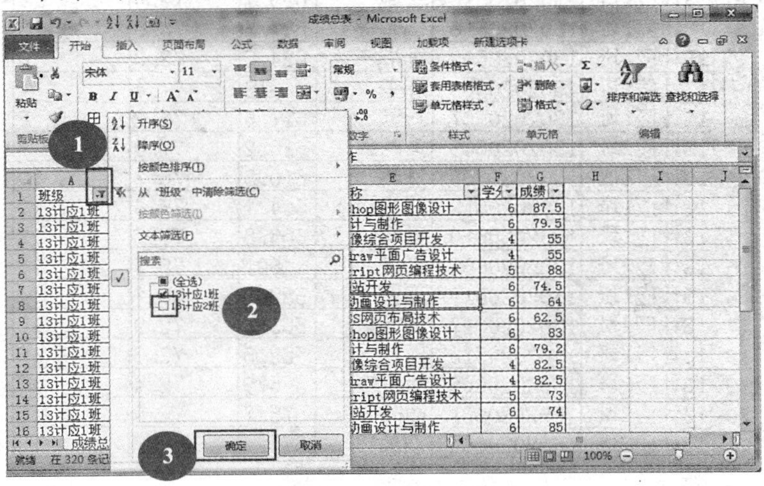

图4—74　筛选班级

此时在"班级"列右侧的符号变成 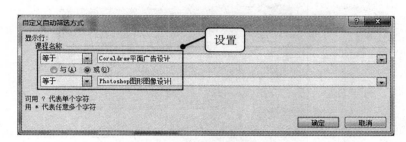 ，表示此列有筛选条件。

（2）自定义筛选。

筛选出"Photoshop图形图像设计"和"Coreldraw平面广告设计"两门课程的成绩。

单击"课程名称"列的筛选按钮 ▼，在菜单中选择"文本筛选"，打开"自定义自动筛选方式"对话框，设置如图4—75所示，单击"确定"按钮确认，即可隐藏除这两门课程外的记录。

图4—75　"自定义自动筛选方式"对话框

（3）应用高级筛选制作"不及格名单"表。

应用高级筛选，筛选出"图形图像综合项目开发"、"Javascript网页编程技术"、"LAMP网站开发"这三门课程的不及格学生名单。

①重命名工作表。在本工作簿中复制"成绩总表"工作表的副本，重命名为"不及格名单"，以下操作在"不及格名单"工作表中完成。

②清除筛选条件。单击"排序和筛选"按钮，在菜单中选择"清除"，如图4—76所示，即可对本工作表中所设置的所有筛选条件。

③退出筛选状态。单击"排序和筛选"按钮，在菜单中选择"筛选"。

④输入筛选条件。在数据清单下方建立筛选条件区，输入如图4—77所示的条件。

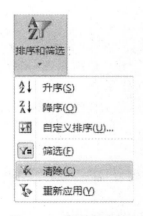

课程名称	成绩
图形图像综合项目开发	<60
Javascript网页编程技术	<60
LAMP网站开发	<60

图4—76　清除筛选条件　　　　　　　　　**图4—77　筛选条件**

其中在同一行中的条件是"与"的关系，即要同时满足；在同一列中的条件是"或"的关系，满足其中一个即可。

⑤设置高级筛选条件。单击数据清单中的任一单元格，然后切换到"数据"选项卡，在"排序和筛选"组中单击"高级"，在如图 4—78 所示的"高级筛选"对话框中，设置"在原有区域显示筛选结果"，列表区域指向数据清单，选择条件区域，单击"确定"按钮确认。

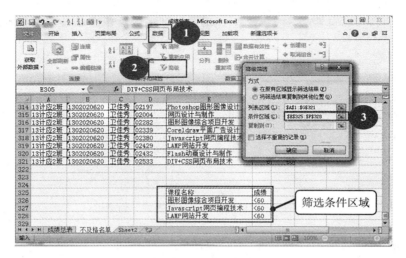

图 4—78　高级筛选

⑥保存工作簿。按下"Ctrl＋S"键，保存工作簿。

任务 3　按专业统计分析各班级成绩分布

任务要求：分类汇总是 Excel 提供的数据统计的重要功能，可以按照某个列进行分组汇总。本任务将会对学生的成绩进行分类分析与比较。

操作步骤如下：

（1）打开素材。

从源数据表中制作一个成绩总表的副本到"成绩总表．xlsx"工作簿中。

①备份文件。打开素材"成绩总表（源数据）．xlsx"和"成绩总表．xlsx"，把"成绩总表"工作表建立一个备份保存到"成绩总表．xlsx"工作簿中。

②重命名文件。此时新增的工作表在"成绩总表．xlsx"工作簿中的标签名为"成绩总表（2）"，重命名为"各课程成绩分类汇总"。

（2）汇总各门课程分类并求平均值。

①列排序。在"各课程成绩分类汇总"工作表中对"课程名称"列排序。单击"课程名称"列的任一单元格，单击工具栏中的排序按钮。

②分类汇总。单击数据清单中任意单元格，单击"数据"选项卡中的"分类汇总"按钮，在打开如图 4—79 所示的"分类汇总"对话框中设置"分类字段"为"课程名称"、汇总方式为"平均值"、选定汇总项为"成绩"，单击"确定"按钮确认。

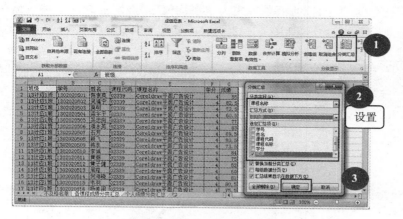

图4—79 对课程分类汇总

③按级别分类汇总。进行分类汇总操作后，工作表左侧有3个显示不同级别分类汇总的按钮，单击 2 按钮后，数据清单显示效果，如图4—80所示。

（3）汇总个人成绩分类并求总和和平均值。

①重命名工作簿。在同一个工作簿中建立"各课程成绩分类汇总"的副本，重命名为"个人成绩分类汇总"。

②删除已有分类汇总。再次单击"分类汇总"按钮，在如图4—79所示的"分类汇总"对话框中单击"全部删除"，即可删除已有汇总。

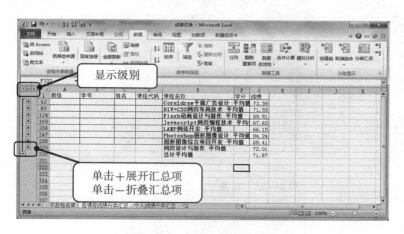

图4—80 查看2级汇总信息

③列排序。在"个人成绩分类汇总"工作表中对"姓名"列排序。单击"姓名"列的任一单元格，单击工具栏中的排序按钮即可。

④分类汇总。单击数据清单中任意单元格，单击"数据"选项卡中的"分类汇总"按钮，在打开的"分类汇总"对话框中设置"分类字段"为"姓名"、汇总方式为"求和"、选定汇总项为"成绩"，如图4—81所示，单击"确定"按钮确认。

⑤再次单击"数据"选项卡中的"分类汇总"按钮，在打开的"分类汇总"对话框中

设置"分类字段"为"姓名"、汇总方式为"平均值"、选定汇总项为"成绩",取消"替换当前分类汇总"项的勾号,如图4—82所示,单击"确定"按钮确认。

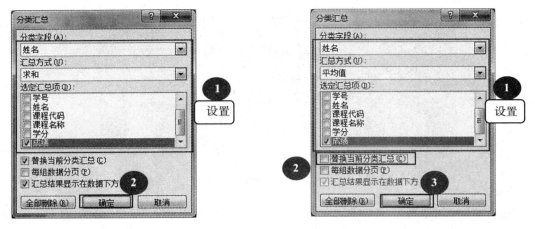

图4—81 对成绩求和 　　　　　　　　　图4—82 对成绩求平均值

⑥保存工作簿。按下"Ctrl+S"键,保存工作簿。

完成后,单击 3 按钮,显示的3级汇总信息如图4—83所示,同时显示学生个人的平均分和总分。

图4—83 查看个人成绩的3级汇总

任务4 制作图表分析成绩

任务要求:Excel提供的图形可以将数据进行图形化,以清晰生动的方式展示数据间差异。本任务要对专业排名前列的学生成绩创建图表。

操作步骤如下:

(1)创建柱形图。

打开素材。打开任务1中完成的"专业排名表.xlsx",针对排名在前5名学生的总分创建柱形图。

①选择数据区。选择图表的数据区。选择 C1：D7 单元格区域。

②插入柱形图。切换到"插入"选项卡，单击"图表"组中的"柱形图"，在展开的列表中选择"簇状柱形图"，如图 4—84 所示。

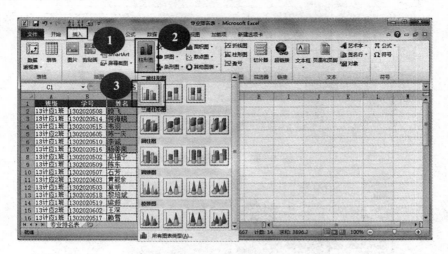

图 4—84　插入柱形图

完成后，在同一工作表中插入的图表效果，如图 4—85 所示。

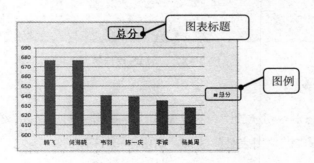

图 4—85　总分图表

③修改图表标题。单击图表标题修改为"专业前 5 名成绩图表"。

④添加前 5 名的平均分作为图表的数据。单击图表时，工具栏中会显示"图表工具"，切换到"图表工具"的"设计"选项卡中，单击"数据"组中的"选择数据"按钮，此时会弹出"选择数据源"对话框，如图 4—86 所示。

对数据的重新选择可以直接在数据清单中完成，选择区域 C1：E7，选择后在对话框中的"图表数据区域"会自动变化，显示对所选区域的绝对引用"＝专业排名表！$C$1：$E$7"单击"确定"按钮确认。

（2）向图表中添加数据标签。

在图表选定状态下，切换到"布局"选项卡，单击"标签"组中的"数据标签"按钮，在列表中选择"数据标签外"，如图4—87所示。

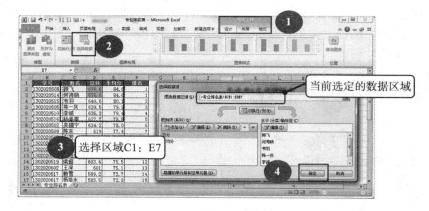

图4—86　选择图表数据源

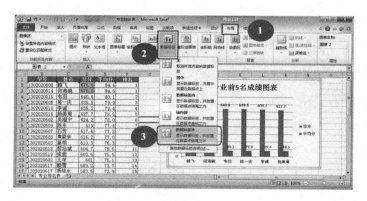

图4—87　添加数据标签

（3）设置图表样式。

在图表选定状态下，切换到"设计"选项卡，单击"图表样式"组中的其他按钮▾，在列表中选择"样式29"，图表最终效果，如图4—88所示。

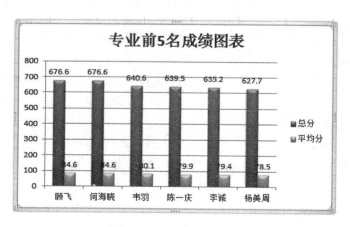

图4—88　图表最终效果

1. 在"销售情况总表.xlsx"工作簿中进行筛选

（1）打开"销售情况总表.xlsx"工作簿，创建"销售情况总表"工作表的副本，重命名为"销售情况筛选"。

（2）在"销售情况筛选"工作表中应用自动筛选，筛选出"美的"品牌的灶具销售情况。

（3）在"销售情况总表"工作表中进行高级筛选，筛选结果显示在新工作表"美的灶具销售表"，筛选出"美的"品牌的灶具在"华东"和"华南"两个区的销售情况。

2. 在"销售情况总表.xlsx"工作簿中进行分类汇总

（1）创建"销售情况总表"工作表的副本，重命名为"销售情况汇总"。

（2）按照"型号"字段对"数量"进行"求和"的分类汇总。

3. 在"销售情况总表.xlsx"工作簿中创建图表

在"抽油烟机销售表"工作表中创建一个三维饼图，效果如图4—89所示。

图4—89　三维饼图

基础知识

1. 工作簿和工作表

在 Excel 2010 中，信息以工作簿为单位保存，一个工作簿对应一个扩展名为 .xlsx 的文件，默认的工作簿名为工作簿1、工作簿2…。一个工作簿中默认有3张工作表，最多可以有 255 张工作表。

工作表可以根据需要添加或删除，还可以对其进行重命名，每张工作表有 1 048 576 行×16 384 列组成，可以利用"Ctrl＋→"、"Ctrl＋←"、"Ctrl＋↑"、"Ctrl＋↓"在工作表的四个边之间切换。

2. 单元格、当前活动单元格和单元格区域

某行和某列交叉的位置就是单元格，单元格以列标加行号来命名，如最左上角的单元格名为 A1，使用单元格名字可以实现对单元格中数据的引用。

当前活动单元格是指当前光标指向的单元格，用粗线框标注，输入的信息将保存在当前活动单元格中。任一时刻，一个工作表只能有一个活动单元格。

单元格区域是一系列单元格的集合，在公式计算中常会对单元格区域进行引用。单元格区域常用逗号和冒号来表示单元格的范围。如"A1，B1，C1，D1"表示 A1、B1、C1 和 D1 这四个单元格；而"A1：D2"则表示由 A1 为左上角、D2 为右下角的一个矩形区域内的 8 个单元格。

3. 选择单元格和单元格区域、行、列

选择单元格和单元格区域、行、列的方法如表 4—1 所示。

表 4—1　　　　　　　　　　选择单元格和单元格区域行、列的方法

选择范围	选择目标	操作实例	效果图
选择单元格	A1	直接单击选择 A1 单元格	
选择连续的多个单元格	A1：D5	单击左上角的单元格 A1，按住鼠标左键向右下方拖放至 D5 单元格时松开左键	
选择很大的连续区域不方便拖放时	A1：D300	单击左上角的单元格 A1 后，借助鼠标滑轮或滚动条，找到右下角的 D300 单元格，按下 Shift 键，再单击 D300 单元格	
选择连续多行	第 2、3 行	单击行号选择第 2 行，按住 Shift 键，再单击第 3 行的行号	
选择不连续多行	第 2、3、5 行	单击行号选择第 2 行，按住 Ctrl 键依次单击第 3、5 行的行号	
选择单行	第 2 行	单击要第 2 行的行号	

续前表

选择范围	选择目标	操作实例	效果图
选择单列	B列	单击 B 列的列标	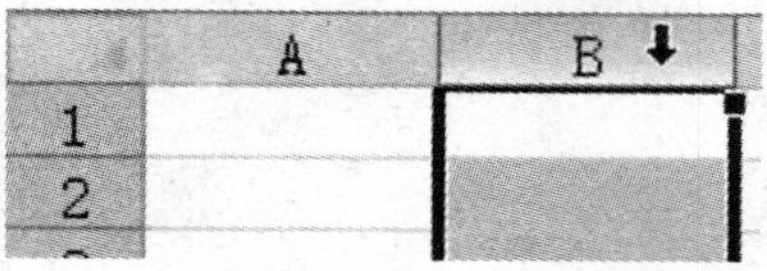
选择不连续多列	A、C、D 列	单击列标选择 A 列，按住 Ctrl 键依次单击 C、D 列的列标	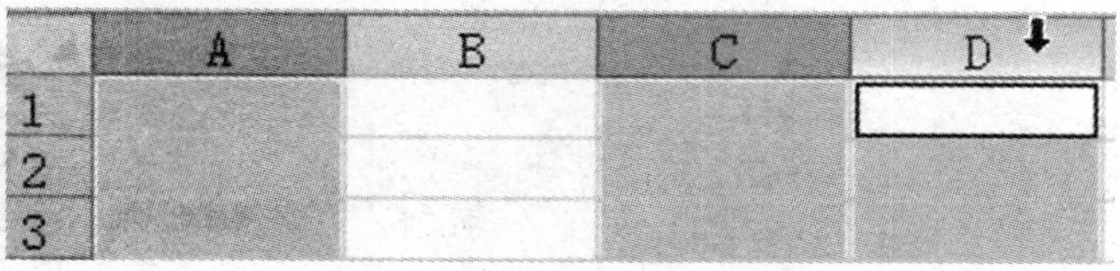
选择整个工作表		单击名称框下方的第 1 行和 A 列上交叉处的"全选按钮"即可	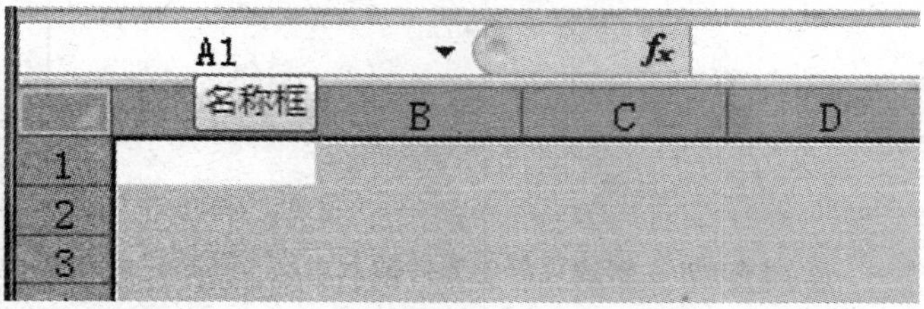

4. 单元格、行和列的插入、删除、合并

（1）插入单元格、行或列。

要插入单元格、行或列，可以在单元格中单击右键，在弹出的菜单中选择"插入"，如图 4—90 所示，在打开如图 4—91 所示的"插入"对话框中选择插入的方式，如选择"活动单元格右移"或"活动单元格下移"可以插入一个单元格；选择"整行"可以插入一行；选择"整列"可以插入一列。

（2）删除单元格、行或列。

要删除单元格、行或列，可以在单元格中单击右键，在弹出的菜单中选择"删除"，如图 4—92 所示，在打开的"删除"对话框中选择删除的方式。选择"右侧单元格左移"或"下方单元格上移"可以删除一个单元格；选择"整行"可以删除一行；选择"整列"可以删除一列。

（3）插入行或列。

插入行或列也可以在右键单击行号或列标后，在出现的如图 4—93 所示的快捷菜单中选择"插入"，插入行会在选定行的上方插入新行，后续行向下移动；插入列在选定列的左侧插入新列，后续列向右移动。当选择多行或多列进行插入操作时，插入的行列数与选择的行列数一致。

图4—90 快捷菜单中选择插入

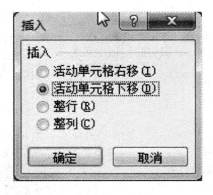

图4—91 插入对话框

图4—92 删除对话框

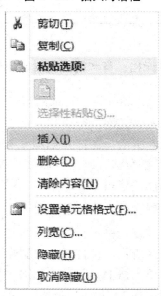

图4—93 插入行或列

（4）删除行或列。

删除行或列也可以在右键单击行号或列标后，在出现图4—93的快捷菜单中选择"删除"，删除行后后续行向上移动；删除列后，后续列向左移动。当选择多行或多列进行删除操作时，会一次性把所选行或列删除。

（5）合并单元格。

选择要合并的单元格区域后，单击"开始"选项卡的"对齐方式"组的"合并后居中"按钮 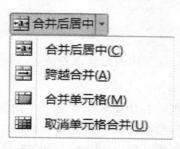 合并后居中 即可合并后居中。

要选择不同合并的方式，可以单击"合并后居中"按钮右侧的三角形展开菜单，如图4—94所示。不同的合并方式，表格的效果不同，如表4—2所示。

图4—94　"合并后居中"按钮

表4—2　　　　　　　　　　　　　不同合并方式的不同效果

合并方式	效果
合并后居中	所选单元格区域合并为一个单元格，只保留最左上角的数据，并居中显示
跨越合并	针对选择区域的各行进行合并，不合并列
合并单元格	所选单元格区域合并为一个单元格，只保留最左上角的数据，并左对齐显示
取消单元格合并	把合并后单元格还原成未合并的状态

图4—95和图4—96呈现了对两行三列的单元格区域应用三种合并方式的前后效果。

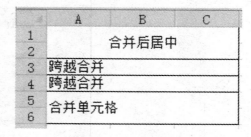

图4—95　合并前效果　　　　　　　　　　　　图4—96　合并后效果

5. 行高和列宽的调整；隐藏或显示行和列

Excel 2010在输入数据时会根据所输入数值型数据的长短自动调整列宽，根据所设置的字号自动调整行高。如要设置可以使用鼠标拖放或精确设置。

（1）调整行高。

将鼠标指针指向要改变行高的行与下一行之间的分隔线上，此时鼠标指针变成十形状的双向箭头，按住鼠标左键上下拖放至适合位置松开鼠标左键，可以粗略地设置行高。

（2）调整列宽。

将鼠标指针指向要改变列宽的列与后一列之间的分隔线上，此时鼠标指针变成  形状的双向箭头，按住鼠标左键左右拖放至适合位置松开鼠标左键，可以粗略地设置列宽。

（3）精确调整行高与列宽。

可以右键单击行号或列标，在弹出的行高或列高对话框中输入数值，单击确定。

（4）隐藏列。

在要隐藏的列标上单击右键，在快捷菜单中选择"隐藏"，如图4—97所示，即可隐藏选定列。隐藏列后，列的序号会有跳跃，如图4—98所示，隐藏C列后，列标为A、B、D。鼠标指向B和D列标之间，指针变成 时，向右拖放可以显示隐藏的列。

（5）显示列。

在任一列标上单击右键，在如图4—97所示的快捷菜单中选择"取消隐藏"即可显示隐藏的列。

图4—97　隐藏列

（6）隐藏行。

在要隐藏的行号上单击右键，在快捷菜单中选择"隐藏"，即可隐藏选定的行。

（7）显示行。

在任一行号上单击右键，在快捷菜单中选择"取消隐藏"即可显示隐藏的行。

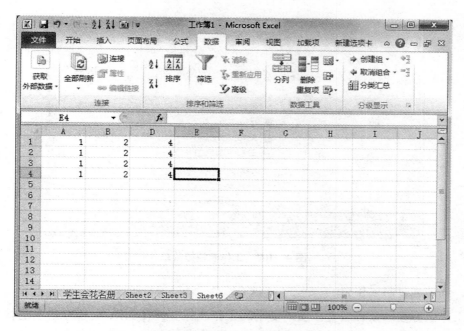

图 4—98　隐藏 C 列

6. 工作表的插入、删除、复制和重命名

（1）插入工作表。

在工作表标签区域末尾单击"插入工作表"按钮，可以快速插入新工作表，如图 4—99 所示。

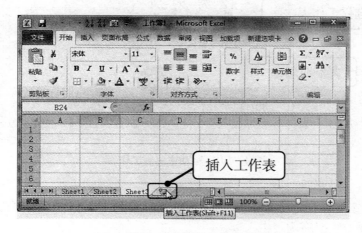

图 4—99　插入工作表

（2）删除工作表。

在工作表标签区域右击要删除的工作表标签，在如图 4—100 所示的快捷菜单中选择"删除"，即可删除工作表。

图 4—100　工作表快捷菜单

（3）移动或复制工作表。

在工作表标签区域右击要移动或复制的工作表标签，在如图 4—100 所示的快捷菜单中选择"移动或复制"，即可打开如图 4—101 所示的"移动或复制工作表"对话框，选择目标工作簿：可以是已经打开的另一个工作簿或是新工作簿，默认为当前工作簿，选定工作表定位的顺序。复制工作表时，勾选"建立副本"，单击"确定"按钮。

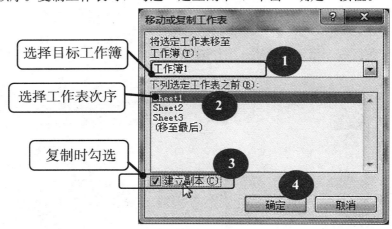

图 4—101　移动或复制工作表

（4）重命名。

在工作表标签区域双击要重命名的工作表标签，即可进入标签名的修改状态，输入新标签名，按"Enter"键确认。

7. 在工作表中输入数据

（1）输入特殊数据。

在工作表中输入一些数字形式的文本时，如编号、身份证号、电话号码、邮政编码等，Excel 会把这些数据处理成数值型数据，长度较长时自动以科学计数法表示。为了避

198

免出现这样的情况，可以在这些数据前加上英文单引号"'"，此操作将数字作为文本处理，此时单元格左上侧显示一个绿色三角形。

将此单元格的格式设置为"文本"可以达到相同的目标，如图4—102所示。

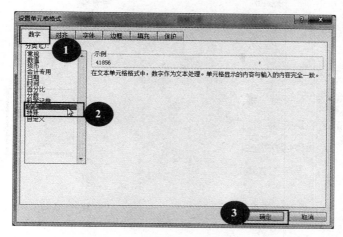

图4—102　设置单元格格式为"文本"

在单元格中直接输入分数2/3时，会自动转为日期型数据"2月3日"；输入"0＋空格＋分数"时才是分数。如图4—103所示，展示了两种特殊数据的输入，其中A列是直接输入时的效果，B列是按照特殊字符输入方法的效果。

	A	B
1	1.591E+10	15907812244
2	2月3日	2/3

图4—103　输入特殊数据

（2）使用填充柄快速填充数据。

拖放填充柄填充数据：鼠标指针指向某个单元格右下角，当指针变成十形状时，按住鼠标左键并沿水平或垂直方向拖动指针到目标位置后，释放鼠标。可以根据需要向上、向下、向左、向右四个方向拖放填充柄实现填充数据。

使用填充柄复制数据：拖放填充柄后，单击"填充选项"按钮，选择"复制单元格"，如图4—104所示。

在图4—104中选择"填充序列"时，会以等差序列的方式填充，效果如图4—105所示。

使用填充柄填充序列：Excel原有的系统定义序列，如图4—106所示，展示了常用的系统定义序列，只需输入其中的某个序列项目，再拖放填充柄，即可填充此序列。

填充指定差值的等差序列：先输入前两个单元格数据，如图4—107所示，A1和A2单元格差值为2，当向下填充序列时以2为步长填充序列。

（3）输入日期值。

在Excel中日期值是以纯数字保存的，显示时按用户设置的格式显示。因此有时日期

199

值会变成数值，如 41856，设置格式为日期型，则能显示为"2014/8/5"。

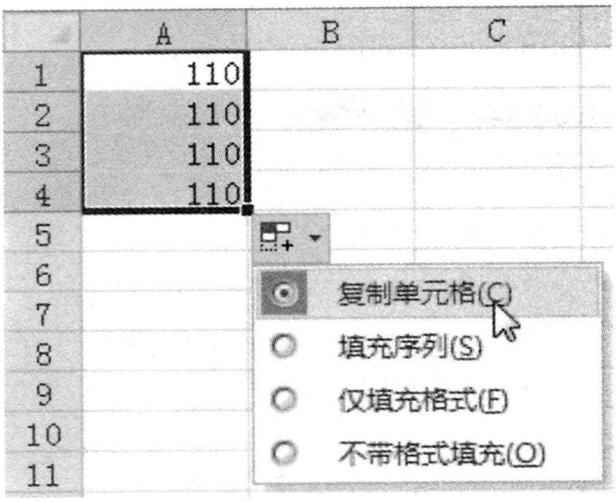

图 4—104　填充柄复制单元格

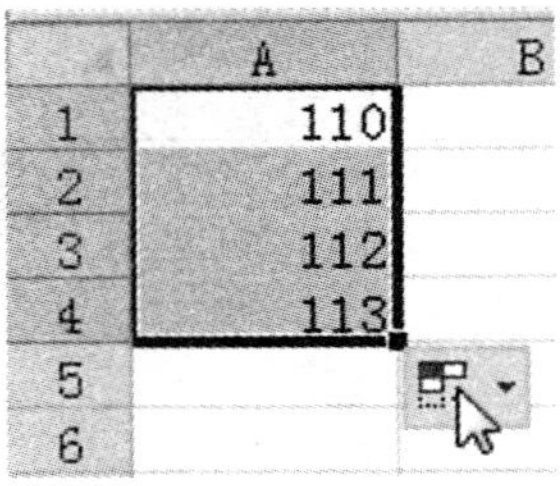

图 4—105　填充序列

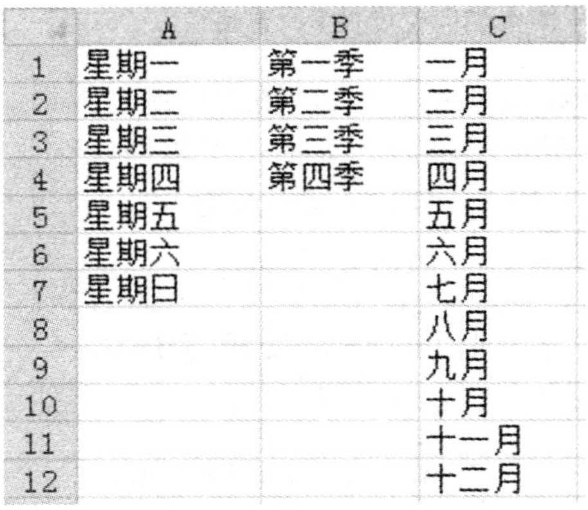

图 4—106　系统定义序列

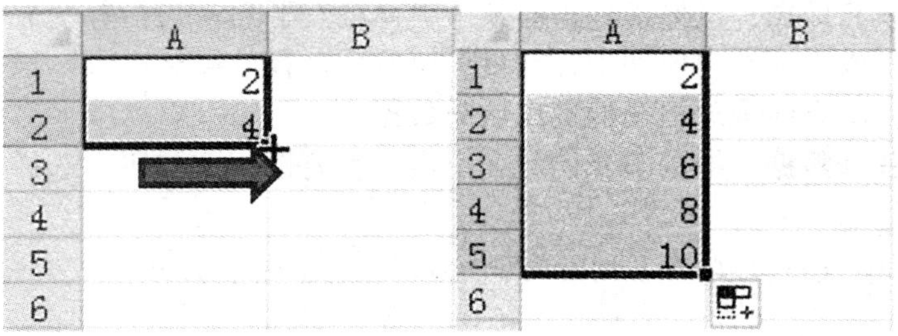

图 4—107　填充指定差值的等差序列

　　输入日期时可以使用"—"或"/"分隔年月日，如"2014-04-03"或"2014/4/3"或"14-4-3"、"4-3"，可以自动补全年份并转换成当前日期格式，如"2014 年 4 月 3 日"。可在如图 4—108 所示的对话框中设置日期显示的类型。

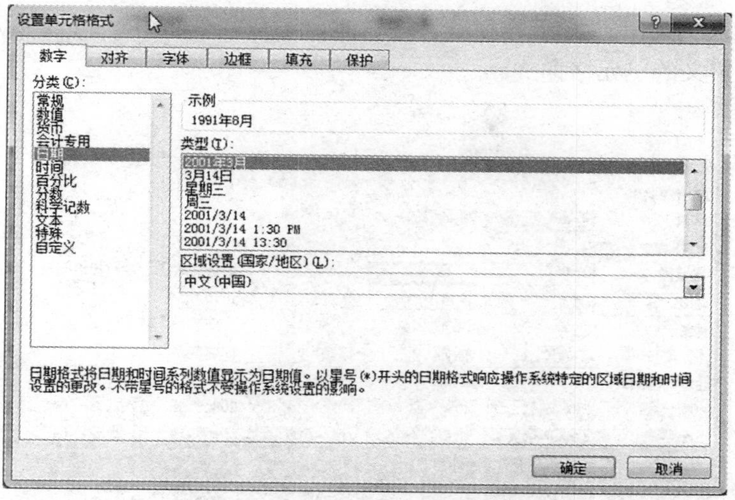

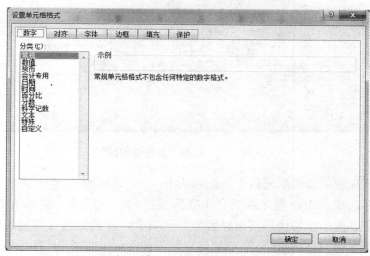

图 4—108　设置日期显示类型

快捷键"Ctrl+;"可以快速输入系统当前时间。

8. 单元格格式

Excel 中单元格格式可以使用"开始"选项卡的"字体"、"对齐方式"、"数字"等工具组中的按钮设置，如图 4—109 所示；也可以在工具组右下角的对话框启动器，打开"设置单元格格式"对话框设置，如图 4—110 所示。

图 4—109　设置单元格格式的工具组

图 4—110　"设置单元格格式"对话框

在图 4—109 中单击"单元格样式"按钮时，展开一个如图 4—111 所示的列表，向用户提供系统预定义的单元格样式。

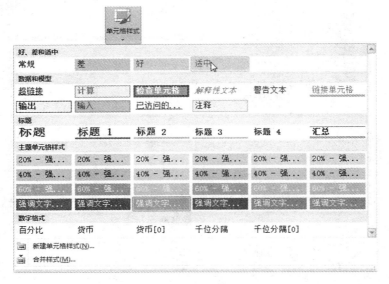

图 4—111 "单元格样式"列表

9. 数据有效性

设置选定单元格区域的数据有效性范围。数据的有效性条件可以是数据类型（整数或小数）、序列、日期或时间有范围限制、文本长度等，默认时可以是任何值。

选择单元格区域后，单击"数据"选项卡，切换到数据工具栏，在"数据工具"组中单击"数据有效性"按钮，如图 4—112 所示。在打开的"数据有效性"对话框中设置允许条件及出错警告等信息。

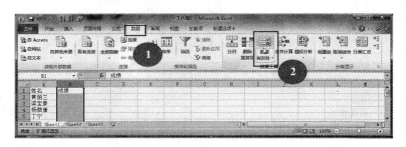

图 4—112 设置"数据有效性"

例如，设置保存成绩的单元格中只能输入 0～100 之间的小数。在"数据有效性"对话框的"设置"选项卡中设置允许为"小数"，数据为"介于"，最小值为 0，最大值为 100，如图 4—113 所示。切换到"出错警告"选项卡，设置标题为"输入错误"，错误信息为"有效成绩范围为 0～100"，单击"确定"按钮确认，如图 4—114 所示。

当输入超出范围的数据时，会出现警告对话框，如图 4—115 所示。

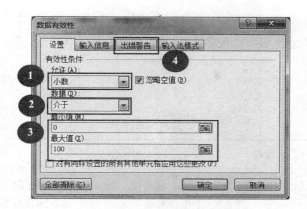

图 4—113　设置数据有效性条件

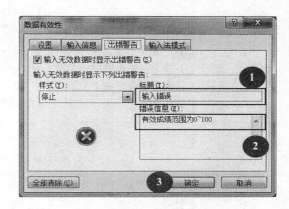

图 4—114　设置出错警告

图 4—115　出错警告对话框

10. 数据清单

在 Excel 中具有字段名的二维数据表被看做一个数据清单，利用数据清单功能可以对数据进行排序、筛选、高级筛选、分类汇总、创建图表等高级数据处理与分析。

建立数据清单有如下原则：

①避免在一个工作表上建立多个数据清单。

②在工作表的数据清单与其他数据间至少留出一个空白列和一个空白行。

③避免在数据清单中放置空白行和列。

④在数据清单的第一行里创建列标志，即添加字段名。

⑤在设计数据清单时，应使同一列中的各行有近似的数据项。

⑥在单元格的开始处不要插入多余的空格，即数据清单从 A1 单元格开始。

11. 常用运算符

常用运算符如表 4—3 所示。

表 4—3　　　　　　　　　　　　　　　　常用运算符

运算符类型	运算符	含义	示例
算术运费算符	＋、－、＊、/、%、＾	加、减、乘、除、百分比、乘幂	47＋24、47－24、47＊24、47/24、47%、47∧24
比较运算符	＞、＞＝、＜、＜＝、＝、＜＞	大于、大于或等于、小于、小于或等于、等于、不等于，结果返回一个逻辑值：TRUE 或 FALSE	47＞24，返回 TRUE。47＞＝24，返回 TRUE。47＜24，返回 FALSE。47＜＝24，返回 FALSE。47＝24，返回 FALSE。47＜＞24，返回 TRUE。
引用运算符	: , （空格）	区域引用联合引用交叉引用	B1：D5 表示 B1 到 D5 的连续区域 B5，B15 表示 B5 和 B15 两个单元格 A2：E5　B1：D9，结果是对 A2：E5 和 B1：D9 交叉的区域（B2：D5）引用
文本运算符	&	一个或多个文本连接成为一个组合文本	"Micro" & "soft" 结果为 "Microsoft"

如果公式中同时用到了多个运算符，Excel 将按它们的优先级从高到低的顺序进行运算。如果公式中包含了相同优先级的运算符，例如，公式中同时包含了乘法和除法运算符，Excel 将从左到右进行计算。如果要修改计算的顺序，应把公式需要首先计算的部分括在圆括号内。

公式中运算符的优先级顺序从高到低依次为：（冒号）、（逗号）、（空格）、负号（如－1）、%（百分比）、＾（乘幂）、＊和/（乘和除）、＋和－（加和减）、&（连接符）、比较运算符。

12. 输入公式

在 Excel 2010 中，输入公式总是以等于号"＝"开始的，输入时可以在保存结果的单元格中编辑，也可以在"编辑栏"中编辑。若公式中有对单元格的引用，公式编辑状态下工作表中对应单元格被不同颜色的方框框选，如图 4—116 所示。输入完整的公式后按

"Enter"键，在单元格中显示计算结果，在"编辑栏"显示公式，如图4—117所示。

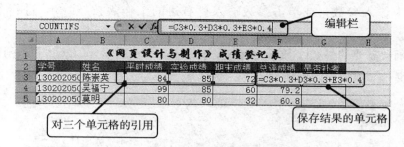

图4—116 公式编辑状态

图4—117 显示公示结果

快捷键"Ctrl＋～"可以查看公式，在显示计算结果和显示公式两种状态间切换，如图4—118所示，显示了两个列单元格中所使用的公式。

	A	B	C	D	E	F	G
1				《网页设计与制作》成绩登记表			
2	学号	姓名	平时成绩	实验成绩	期末成绩	总评成绩	是否补考
3	1302020501	陈崇英	84	85	72	=C3*0.3+D3*0.3+E3*0.4	=IF(F3<60,"补考","")
4	1302020502	吴福宁	99	85	60	=C4*0.3+D4*0.3+E4*0.4	=IF(F4<60,"补考","")
5	1302020503	莫明	80	80	32	=C5*0.3+D5*0.3+E5*0.4	=IF(F5<60,"补考","")

图4—118 显示公式

要注意的是单元格的格式为"文本"型时，输入公式后不显示公式的计算结果，只显示公式，需要把单元格设置为"常规"型的格式才能正常显示计算结果。

13. 插入函数

函数可以看做是Excel内置的计算公式，Excel提供了大量功能强大的函数，包括常用函数、财务函数、统计函数、日期函数、文本函数等，调用函数可以提高处理数据的效率。各种函数的使用方法基本是一致的，掌握一些常用函数的使用方法后，也就可以熟练地使用其他函数。

（1）函数的一般格式。

语法格式：＝函数名(参数1，参数2，…)

其中的参数可以是单元格引用，也可以是常数或其他函数。

（2）插入函数的方法。

①方法一：选定存放结果的单元格，单击编辑栏上的"插入函数"按钮 f_x，打开

的"插入函数"对话框,如图 4—119 所示,选择函数类别及函数,在打开的"函数参数"对话框中输入参数;或单击参数输入栏右边的工作表按钮,进行参数区域的选择。

不同的函数需要的参数个数不尽相同,如图 4—120 所示,COUNTIF 函数的"函数参数"对话框,完成后单击确定。

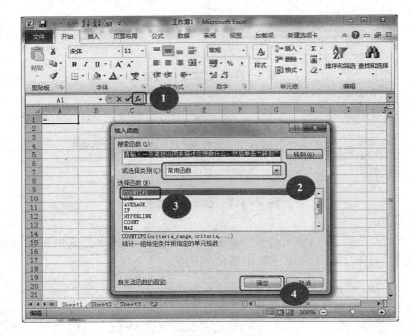

图 4—119　插入函数

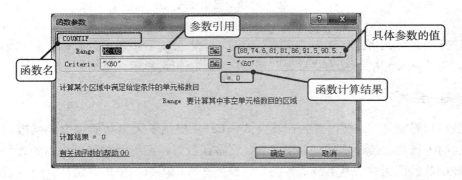

图 4—120　选择函数参数

②方法二:在存放结果的单元格中输入"=",单击编辑栏中函数名右边的下拉箭头,打开常用函数的列表,在列表中选择所需函数或单击"其他函数",如图 4—121 所示。此时也会弹出如图 4—119 所示的插入函数对话框,设置函数的参数与方法一相同。

③方法三:使用"自动求和"按钮 Σ 自动求和 。单击"自动求和"按钮右侧的小三角,在展开的列表中选择函数,常用的函数有求和、平均值、计数、最大值、最小值等,

单击"其他函数"可以选择其他函数。如图4—122所示。

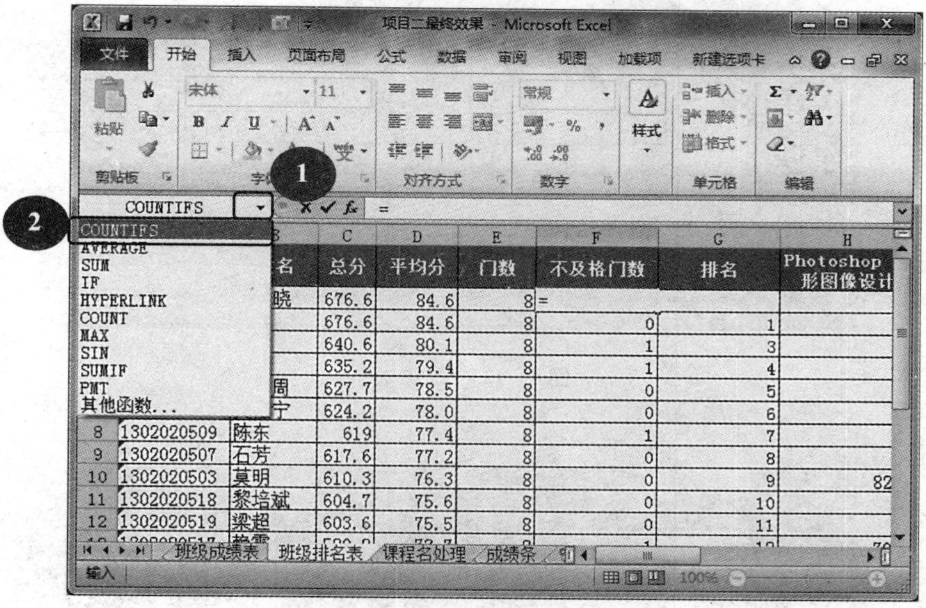

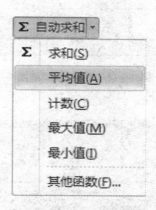

图 4—121　插入常用函数

图 4—122　自动求和按钮

使用"自动求和"按钮还可以实现二维求和（在两个方向中同时求和）。选定数据时，向右扩一列，向下扩一行，单击"自动求和"按钮。如图4—123所示，选择了A1：F10单元格区域，单击"自动求和"按钮后，进行了水平和垂直两个方向上的求和计算，结果如图4—124所示。

若不需要保存计算结果还可以状态栏中查看自动计算的结果。如图4—125所示，状态栏中显示了当前所选8个单元格的计算结果。

④方法四：插入函数还可以在"公式"选项卡的"函数库"组中单击相关按钮实现。如图4—126所示。

	A	B	C	D	E	F
1	姓名	课程1	课程2	课程3	课程4	总分
2	陈崇英	87.5	79.5	55	55	
3	吴福宁	83	79.2	82.5	82.5	
4	莫明	82.5	60.8	72.5	72.5	
5	梁宇平	91	66.1	60.5	60.5	
6	吴忠尚	84	77.8	77	77	
7	潘永英	81	77.2	83	83	
8	石芳	80	72.6	69.5	69.5	
9	顾飞	87	65.8	80.5	80.5	
10	单科总分					

图 4—123　二维求和

	A	B	C	D	E	F
1	姓名	课程1	课程2	课程3	课程4	总分
2	陈崇英	87.5	79.5	55	55	277.0
3	吴福宁	83	79.2	82.5	82.5	327.2
4	莫明	82.5	60.8	72.5	72.5	288.3
5	梁宇平	91	66.1	60.5	60.5	278.1
6	吴忠尚	84	77.8	77	77	315.8
7	潘永英	81	77.2	83	83	324.2
8	石芳	80	72.6	69.5	69.5	291.6
9	顾飞	87	65.8	80.5	80.5	313.8
10	单科总分	676	579	580.5	580.5	2416.0

图 4—124　二维求和的结果

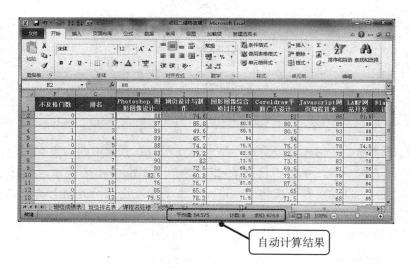

图 4—125　自动计算结果

图 4—126　"公式"选项卡

14. 常用函数功能

（1）求和函数 SUM。

功能是返回参数指定范围中所有数值之和。

语法格式：SUM（number1，number2，…）

number1，number2，…是求和的 1～255 个参数，可以是数值、单元格或单元格区域的引用。例如 SUM（A1：B4，D11，D15）。

（2）求平均值函数 AVERAGE。

功能是返回参数指定范围中数值的平均值（算术平均值）。

语法格式：AVERAGE（number1，number2，…）

number1，number2，…是计算平均值的 1～255 个参数，可以是数值、单元格或单元格区域的引用。例如 AVERAGE（A1：B4，D11，D15）。

（3）最大值函数 MAX、最小值函数 MIN。

这两个函数的功能是对参数指定的单元格区域中的数据比较，返回最大或最小的数值。如果参数指定范围不包含数字，则返回值"0"。

MAX 函数的语法格式：

MAX（number1，number2，…）

number1，number2，…是要从中找出最大值的 1～255 个参数。例如：＝MAX(C3：C22)。

MIN 函数的语法格式：

MIN（number1，number2，…）

number1，number2，…是要从中找出最小值的 1～255 个参数。例如：＝MIN(C3：C22)。

（4）统计个数函数 COUNT。

功能是返回参数指定的单元格或单元格区域的个数，空值排除在外。

语法格式：COUNT（value1，value2，…）

value1，value2，…为要计数的 1～255 个参数。例如：＝COUNT（H2：O2）。

（5）条件函数 IF。

功能是执行真假值判断，根据逻辑计算的真假值，返回不同结果。

语法格式：IF（logical＿test，value＿if＿true，value＿if＿false）

其中 logical＿test：是一个计算结果为 TRUE 或 FALSE 的任意值或表达式，即条件表达式；

value＿if＿true：代表的是条件表达式为 TRUE（真）时函数返回的值；

value＿if＿false：代表的是条件表达式为 FALSE（假）时函数返回的值，此参数为可选项，省略时，条件表达式为 FALSE 时函数返回的值为"FALSE"。

例如，＝IF（F12＜60，"补考"，"不补考"），判断单元格是否小于 60，为真时函数返回值为"补考"，为假时，函数返回"不补考"。

（6）条件统计个数函数 COUNTIF。

功能：统计区域中满足指定条件的单元格数目。

语法格式：COUNTIF（range，criteria）

其中 range 表示统计区域；

criteria 表示给定的条件，其形式可以为数字、表达式或文本。例如，条件可以表示为 32、"32"、"＞32"或"apples"。

例如，＝COUNTIF（H2：O2，"＜60"），统计在 H2：O2 区域中小于 60 的数值的个数。

（7）排序函数 RANK。

功能：返回某一个数据在一组数据中相对于其他数值的大小排名。它会让指定的数据与一组数据进行比较，返回比较的名次。

语法格式：RANK（number，Ref，Order）

其中 number 是要在区域中进行比较的指定数据；

Ref 是一组数据或对一个单元格区域的引用；

Order 是制定排名的方式，省略或为 0 时按降序排名，非零值时按升序排名。

例如，＝RANK（C2,$C$2：$C$21），在绝对引用的单元格区域 $C$2：$C$21 中比较得出 C2 的排名并返回。

6. 公式的错误信息

如果公式中引用的函数的参数个数、参数类型超过了规定的范围，或者公式中的单元引用不正确，都会导致 Excel 不能正确求解，这时它就会给出选定的出错信息。表 4—4 列出了常见的 Excel 公式错误信息。

表 4—4 　　　　　　　　　　　　　常见的错误及原因

错误值	错误原因
＃＃＃＃＃＃	单元格所含的数字、日期或时间比单元格宽或单元格的日期、时间公式产生了一个负值。可以增大列宽来矫正错误。
＃VALUE!	1. 在需要数字或逻辑值时输入了文本，Excel 不能将文本转换为正确的数据类型。 2. 输入或编辑数组时，按了 Enter 键。 3. 把单元格引用、公式、函数作为数组常量输入。 4. 把一个数值区域赋给了只需要单一参数的运算符或函数。
＃DIV/O!	1. 输入的公式中包含明显的除数为零（0），如＝5/0。 2. 公式中的除数使用了指向空单元格或包含零值单元格的单元格引用。
＃NAME?	1. 在公式中输入文本时没有使用双引号。Microsoft 将其解释为名称，但这些名字没有定义。 2. 函数名的拼写错误。 3. 删除了公式中使用的名称，或者在公式使用了定义的名称。 4. 引用单元格区域的名字拼写有错。

错误值	错误原因
♯N/A	1. 内部函数或自定义工作表函数中缺少一个或多个参数。2. 在数组公式中，所用参数的行数或列数包含数组公式的区域的行数或列数不一致。 3. 在没有排序的数据表中使用了 VLOOKUP、HLOOKUP 或 MATCH 工作表函数查找数值。
♯REF!	删除了公式中所引用的单元格或单元格区域。
♯NUM!	1. 由公式产生的数字太大或太小，Excel 不能表示。 2. 在需要数字参数的函数中使用了非数字参数
♯NULL!	在公式的两个区域中加入了空格从而求交叉区域，但实际上这两个区域无重叠区域。

15. 单元格引用

在公式中，对单元格中内容的引用共分三类：相对引用、绝对引用和混合引用。单元格的引用把单元格的数据和公式联系起来。

相对引用：单元格引用会随公式所在的单元格的位置变更而改变。例如，A1。

绝对引用：引用特定位置的单元格。在行号和列标的前面加上 $ 符号，例如，$F$6。

混合引用：固定某个行引用而改变列引用或固定某个列引用而改变行引用。例如，A$2、$B2。如果公式改变位置，引用中的绝对部分（指 $ 符号后面的部分）不会改变，而相对部分发生变化。

技巧：在输入公式时，如果输入完单元格地址后，按"F4"键可以循环改变单元格的引用方式。

表 4—5 给出了三种类型的引用分别在 D1 单元格的函数中应用后，向下填充到 D2 单元格，向右填充到 E1 单元格时引用的变化。

表 4—5　　　　　　　　　常见的单元格引用方式

引用方式	函数实例	向下及向右填充函数效果
相对引用	=SUM(A1:C1)	<table><tr><td></td><td>A</td><td>B</td><td>C</td><td>D</td><td>E</td></tr><tr><td>1</td><td>1</td><td>2</td><td>3</td><td>=SUM(A1:C1)</td><td>=SUM(B1:D1)</td></tr><tr><td>2</td><td>4</td><td>5</td><td>6</td><td>=SUM(A2:C2)</td><td></td></tr></table>
绝对引用	=SUM($A$1:$C$1)	<table><tr><td></td><td>A</td><td>B</td><td>C</td><td>D</td><td>E</td></tr><tr><td>1</td><td>1</td><td>2</td><td>3</td><td>=SUM($A$1:$C$1)</td><td>=SUM($A$1:$C$1)</td></tr><tr><td>2</td><td>4</td><td>5</td><td>6</td><td>=SUM($A$1:$C$1)</td><td></td></tr></table>
行相对列绝对	=SUM(A$1:C$1)	<table><tr><td></td><td>A</td><td>B</td><td>C</td><td>D</td><td>E</td></tr><tr><td>1</td><td>1</td><td>2</td><td>3</td><td>=SUM(A$1:C$1)</td><td>=SUM(B$1:D$1)</td></tr><tr><td>2</td><td>4</td><td>5</td><td>6</td><td>=SUM(A$1:C$1)</td><td></td></tr></table>
行绝对列相对	=SUM($A1:$C1)	<table><tr><td></td><td>A</td><td>B</td><td>C</td><td>D</td><td>E</td></tr><tr><td>1</td><td>1</td><td>2</td><td>3</td><td>=SUM($A1:$C1)</td><td>=SUM($A1:$C1)</td></tr><tr><td>2</td><td>4</td><td>5</td><td>6</td><td>=SUM($A2:$C2)</td><td></td></tr></table>

16. 条件格式

条件格式能够根据条件更改单元格区域的外观。如果条件为真，则根据该条件设置单元格区域的格式；如果条件为假，则不设置单元格区域的格式。

（1）使用"突出显示单元格规则"。

若要突出显示的单元格中满足条件为大于、小于或等于某个值时，可以使用"突出显示单元格规则"。

例如，要设置某列的数据"大于60"的突出格式。先选择数据区域，然后在"开始"选项卡的"样式"组中单击"条件格式"按钮，在如图4—127所示的列表中选择"突出显示单元格规则"→"大于"。

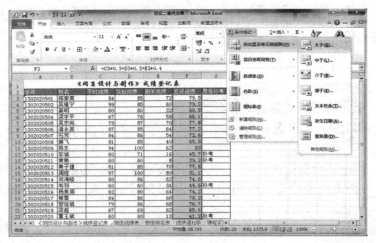

图4—127 使用"突出显示单元格规则"

在弹出的"大于"对话框中输入60，单击"设置为"列表，选择要设定的格式后，单击"确定"按钮确认，如图4—128所示。

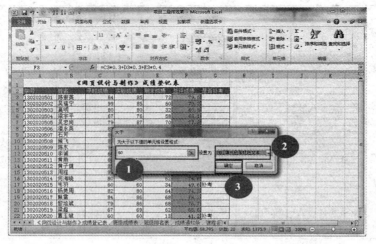

图4—128 设置"大于"对话框

212

在"突出显示单元格规则"下级列表中有"大于"、"小于"、"介于"、"等于"、"文本包含"、"发生日期"等命令，可以根据需要选择。单击"其他规则"命令可以新建规则格式。

（2）使用"项目选取规则"。

用户可以使用项目选取规则功能在工作表中设置最大或最小值的格式，利用条件格式的突出显示最大值或最小值。

例如，显示总评成绩的前5名，即设置显示值最大的5项。选择数据区域，单击"条件格式"按钮后，选择"项目选取规则"→"值最大的10项"，如图4—129所示。

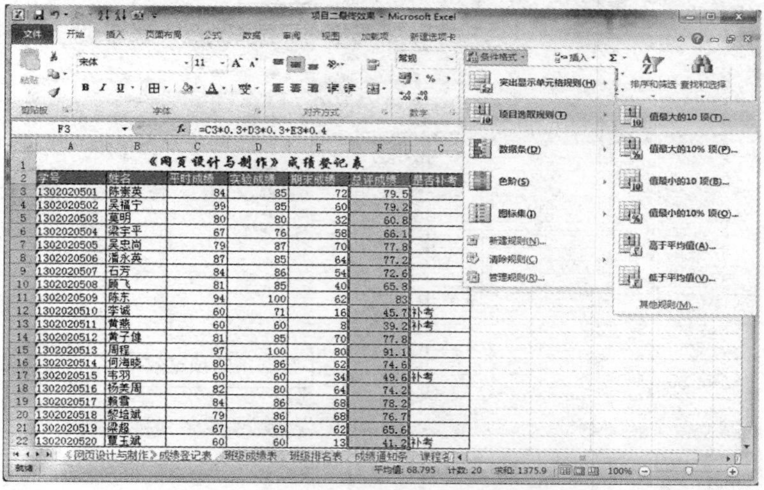

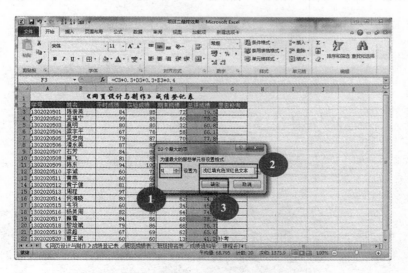

图4—129 使用"项目选区规则"

在"10个最大的项"对话框中设置个数为"5"，在"设置为"中选择格式，单击"确定"按钮确认，如图4—130所示。

图4—130 设置"10个最大的项"对话框

（3）使用"数据条"功能。

使用"数据条"功能会以数据条的形式显示单元格中的数据，以便于与其他单元格中的数值比较。数据条的长度代表单元格的值，数据条越长，表示值越高；数据条越短，表示的值就越低，适用于在大量数据中分析较高值和较低值。

方法如下：选择数据区域后，单击"条件格式"按钮，在下级列表中选择"数据条"，在再下一级列表中选择要设置的数据条格式，如图 4—131 所示。

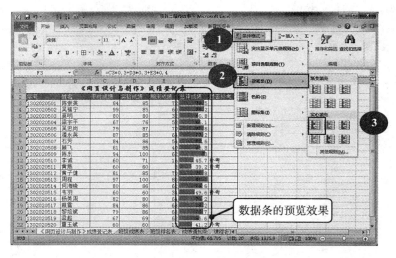

图 4—131　使用"数据条"

（4）清除管理规则。

在不需要使用条件格式时，可以清除相应条件格式的规则。方法如下：选择单元格区域，单击"条件格式"按钮，选择"清除规则"→"清除所选单元格的规则"，如图 4—132 所示。

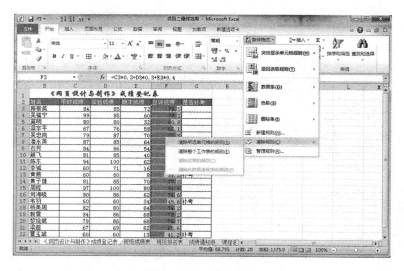

图 4—132　清除规则

17. 排序

数据的排序是根据数据清单中的相关列名，将数据清单中的记录按升序或降序的方式进行排列。升序顺序依次为数字、文字、逻辑值、错误值、空白；对于数值，升序是按数值从小到大的顺序排列；而在文字排序中，则按照英文、中文的顺序排列。在中文排序中，以文字拼音的英文字母从 A 到 Z 的顺序排列。

（1）单个关键字排序。

方法：单击工作表中要作为排序基准列的某个单元格，然后单击"快速访问工具栏"上的"升序"按钮 $\overset{A}{Z}\downarrow$ 或"降序"按钮 $\overset{Z}{A}\downarrow$，即可将工作表中的数据按照选定列中的数据升序排列或降序排列。

若"快速访问工具栏"上没有"升序"和"降序"按钮，可以单击"快速访问工具栏"右侧的三角，再展开的列表中勾选"升序排序"和"降序排序"，如图 4—133 所示。

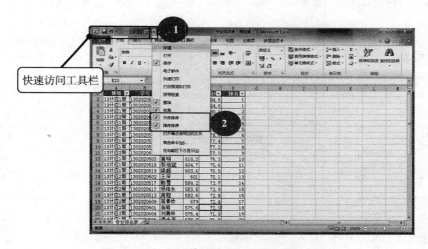

图 4—133　向"快速访问工具栏"添加按钮

（2）多关键字排序。

方法：在数据清单中单击任意单元格，然后在"开始"选项卡的"编辑"组中单击"排序和筛选"按钮，展开如图 4—134 所示的菜单，选择"自定义排序"。在如图 4—135 所示的"排序"对话框中设置排序关键字和排序依据、次序等，"添加条件"按钮可以添加更多的排序关键字，"删除条件"按钮可以删除选定的排序关键字。

18. 筛选

Excel 的数据筛选功能可以使工作表中只显示符合条件的数据记录，隐藏不符合条件的数据，以方便查看数据。

（1）自动筛选。

方法：单击数据清单中任意单元格，在"开始"选项卡的"编辑"组中单击"排序和

215

筛选"按钮，展开如图 4—134 所示的菜单，选择"筛选"，即可对工作表启用筛选状态。此时单击某个列右侧的 ▼ 按钮，即可打开如图 4—136 所示的菜单，在此菜单中设置筛选条件。

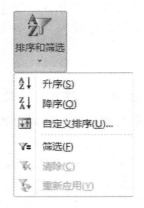

图 4—134　"排序和筛选"菜单

图 4—135　排序对话框

图 4—136　自动筛选

　　Excel 可以对数字、文本、颜色、日期或时间等数据进行筛选，根据相应列所保存的数据类型不同，在菜单中会显示不同的命令，文本类型时显示"文本筛选"，数字类型时显示"数字筛选"。

　　同时可以对多个列设置筛选条件，设置了筛选条件的列会显示筛选标记 ▼。再次打开如图 4—132 所示的菜单并单击"筛选"项可以退出筛选状态并显示全部数据；单击"清除"项，可以显示所有数据，但不退出筛选状态。

　　（2）自定义筛选。

　　自定义筛选条件可以更加灵活地进行较为复杂的筛选。

方法：启动筛选状态后，单击某个列的右侧筛选按钮 ▾ ，在图 4—136 所示的菜单，选择"数字筛选"的下级的某个项目，即可打开如图 4—137 所示的"自定义自动筛选方式"对话框，设置筛选条件。

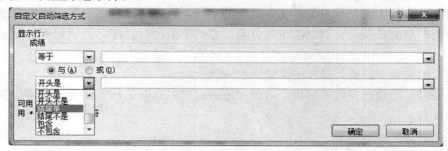

图 4—137 "自定义自动筛选方式"对话框

（3）高级筛选。

当筛选时字段较多、条件比较复杂时，使用自动筛选显得非常麻烦，使用高级筛选功能可以简化操作。

使用高级筛选要先建立一个条件区域，筛选条件区域设置原则：

①表头字段名称作为筛选项目的依据，而"表头"下属的表格数据区，则用于按要求的逻辑关系设置多重筛选条件。

②条件区域必须与数据清单用一个空行分隔开。

③筛选条件区，避免设置在数据区的右侧，以防止隐藏条件区的内容。

④在条件区设置筛选条件时，必须遵循固定的逻辑关系。其原则是：表格同行、横向水平设置多重条件时，各条件之间自动确立逻辑"与"的关系；在表格纵向、各列间设置多重条件时，各条件之间建立逻辑"或"的关系。

⑤为保证"筛选条件区"的表头内容与数据区的表头内容一致，最好使用复制方法建立。条件内容应该与字段类型相符，逻辑关系必须正确。

如表 4—6 所示，有如下的条件区域。

表 4—6　　　　　　　　　　　　灯具的筛选条件

品类	品牌	价格
灶具	美的	＜2 800
灶具	西门子	＜1 980

在条件区域中在同一行上的三个条件是"与"的关系，如第一行中"品类＝灶具"、"品牌＝美的"、"价格＜2 800"这三个条件必须同时成立；在不同行上的条件是"或"的关系，只要满足其中一个条件即可，最终筛选的条件是"价格小于 2 800 的美的灶具"或者"价格小于 1 980 的西门子灶具"。

19. 分类汇总

分类汇总是 Excel 的重要功能，用来将数据清单中的记录按某一个列进行分类，值相

217

同的为一类，并对相同的类进行汇总操作，如求平均值、求和、最大值、最小值等。

对数据进行分类汇总要符合一定要求：

①数据清单必须有标题行。

②分类汇总的关键字段一般是文本类型的字段，且此字段有多个相同值的记录。

③分类汇总前必须要将数据清单按分类汇总的字段进行排序，把值相同的记录排列在一起。

④汇总的关键字段要与排序的关键字段一致。

⑤汇总时，一般选择数值字段，这样才能进行"汇总"运算，而文本型字段只能进行统计，如计数。

（1）创建分类汇总。

首先对分类字段进行排序，然后单击"数据"选项卡中的"分类汇总"按钮，在如图4—138所示打开的"分类汇总"对话框中设置"分类字段"、"汇总方式"、"选定汇总项"，并单击"确定"按钮确认。

图4—138　"分类汇总"对话框

分类字段必须与排序的字段一致，否则可能会出现同一"品类"有多个汇总行的错误；汇总方式常用的有求和、计数、平均值、最大值、最小值等；"汇总项"是要进行计算的字段；去掉"替换当前分类汇总"项的勾号后，每执行一次分类汇总的汇总项将会叠加在分类字段上。

（2）删除分类汇总。

单击"数据"选项卡中的"分类汇总"按钮，在"分类汇总"对话框中单击"全部删除"，并单击"确定"按钮确认。

20. 图表

Excel的图表数据进行图形化展示，形象地反映出数据的差异及趋势等，如图4—139

所示。

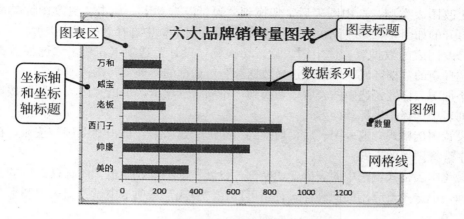

图 4—139　图表组成

（1）图表组成。

一个完整的图表包括图表区、图形区、图表标题、数据系列、坐标轴和坐标轴标题，图例、网格线等。

（2）图表类型。

Excel 2010 中图表类型主要包括柱形图、折线图、饼图、条形图、面积图、散点图、股价图、曲面图、圆环图、气泡图、雷达图，可以根据数据的特点决定使用何种图表类型。

（3）创建图表。

在"插入"选项卡的"图表"组中的提供了常用图表类型，如图 4—140 所示，选中图标数据区域后即可单击添加相应类型的图表。

图 4—140　插入选项卡

在执行插入图表操作前先选定图表数据区域可以简化图表的设计过程，更快地实现图表的插入。

（4）编辑图表。

创建图表后还可以调整图表大小、更改图表类型、修改图表的数据源、添加图表标题、设置图例格式和美化图表格式。如图 4—141 所示。

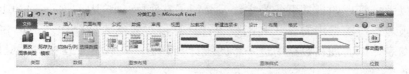

图 4—141　"设计"选项卡

219

①调整图表大小：选中图表后，按住鼠标左键拖放即可。

②更改图表类型：选中图表后，切换到"设计"选项卡，单击"更改图标类型"按钮，在打开的如图4—142所示的"更改图标类型"对话框中选择新的图表类型。

③修改图表的数据源：选中图表后，切换到"设计"选项卡，单击"选择数据"按钮，再选择新的数据区域，单击"选择数据源"对话框的"确定"按钮即可。

④添加图表标题：选中图表后，切换到"布局"选项卡，单击"图表标题"按钮，在展开的列表中选择图表标题的方式。

⑤设置图例格式：选中图表后，切换到"布局"选项卡，单击"图例"按钮，在展开的列表中选择图例的方式。

⑥美化图表格式：选中图表后，切换到"设计"选项卡，单击"图标样式"的其他按钮，在列表中选择要应用的图表样式；还可以在"格式"选项卡中设置图表中图形和文本的格式效果。

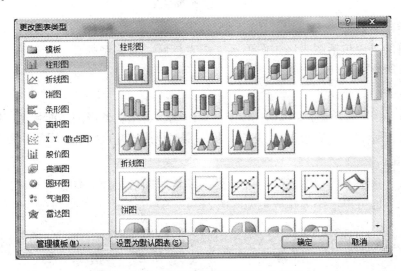

图4—142 "更改图标类型"对话框

⑦向新工作表插入图表。按下快捷键"F11"即可插入新工作表，并对当前数据清单中选择的数据区域创建一个默认的图表，若没有选择数据区域会对数据清单中全部数据创建默认图表。

 模块小结

本模块以学校管理的日常事务为主线，介绍了在实际工作中应用Excel 2010制作电子表格、输出报表；应用常用的公式和函数进行计算；对数据表做排序、筛选和分类汇总，制作精美的图表，以实现在数据中进一步的统计与分析。在日常工作中灵活应用Excel可以提高工作效率。

模块 5　演示文稿的制作

PowerPoint 2010 是 Microsoft Office 2010 套装中的一个组件，专门用于制作幻灯片。利用 PowerPoint 创建的文件又称演示文稿，演示文稿包含的就是幻灯片。在其 97—2003 版本时因其文件名为 *.ppt，所以简称为 PPT。在 2007、2010 和 2013 版本中，其文件名又升级成为 *.pptx。制作的演示文稿可以通过计算机屏幕或投影机播放，利用它可以轻松制作出公司简介、会议报告、产品说明、培训计划和教学课件等。

 ## 项目 1　新生自我介绍演示文稿的制作

项目情境：今年 9 月入学就读南宁职业技术学院的大一新生唐小晴，利用 Power-Point2010 演示文稿制作自我介绍。

本项目包括以下任务：

· 创建演示文稿、熟悉 PowerPoint 的工作界面；

· 利用设计模板制作演示文稿；

· 利用幻灯片版式编辑幻灯片；

· 幻灯片的放映及保存。

项目完成后，效果如图 5—1 所示。

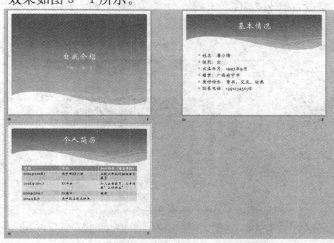

图 5—1　项目效果

任务 1 创建演示文稿、熟悉 PowerPoint 的工作界面

任务要求：启动 PowerPoint 软件并创建演示文稿，熟悉 PowerPoint 的工作界面中各部分的名称、功能和使用方法。

操作步骤如下：

选择"开始"→"所有程序"→"Microsoft Office"→"Microsoft PowerPoint 2010"命令，即可打开 PowerPoint 软件，并新建一个 PowerPoint 空白演示文稿，如图 5—2 所示。

图 5—2 启动 PowerPoint 软件

任务 2 利用设计模板制作演示文稿

任务要求：了解幻灯片设计模板的作用，并运用它制作一张标题幻灯片。

操作步骤如下：

（1）选择主题。

选择"设计"命令，在打开的"主题"任务窗格中会显示出 PowerPoint 自带的模板，如图 5—3 所示。

图 5—3 "幻灯片设计"任务窗格

移动鼠标，选定名为"波形"的主题模板，即可将所选模板应用于所有的幻灯片。

Power Point 2010 提供了大量的设计主题模板，我们可以选择与演示文稿的内容风格统一的设计模板，使幻灯片整体效果协调一致。

（2）制作标题幻灯片。

一般第 1 张幻灯片是整个演示文稿的标题，称为"标题幻灯片"，如图 5—4 所示。

图 5—4　标题幻灯片

在"单击此处添加标题"占位符中输入"自我介绍"，在"单击此处添加副标题"占位符中输入"介绍人：唐小晴"，如图 5—5 所示。

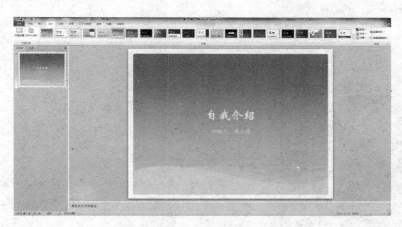

图 5—5　输入内容的标题幻灯片

任务3　利用幻灯片版式编辑幻灯片

任务要求：掌握插入、删除、移动幻灯片的操作，了解幻灯片版式的作用以及在幻灯片中插入表格。

操作步骤如下：

（1）插入新幻灯片。

单击工具栏上的"开始"按钮，选择"新建幻灯片"添加一张新幻灯片，可以在下拉列表中选择幻灯片的类型，如图5—6所示。

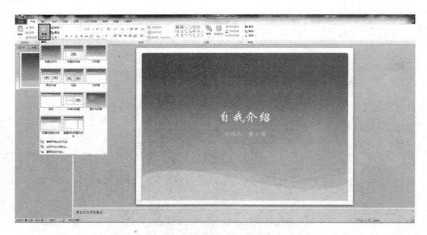

图5—6 新建幻灯片选项

使用鼠标单击操作一次，就会插入一张新幻灯片，如图5—7所示。如果幻灯片插入过多，可用鼠标右键选中该幻灯片，并选择"删除幻灯片"命令，或按"Delete"键将其删除。

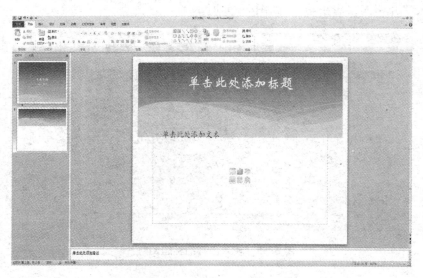

图5—7 插入的"新幻灯片"

（2）幻灯片的版式。

插入新幻灯片后，选择"版式"打开"幻灯片版式"任务窗格，其中包括文字版式、内容版式、文字和内容版式以及其他版式。这些版式是由软件设计好的不同的占位符来组成的，可根据幻灯片的内容进行选择，也可以使用空白版式设计编排版式，如图5—8

所示。

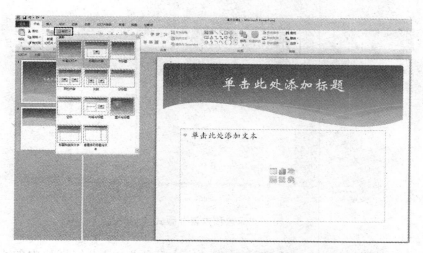

图 5—8   "幻灯片版式"任务窗格

选择"标题和内容"版式，在"单击此处添加标题"占位符中输入"基本情况"，在"单击此处添加文本"占位符中输入下列内容：

—姓名：唐小晴

—性别：女

—出生年月：1997 年 9 月

—籍贯：广西南宁市

—爱好特长：看书，交友，绘画

—联系电话：13912345678

占位符会根据输入的内容调整字号大小并且自动添加项目符号，如图 5—9 所示。

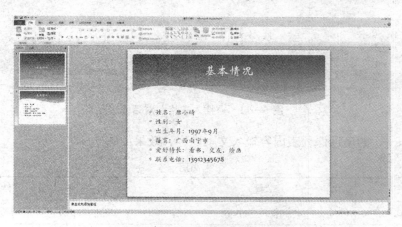

图 5—9   加入文字的幻灯片

（3）插入表格。

再插入一张幻灯片，选择"标题和内容"版式，如图 5—10 所示。

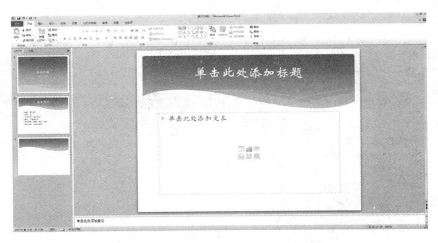

图 5—10 "标题和内容"版式的幻灯片

在"单击此处添加标题"占位符中输入"个人简历",双击幻灯片中的小图标▦（或选择"插入"→"表格"命令）,打开"插入表格"对话框。在对话框中设置"行数"为 5,"列数"为 3,如图 5—11 所示,单击"确定"按钮。

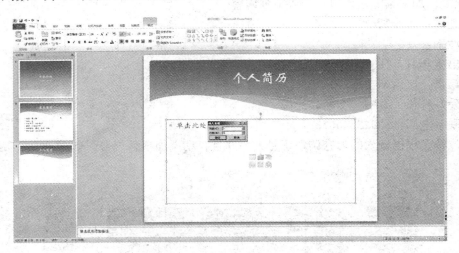

图 5—11 "插入表格"对话框

按照表 5—1 的培训课程表内容输入文本内容,效果如图 5—12 所示。

表 5—1   个人简历

时间	学校	担任职务（重要事件）
2002.9—2008.7	南宁市××小学	三到六年级担任学习委员
2008.9—2011.7	××中学	加入共青团员,三年均获"三好学生"
2011.9—2014.7	××高中	高考
2014.9 至今	南宁职业技术学院	

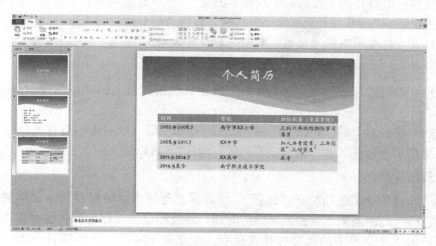

图 5—12　"个人简历"幻灯片

（4）幻灯片的移动。

在幻灯片预览窗格中选中"个人简历"幻灯片，按住鼠标左键将其拖动到"基本情况"幻灯片前（在幻灯片浏览视图中也可进行相同的操作。）

任务 4　幻灯片的放映及保存

任务要求：掌握幻灯片的切换、放映、放映时如何控制，以及自动保存幻灯片的方法。

操作步骤如下：

（1）幻灯片的切换。

选择第 1 张幻灯片，然后选择"切换"选项卡，打开"幻灯片切换"任务窗格，如图5—13 所示。

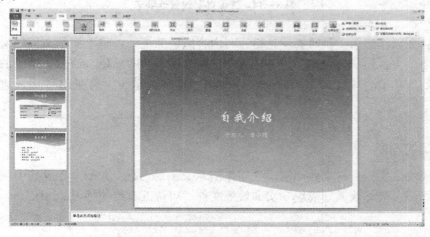

图 5—13　"幻灯片切换"任务窗格

在切换到此幻灯片的下拉列表中选择"擦除"，在声音下拉列表中选择"鼓掌"，换片方式"单击鼠标时"，单击"全部应用"按钮，将所有幻灯片设置为这种切换方式。

可以选择文件菜单下的"预览"按钮查看设置效果。

（2）观看幻灯片放映。

①选择"幻灯片放映"→"从头开始"命令（或按键盘上的"F5"键），即可放映幻灯片。

②放映时按键盘上的"Pageup"或"PageDown"键（或右击幻灯片的任意位置，在弹出的快捷菜单中选择"上一张"、"下一张"命令），可以切换到上一张或下一张幻灯片。

（3）幻灯片的保存。

选择"文件"→"选项"→"保存"，设置保存选项卡，将保存演示文稿的设置，自动恢复信息的时间间隔为 6 分钟或者别的时间，以及相应的保存位置，也可以不用设置时间，直接单击文件菜单中的保存按钮来保存。如图 5—14 所示，本项目中以"自我介绍.pptx"为文件名保存到硬盘中。

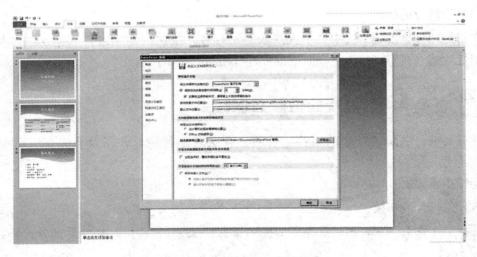

图 5—14 "保存"设置选项卡

注意：在制作演示文稿时要注意格式与内容风格的统一，整个演示文稿的文字大小和标点符号要统一，句子要完整。为了让观众记住你要表达的思想，演示文稿中的项目要精炼。每张幻灯片中的项目越多，整个项目使用的文字就越少，每张幻灯片表达的主题越鲜明。

 **项目实训**

利用模块 5 实训素材文件"模块 5 制作演示文稿练习题.docx，完成其中项目一唐诗三百首的练习。最终效果如模块 5 实训效果文件"唐诗五言绝句练习.pptx"。

项目2　美化演示文稿

项目情境：为了创建出具有更加专业外观的演示文稿，让其更加美观漂亮，要对演示文稿进行修改和美化。

本项目包括以下任务：

- ·更换幻灯片的主题、主题颜色和背景；
- ·设置幻灯片的切换和动画；
- ·建立超链接；
- ·设置幻灯片母版和插入动作按钮；
- ·设置演示文稿的放映方式；
- ·幻灯片的打印和打包。

任务1　更换幻灯片的主题、 主题颜色和背景

任务要求：运用"设计"选项卡设置演示文稿的主题、主题颜色和背景。

操作步骤如下：

（1）更换幻灯片的主题。

打开项目一制作的演示文稿"自我介绍"，选择第一张或任意一张幻灯片，选择"主题"下的任一主题，例如，"角度"主题，左键单击选择即可把所有的幻灯片应用成所选的主题，如图5—15所示。

注意：若只想在演示文稿的部分幻灯片中应用某一主题，如某一张的主题，则应右键单击，在弹出的菜单中选择"应用于选定幻灯片"即可。

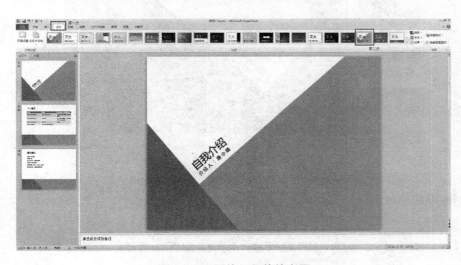

图5—15　更换幻灯片的主题

229

（2）设置主题的颜色。

①更换主题颜色。应用了某一主题样式后，如果我们感觉所用样式中的颜色不是自己喜欢的，就可以更换别的颜色。本项目中选择"设计"→"颜色"→"活力"，"配色方案"是软件预设的应用于文本、背景、填充、强调文字的颜色方案。应用后效果如图5—16所示。

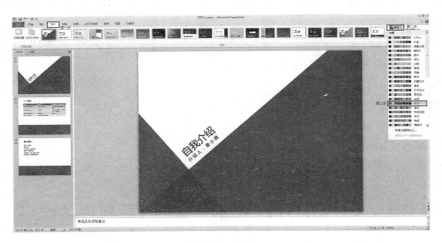

图5—16　应用设计主题中的活力配色方案

②更换自定义主题颜色。如果用户对于内置的主题颜色都不满意，可以自定义主题的颜色方案，并可以将其保存下来供以后的演示文稿使用，如图5—17所示（本项目中不再更换别的自定义主题颜色，一直用活力配色方案进行示例。）。

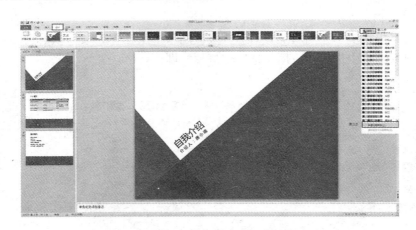

图5—17　可以选择的自定义主题颜色

③更改别的字体和效果，如图5—18所示。

图5—18　可以更改的字体和效果

（3）设置幻灯片的背景。

①设置幻灯片背景。普通幻灯片的背景颜色比较单调，可以对其设置。本项目中右击第一张幻灯片，选择"设置背景格式"，如图5—19所示。

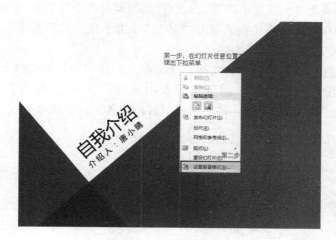

图5—19　设置背景格式

②设置幻灯片背景格式。弹出"设置背景格式"的对话框，如图5—20所示。自定义幻灯片背景可以采用4种填充方式：纯色填充、渐变填充、图片或纹理填充以及图案填充（本项目中不再更改背景颜色）。

图5—20　对背景颜色进行填充

任务2　设置幻灯片的切换和动画

任务要求：为了使演示文稿更加生动活泼，我们将使用幻灯片的"切换"和"动画"对幻灯片内容进行设置。

231

操作步骤如下：

（1）设置幻灯片的切换。

幻灯片切换是指幻灯片在放映期间，从上一张幻灯片转到下一张幻灯片时在幻灯片放映视图中出现的动画效果。如果不设置，幻灯片切换时是没有任何动画的效果。在项目一中，我们设置了所有幻灯片的切换效果是"擦除"，接下来，我们把第二张和第三张幻灯片单独设定为另外的切换效果。

选择第 2 张幻灯片，然后选择"切换"选项卡，打开"幻灯片切换"任务窗格，如图5—21 所示。在应用于所选幻灯片的下拉列表中选择"涟漪"，在声音下拉列表中选择"鼓掌"，换片方式"单击鼠标时"，将第二张幻灯片设置为这种切换方式。

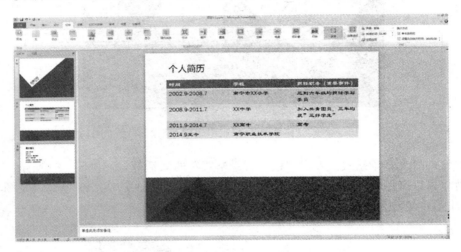

图 5—21 设置第二张幻灯片切换方式

用同样的方式设置第三张幻灯片的切换效果为"形状"。

（2）设置幻灯片中对象的自定义动画。

在制作幻灯片时，所有的对象默认是没有动画效果的（文本、图片、形状、表格、图表和 SmartArt 图形等都是构成幻灯片的元素也称为对象），如果想对文本框、图片、表格等对象添加动画效果，就是利用"动画"菜单来设置，可以设置对象的进入、强调、退出、动作路径或颜色变化的效果，也可以设置各对象放映的先后顺序以及对象出现时的声音效果等。

①为标题设置动作方式。单击选择第一张幻灯片的"自我介绍"文本框，选择"动画"→"飞入"，或者选择"动画"→"添加动画"→"进入"→"飞入"。如图 5—22 所示，即可为"自我介绍"设置进入时"飞入"的效果。

②设置动作方式。单击选择第一张幻灯片的"介绍人：唐小晴"文本框，用同样方法设置其进入效果是"弹跳"方式。

③设置动作方向。软件预设有默认动作和方向，如果要更改，可以选择"动画窗格"，将在右边弹出动画窗格窗口，选中动画窗格中的"标题 1：自我介绍"→"效果选项"中的下拉菜单选择"自右侧"飞入方式。如图 5—23 所示。

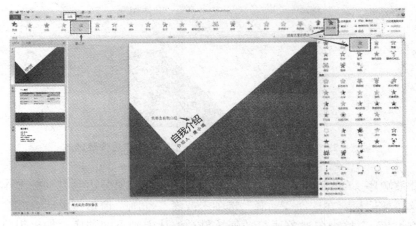

图 5—22　设置"自我介绍"单击飞入

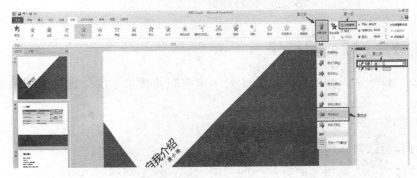

图 5—23　设置自我介绍"自右侧"飞入方式

④设置动画效果。幻灯片中的对象在放映时，默认都是单击鼠标才出现动画效果。本项目中，我们设置让"自我介绍"在放映时自动飞入，"介绍人：唐小晴"在"自我介绍"出现后再弹跳进入。单击"动画窗格"标签，在弹出的"动画窗格"中选择"标题 1：自我介绍"→下拉菜单选择"从上一项开始"设置"自我介绍"自动飞入，如图 5—24 所示。选择"动画窗格"中的"介绍人：唐小晴"，单击下拉菜单选择"从上一项之后"设置"介绍人：唐小晴"在上一个动画后再弹跳进入，如图 5—25 所示。

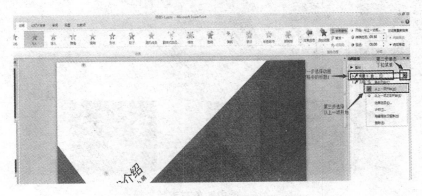

图 5—24　设置"自我介绍"自动飞入

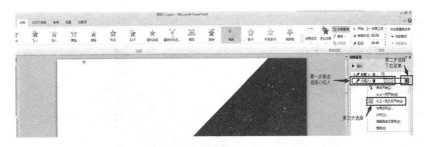

图 5—25　设置"介绍人：唐小晴"上一个动作后弹跳进入

⑤设置播放顺序。幻灯片的对象应用动画效果后，在对象旁边会自动标上不可打印的编号标记，这些标记只有在选择"动画"选项卡或者"动画"窗格可见时，才会在普通视图中显示。"动画"窗格中各对象执行动画效果是按从上到下的顺序，如果想改变放映时的动画效果，可以上下拖动位置来选择播放顺序。

任务3　建立超链接

任务要求：将"个人简历"幻灯片中的"南宁职业技术学院"进行"超链接"，链接到学校的网址：www. ncvt. net 中。

操作步骤如下：

（1）打开超链接对话框。

选中第 2 张"个人简历"幻灯片中的"南宁职业技术学院"，选择"插入"→"超链接"（或按"Ctrl＋K"快捷键打开"插入超链接"对话框）。也可以在选中"南宁职业技术学院"后直接右击选择"超链接"，如图 5—26 所示。

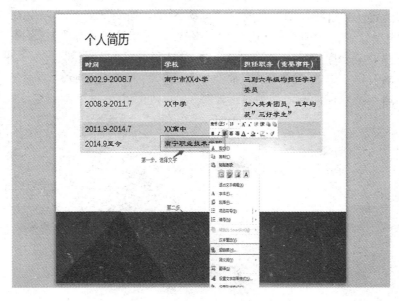

图 5—26　选中对象右击超链接

（2）输入网址。

弹出"插入超链接"的对话框后，选择"现有的文件或网页"，在地址栏中输入
"www. ncvt. net"后确定即可，如图 5—27 所示。

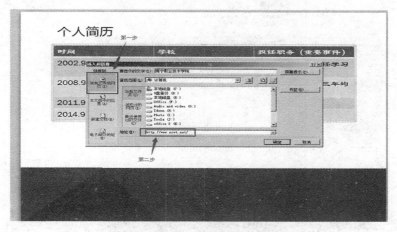

图 5—27　设置超链接到网址

（3）使用超链接。

添加超链接后，文字下方会出现下划线，并按"幻灯片设计"中的"配色方案"改变
颜色。放映时，当鼠标指针移动到对象上面后，它会变成手的形态并出现提示文字，单击
后会跳转到链接的幻灯片，或者打开相对应的网站和文件。对文本框、图片等对象也能设
置超链接，只是外观不会有变化。

任务4　设置幻灯片母版和插入动作按钮

任务要求：通过设置幻灯片母版和插入动作按钮来对幻灯片进行统一的布局和美化。
操作步骤如下：

（1）设置幻灯片母版。

幻灯片母版用于设置演示文稿中每张幻灯片的预设格式，包括标题及正文文字的位
置、项目符号、样式和背景图案等。设置幻灯片母版的主要优点是可以对演示文稿的每
张幻灯片进行统一的样式更改，不用在多张幻灯片键入相同的信息，可以节省大量
时间。

选择"视图"→"幻灯片母版"命令，进入幻灯片母版视图，如图 5—28 所示。左侧
窗口中列出现有系统默认的 11 种版式的缩略图，单击其中一个缩略图，右窗口则显示该
版式的幻灯片母版。

（2）插入动作按钮。

①设置幻灯片链接。选择第一张幻灯片母版的缩略图，选择"插入"→"形状"→
"动作按钮"，如图 5—29 所示。点击选择第一个按钮（后退或前一项）后，鼠标会变成十
字，然后在右边版式中的任意位置（以美观为主），按下鼠标左键后进行拖动画出动作按

钮后松开鼠标左键，就会出现动作按钮和弹出动作设置的对话框，默认已经超链接到上一张幻灯片，单击"确定"按钮后，就可以链接到了上一张幻灯片。

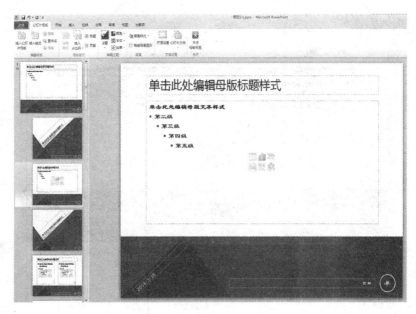

图 5—28　幻灯片母版视图

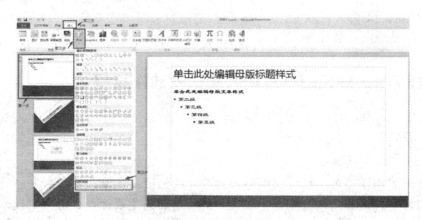

图 5—29　在母版视图中选择动作按钮

②更改幻灯片链接。如果要更改超链接到别的幻灯片，可以点击"上一张幻灯片"后的小三角弹出下拉菜单来选择，如图 5—30 所示。用同样方法插入动作按钮的第二个按钮（前进或下一项）。

③单击"幻灯片母版"→"关闭母版视图"，返回到普通视图中，我们看到了第二张和第三张幻灯片都有了向前和向后的动作按钮，即使我们再增加新的幻灯片，新的幻灯片也会自动加上向前和向后的动作按钮。

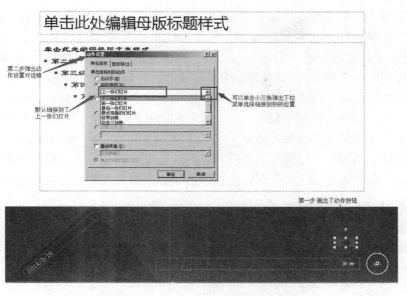

图 5—30　可以更改的动作按钮链接

📐 **任务5** **设置演示文稿的放映方式**

任务要求：演示文稿在放映前，根据需要设置幻灯片的放映方式，如放映类型、放映选项和选择放映的幻灯片等。

操作步骤如下：

（1）设置放映方式。

①打开设置放映方式对话框。选择"幻灯片放映"→"设置放映方式"→弹出"设置放映方式"对话框，如图 5—31 所示。

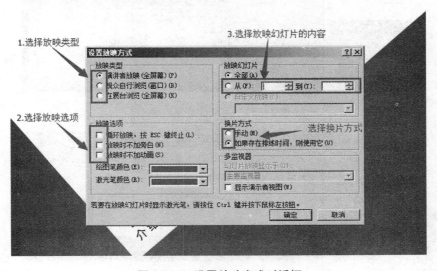

图 5—31　设置放映方式对话框

237

②放映类型。一般是默认"演讲者放映（全屏幕）"，通常用于演讲者亲自讲解的场合，可以人工控制幻灯片和动画的播放，在投影仪上一般使用这种方式。观众自行浏览（窗口）是指由观众自己操控、浏览演示文稿。在浏览时可以对幻灯片进行编辑、复制和打印。在展台浏览（全屏幕），是全自动的全屏放映，一般出现在展览会现场或者会议中，如果演示文稿放映结束，或者幻灯片闲置5秒以上，将会自动重新开始放映。

③放映选项。一般默认都不勾选，当勾选"演讲者放映"和"观众自行浏览放映"时可以选择此项。当演示文稿放映结束后，会自动从头开始放映，直到按下键盘的"ESC"键才会结束放映。当勾选"放映时不加旁白"时，在放映的过程中不播放任何预先录制的旁白。当勾选"放映时不加动画"时，在放映的过程中原来设置的动画效果将不起作用。

（2）设置自定义放映幻灯片。

自定义放映就是我们在演示文稿中挑选幻灯片，不按照之前幻灯片从第一张到末尾的放映方式，组成另一个演示文稿，定义好一个名字，作为独立的演示文稿来放映。

选择"幻灯片放映"→"自定义放映"对话框中，单击"新建"，出现如图5—32所示的"定义自定义放映"对话框。然后按照图5—33和图5—34所示的步骤进行操作。

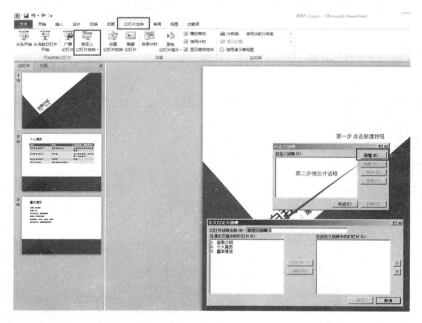

图5—32　定义自定义放映

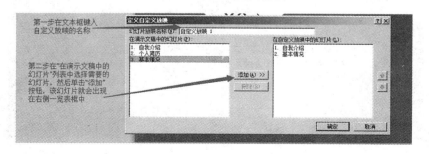

图5—33　添加自定义放映的幻灯片

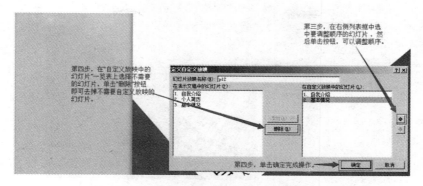

图 5—34　删除或调整自定义放映的幻灯片

任务要求：打印输出幻灯片进行校对或浏览，打包保存演示文稿，保证演示文稿可以在另一台没有安装 PowerPoint 软件的计算机上运行。

操作步骤如下：

（1）幻灯片的页面设置。

根据需要，可以通过打印设备将演示文稿打印到纸张上，选择"设计"→"页面设置"，弹出"页面设置"对话框，如图 5—35 所示。

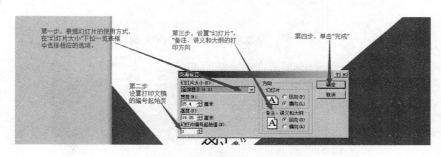

图 5—35　页面设置对话框

（2）设置打印选项。

选择"文件"→"打印"命令，或按快捷键"Ctrl＋P"，打开"打印"对话框，如图 5—36 所示。

（3）打包成 CD。

①打开对话框。选择"文件"→"保存并发送"→"将演示文稿打包成 CD"命令，打开"打包成 CD"对话框，如图 5—37 所示。

②复制文件夹。选择"打包成 CD"弹出"打包成 CD"对话框，再选择"复制到文本夹（F）…"按钮，打开"复制到文件夹"对话框，如图 5—38 所示。

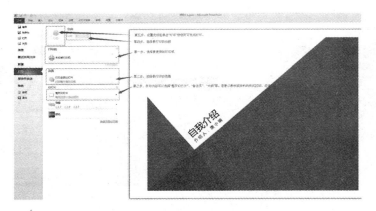

图 5—36 　"打印"选项卡

图 5—37 　"将演示文稿打包成 CD"窗口

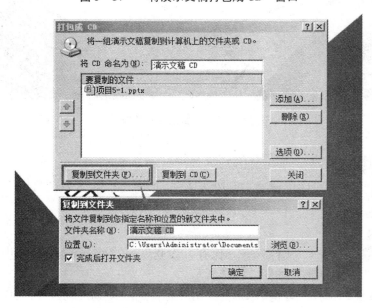

图 5—38 　"复制到文件夹"对话框

③设置存储位置及名称。在"文件夹名称"文本框中输入文件名"唐小晴个人简介"，再单击"位置"文本框后面的"浏览"按钮，选择将演示文稿打包后保存的位置，单击"确定"按钮，演示文稿即被打包成 CD 并保存在所选择的位置中。

打包后，系统自动将 PowerPoint 播放器、链接文件（如动画、影音文件）添加到文件夹中，即使计算机中没有安装 PowerPoint 软件，也一样能放映幻灯片。本项目中，我们选择"文件"→"另存为"，以"自我介绍 2.pptx"为文件名另存到硬盘中。

项目实训

利用模块 5 实训素材文件"模块 5 制作演示文稿练习题.docx"，完成其中项目二美化唐诗三百首的练习。最终效果如模块 5 实训效果文件"唐诗五言绝句练习（2）.pptx"。

基础知识

1. 幻灯片放映控制快捷键

PowerPoint 在全屏幕模式下进行演示时，用户可以控制幻灯片放映的方式只有右键快捷菜单和放映按钮。此外，用户还可以使用以下的专用控制幻灯片放映的快捷键。

（1）"N"键、"Enter"键、"PageDown"键、"→"键、"↓"键或空格键：执行下一个动画或切换到下一张幻灯片。

（2）"P"键、"PageUp"键、"←"键、"↑"键或"Backspace"键：执行上一个动画或返回到上一个幻灯片。

（3）"B"键或"。"键：黑屏或从黑屏返回幻灯片放映。

（4）"W"键或"，"键：白屏或从白屏返回幻灯片放映。

（5）"S"键或"+"键：停止或重新启动自动幻灯片放映。

（6）"Esc"键或"Ctrl+Break"快捷键或"—"键（连字符）：退出幻灯片放映。

（7）"E"键：擦除屏幕上的注释。

（8）"H"键：切换到下一张隐藏幻灯片。

（9）"T"键：排练时设置新的时间。

（10）"O"键：排练时使用原设置时间。

（11）"M"键：排练时切换到下一张幻灯片。

（12）同时按住鼠标左键和右键几秒钟：返回第一张幻灯片。

（13）"Ctrl+P"快捷键：重新显示隐藏的鼠标指针或将鼠标指针变成绘图笔。

（14）"Ctrl+A"快捷键：重新显示隐藏的鼠标指针或将鼠标指针变成箭头。

（15）"Ctrl+H"快捷键：立即隐藏鼠标和按钮。

（16）"Ctrl+U"快捷键：在 15 秒内隐藏鼠标和按钮。

（17）"Shift+F10"快捷键（相当于右键）：显示右键快捷菜单。

（18）"Shift+Tab"快捷键：转到幻灯片上的最后一个或上面一个超链接。

2. 隐藏幻灯片

如果一个演示文稿中有多张幻灯片，若无须全部放映，可以对其进行隐藏操作，具体步骤如下：

在"幻灯片"预览窗格中选中需要进行隐藏的幻灯片，选择"幻灯片放映"→"隐藏幻灯片"命令，完成对所选幻灯片的隐藏，或者直接右击需要隐藏的幻灯片，选择"隐藏幻灯片即可"。隐藏的幻灯片编号有虚线框。

重复以上的操作可取消隐藏。或在幻灯片放映时右击任意幻灯片，在弹出的快捷菜单中选择"定位到幻灯片"命令。选择被隐藏的幻灯片（被隐藏的幻灯片的编号带有括号）即可观看被隐藏的幻灯片。

3. 窗口界面介绍

（1）幻灯片编辑窗格。

界面中面积最大的区域，用来显示演示文稿中出现的幻灯片，可以在上面进行文本输入、绘制标准图形、创建图表、添加颜色以及插入对象等操作。中间带有虚线边缘的框称为"占位符"，虚线框的内部往往有"单击此处添加标题"之类的提示语，一旦单击之后，提示语会自动消失，光标定位在其中并可输入文本或插入图片、表格等。

（2）大纲。

幻灯片预览窗格：包含"大纲"标签和"幻灯片"标签。在"大纲"窗格下可以看到幻灯片文本的大纲，可以输入演示文稿中的所有文本，然后重新排列项目符号、段落和幻灯片。在"幻灯片"窗格下可以看到以缩略图形式显示的幻灯片。

（3）视图切换按钮。

位于界面底部左侧的是视图切换按钮，通过单击这些按钮可以以不同的方式查看演示文稿。也可以通过"视图"选项卡来进行切换，如图5—39所示。

图5—39　演示文稿视图选项卡

①普通视图：PowerPoint 的默认视图，打开一个演示文稿，首先看到的就是普通视图。

②幻灯片浏览视图：单击"幻灯片浏览"按钮就可以看到幻灯片浏览视图，这时幻灯片以缩略图的方式显示在同一窗口中。我们可以很方便地对幻灯片进行复制、移动和删除操作，但不能编辑或修改幻灯片的内容。

③幻灯片放映视图：单击"阅读视图"按钮，演示文稿窗口被切换到幻灯片放映视图，此时的幻灯片放映是从当前幻灯片开始的。

（4）备注页。

可供用户输入演讲者备注，通过拖动窗格的灰色边框可以调整其大小。

4. 根据"内容提示向导"创建演示文稿

单击"开始工作"任务窗格中的"新建演示文稿"超链接，在打开的"新建演示文稿"任务窗格中单击"根据内容提示向导"超链接，打开"内容提示向导"对话框，在其中列出了各种演示文稿类型，不仅提供了外观，还提供了大纲，在此基础上直接输入文字即可完成一份演示文稿。这种方法比较适合初学者使用。由于演示文稿组织形式被固定，因此对于个人创造性的发挥和个性的展示有一定的约束。

5. 插入幻灯片的其他方式

（1）选择"插入"→"新幻灯片"命令。

（2）在大纲视图下将光标定位在一张幻灯片的最前面，然后按"Enter"键，即可在这张幻灯片的前面插入一张新幻灯片。

（3）选中幻灯片中的最后一个占位符，按"Ctrl＋Enter"组合键。

（4）按快捷键"Ctrl＋M"。

（5）在大纲视图下将光标定位在幻灯片一级标题文字中或最后，按"Enter"键，则生成一张内容为光标后文字内容的幻灯片，该幻灯片的内容只剩光标前的文字。

（6）在幻灯片视图下单击一张幻灯片后按"Enter"键，即可在这张幻灯片后插入一张新幻灯片。

（7）在幻灯片视图下单击两个幻灯片的衔接处，这时出现一条闪烁的横线，然后按"Enter"键。

（8）单击幻灯片版式右侧的小箭头按钮，在弹出的下拉列表中选择"插入新幻灯片"选项，即可插入一张该版式的幻灯片。

模块小结

利用 PowerPoint 可以制作出集文字、图形、图像、声音和视频剪辑等多种媒体对象于一体的演示文稿，创建的演示文稿不仅能在投影仪和计算机上演示，还可以将其打印出来。

模块6　使用计算机网络获取信息

在信息化的社会里，计算机不再是独立的个体，我们需要学会在网络环境下使用计算机并通过网络进行交流和获取信息。

项目1　设置 IP 地址、访问互联网

项目情境：陈龙是刚升入大学的新生，刚购置了一台电脑用于学习，在宿舍里希望能够通过自己的计算机访问互联网。

本项目包括以下任务：

· 设置 IP 地址；
· 浏览网页。

任务1　设置 IP 地址

任务要求：查看并设置自己使用的计算机的 IP 地址，了解计算机网络的基本概念和局域网的基本组成。

操作步骤如下：

（1）打开网络和共享中心。

在 Windows 7 操作系统中，单击"开始"→"控制面板"→"查看网络状态和任务"。或者在桌面右下角有一个类似小电脑的图标，如图 6—1 所示，右击它，选择"打开网络和共享中心"，如图 6—2 所示。

图 6—1　选择网络设置图标

图 6—2　选择"打开网络和共享中心"

（2）更改适配器设置。

打开网络共享中心，如图 6—3 所示，选择更改适配器设置。

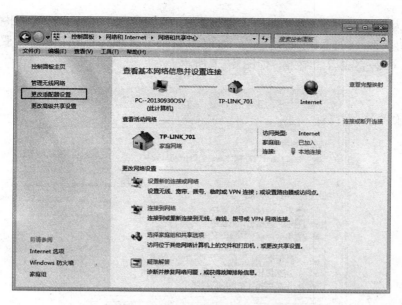

图 6—3　网络和共享中心设置界面

（3）打开属性按钮。

单击"本地连接"，打开本地连接状态窗口，如图 6—4 所示。单击"属性"按钮，进入本地连接属性设置窗口，点击 ipv4，然后点击下面的属性按钮，如图 6—5 所示。

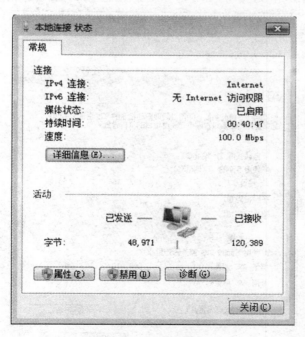

图 6—4　本地连接窗口

（4）设置 ICP/IPv4 属性。

双击本地连接属性对话框中的"TCP/IPv4"选项，弹出"TCP/IPv4 属性"对话框，将 IP 地址设为 192.168.1.2，子网掩码设为 255.255.255.0。下面的 DNS 服务器一般可以选择"自动获取 DNS 服务器地址"，如需填写，可以填写电信的 DNS 服务器地址：202.103.224.68。完成后的结果，如图 6—6 所示。

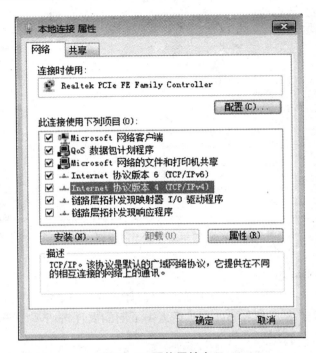

图 6—5　网络属性窗口

图 6—6　IP 属性设置

如果计算机所处的局域网已接入互联网，设置完成后的计算机就可以访问互联网了。

任务 2　浏览网页

任务要求：了解 IE 浏览器的界面和基本操作方法，学会设置 IE 浏览器的各种属性。

操作步骤如下：

（1）熟悉 IE 浏览器的界面。

双击桌面上的 Internet Explorer 图标，启动 IE 浏览器，如图 6—7 所示。

图 6—7　IE 浏览器窗

（2）认识 IE 浏览器的"常用"工具栏。

IE 浏览器"常用"工具栏中的图标及其功能，如表 6—1 所示。

表 6—1　　　　　　　　　　　　"常用"工具栏中的图标及其功能

名　称	图　标	功　能
前进		单击该按钮返回到后退当前位置之前的页面
返回		单击该按钮可以返回到上一个页面
停止		单击该按钮可强行终止正在打开的网页
刷新		单击该按钮使浏览器重新装载页面

续前表

名　称	图　标	功　能
主页	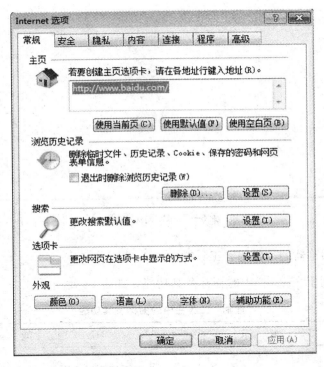	单击该按钮将打开该设置的"默认"主页
收藏夹		单击该按钮可选择以前保存的站点页面
工具		单击该按钮可以对 IE 浏览器的功能进行相关的设置

（3）设置 Internet 选项。

①打开命令。选择"工具"→"选项"Internet 命令，打开如图 6—8 所示的对话框。

图 6—8　"Internet 选项"对话框

②设置普通项。在"常规"选项卡中可以进行默认主页、临时文件、历史记录等项的设置，例如，如果想清除上网时留下的痕迹，可以单击"清除历史记录"按钮和"删除文件"按钮。

③设置高级项。切换到"高级"选项卡，如图 6—9 所示，在此可设置更高一级的选项值。如果用户对这些选项的设置不清楚，可单击对话框中的"还原默认设置"按钮，将设置恢复到初始状态，这也是一个最基本、最通用的设置。

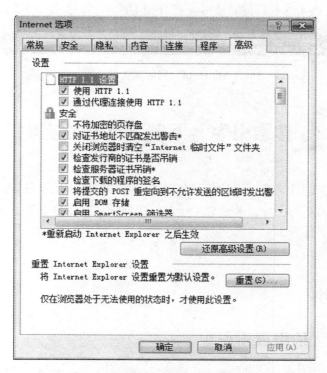

图6—9　"高级"选项卡

（4）浏览页面。

①打开浏览器。双击桌面上的 Internet Explorer 图标 ，启动 IE 浏览器。

②输入网页地址。在地址栏中输入网址（站点的 URL），然后按"Enter"键。本例打开的是"南职金葵网"（www.ncvt.cn）的主页，如图 6—10 所示。

图6—10　"南职金葵网"主页

③打开网页。任何一个站点的主页通常是一个站点导航页面，它通过超链接技术将页面中的热点文字或图片对象链接到其他页面或其他站点。当用户将鼠标指针指向这些热点文字或图片时，鼠标指针变成小手的形状，并在 IE 浏览器的状态栏中显示该热点链接对

象的 URL，单击热点文本或其他对象时将打开指定的网页，如图 6—11 所示。

图 6—11　网站导航栏

项目 2　搜索引擎、下载文件和收发电子邮件

项目背景：陈龙的计算机可以访问互联网了，希望能够利用互联网查询到自己感兴趣的知识，下载自己喜欢的图片，并通过电子邮箱跟同学进行邮件联系。

本项目包括以下任务：

·使用搜索引擎；

·下载文件；

·收发电子邮件。

任务 1　使用搜索引擎

任务要求：通过本任务学会使用搜索引擎查找互联网中自己所需要的信息和文件等内容。

操作步骤如下：

（1）选择搜索引擎。

目前互联网中有各式各样的搜索引擎，本任务将以"百度"为例。首先启动 IE 浏览器，然后在地址栏中输入：www. baidu. com，并按"Enter"键，打开"百度"主页，如图 6—12 所示。

图 6—12　"百度"首页

（2）关键字搜索。

在搜索栏中输入"南宁职业技术学院"关键词后单击"百度一下"按钮，如图6—13所示。

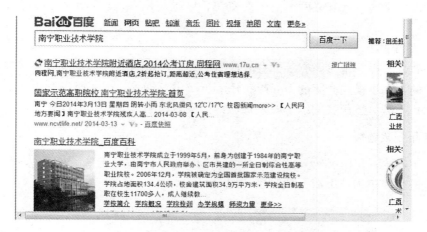

图6—13 搜索结果

（3）多关键字搜索。

输入多个词语进行搜索（不同词语之间用一个空格隔开），可以获得更精确的搜索结果。例如，想了解南宁职业技术学院的地址，在搜索框中输入"南宁职业技术学院地址"获得的搜索结果会比输入"南宁职业技术学院"得到的结果更具体，如图6—14所示。

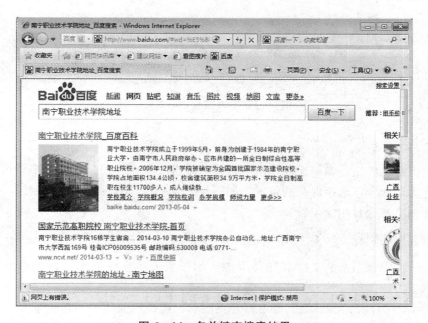

图6—14 多关键字搜索结果

任务 2 下载文件

任务要求：学会下载互联网上的免费资源，掌握使用 IE 浏览器保存网络资源的基本操作技能。

操作步骤如下：

目前的软件种类非常多，有一部分软件需要用户付费购买，但是也有很多软件是免费提供给用户的，如本模块介绍的 Internet Explorer 浏览器等。很多站点都提供了大量的免费软件供用户下载。下面我们以 360 杀毒软件为例，说明下载软件的过程。

（1）打开下载链接。

地址栏中输入：http://www.360.com/，打开"360 安全中心"的主页，找到"360杀毒"下载链接，单击"下载"超链接，如图 6—15 所示。

图 6—15　360 安全中心首页

（2）下载文件。

点击"下载"按钮，弹出保存提示对话框，单击"保存"按钮右侧的小三角形，可以选择"另存为"命令，选择保存的位置，如图 6—16 所示，然后选择保存按钮，即可保存下载的软件到本地磁盘相应位置。

（3）保存网络资源。

在 Internet 中有丰富的文字和图片资源，如果希望将这些资源保存在自己的计算机中，可按如下方法操作：

①保存 web 页面。在 IE 浏览器中打开页面后，选择"工具"→"文件"→"另存为"命令，打开如图 6—17 所示的对话框。单击"保存类型"下拉列表框右侧的下三角按钮。在弹出的下拉列表中选择"网页"全部（*.htm；*.html）"、"web 档案，单一文件

（＊.mht）"、"网页，仅 HTML（＊.htm；html）或"文本文件（.txt）"类型，选择完毕后单击"保存"按钮。

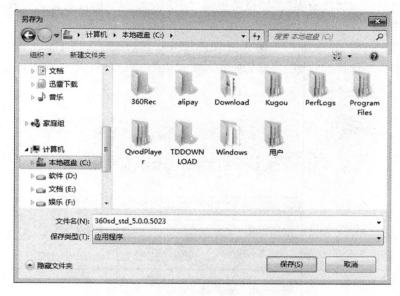

图 6—16 "另存为"对话框

图 6—17 "保存网页"对话框

这些保存类型中使用较多的是网页和 web 档案格式，二者的主要区别是保存文件时页面中的其他信息（如图片等）是否分开存放。若选择保存类型为"网页，全部"，系统会自动创建一个以 xxx.filmes 命名的文件夹，并将页面中的图片等对象保存在文件夹中。

②保存网页中的图片。右击网页中的图片，在弹出的快捷菜单中选择"图片另存为"命令，在打开的对话框中指定文件名和保存位置后单击"保存"按钮。

③将页面添加到"收藏夹"。如果希望将"南职金葵网"的首页加入"收藏夹"，应按下列步骤操作：

启动 IE 浏览器，在地址栏中输入 http://www.ncvt.cn/后按 Enter 键，打开"南职金葵网"的主页。选择"收藏"→"添加到收藏夹"命令，打开"添加到收藏夹"对话框，如图 6—18 所示。

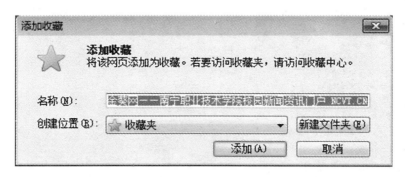

图 6—18　添加到"收藏夹"对话框

单击"添加"按钮，可以在对话框中选择将对象"收藏"到收藏夹、链接工具栏或新建文件夹中。

任务3　收/发电子邮件

任务要求：掌握免费邮箱的申请和使用方法。掌握专用电子邮件应用软件 Foxmail 或 Microsoft Outlook 2010 收发电子邮件的方法。

收发电子邮件有两种方式：服务器端的浏览器方式和客户机端的专用软件方式。但不管使用哪种方式，用户都需要先登录提供电子邮件服务的网站申请免费邮箱或付费邮箱，注册获取用户名，并设置登录密码。

操作步骤如下：

（1）申请免费电子邮箱。

①搜索免费邮箱。利用前面所学的知识在浏览器的搜索工具中输入"免费邮箱"，然后自动搜索并显示结果。如图 6—19 所示。

②申请免费邮箱。在搜索结果中任选一个网站，然后进行免费邮箱的申请，如选择"126 免费邮箱"，如图 6—20 所示。

打开邮箱注册界面，如图 6—21 所示。增写邮箱地址，填好之后再依次输入密码，确认密码再输入页面上的验证码，然后在同意"服务条款"和"隐私权相关政策"前面打钩，再点击立即注册。如图 6—22 所示。

新闻 **网页** 贴吧 知道 音乐 图片 视频 地图 文库 更多»

免费邮箱   百度一下

新网互联 免费邮箱 www.dns.com.cn ▾ V₂   推广链接
新网互联提供免费邮箱,5账号企业邮箱免费体验一年.
● 信息名址 ● 域名注册 ● 企业邮箱 ● 虚拟主机 ● 魔方网站

易 163网易免费邮--中文邮箱第一品牌
网易163免费邮箱--中文邮箱第一品牌.容量自动翻倍,支持50兆附件,免费开通手机号码邮箱赠
送3G超大附件服务.支持各种客户端软件收发,垃圾邮件拦截率超过98%.
mail.163.com/ 2014-03-21 ▾ V₃ - 百度快照

免费邮箱-邮箱大全

 邮箱大全,邮箱网址大全,邮箱注册,电子邮箱,免费邮箱申请,Yahoo邮箱
注册,Hotmail邮箱注册,邮箱网址导航,email注册
www.benpig.com/ma...htm 2014-03-03 ▾ - 百度快照

新浪邮箱
新浪邮箱,提供以@sina.com和@sina.cn为后缀的免费邮箱.2G超大附件和50M普通附件,容量
5G至无限大,整合新浪微博应用,支持客户端收发,更加安全,更少垃圾邮件.
mail.sina.com.cn/ 2014-03-14 ▾ V₃ - 百度快照

易 126网易免费邮--你的专业电子邮局
网易126免费邮箱--你的专业电子邮局.14年邮箱运营经验,系统快速稳定,垃圾邮件拦截率超过
98%,邮箱容量自动翻倍,支持高达3G大附件,提供免费网盘及手机号码邮箱服务.
www.126.com/ 2014-03-21 ▾ V₃ - 百度快照

图 6—19　搜索免费邮箱

图 6—20　126 邮箱首页

图 6—21　126 邮箱注册页面

255

图 6—22　126 邮箱注册页面

输入验证码后点击注册，邮箱就注册好了。

（2）利用服务器端的浏览器收/发电子邮件。

①登录邮箱。启动浏览器，登录 126 邮箱首页，在右上角的通行证登录框中输入刚申请的 yy495835918，在其后的"密码"文本框中输入自己的密码，然后单击"登录"按钮即可登录。成功登录进入邮箱首页，如图 6—23 所示。

图 6—23　126 邮箱界面

②接收电子邮件。接收电子邮件时可直接单击左窗格中的"收信"超链接。

③撰写信函。单击左窗格中的"写信"超链接，然后在右窗格中出现发信窗口，在其中输入收信人的电子邮箱、信件的主题和内容，如图 6—24 所示。

图 6—24　写邮件界面

④添加附件。单击"添加附件"超链接，打开添加文件对话框，在其中选择所需发送的文件，然后单击"打开"按钮，回到写信窗口，此时正文上方出现回形针图标并附有附件名称，表示附件添加成功。取消附件的发送时只需单击"删除"按钮即可。

⑤发送邮件。单击底端的"发送"按钮，页面刷新后即可看到邮件已经发送成功，如图 6—25 所示。

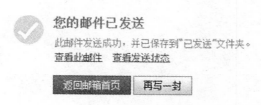

图 6—25　发送成功界面

（3）使用客户机端的专用软件收发邮件。

以 Microsoft Outlook 2010 为例，介绍专用邮件管理软件收/发电子邮件的操作步骤：

①启动软件。选择"开始"→"所有程序"→Microsoft Outlook 2010 命令，启动 Outlook 2010 软件，如图 6—26 所示。

②配置账户。配置电子账户邮件，按照向导逐步配置即可，配置过程，如图 6—27～图 6—31 所示。

③添加新账户设置。选择"手动配置服务器设置或其他服务类型（M）"选项，并点击"下一步"按钮，如图 6—28 所示。

"电子邮件账户"选项，需要输入"您的姓名"、"电子邮件地址"、"密码"、"重复键入密码"等选项，此时 Outlook 会自动为你选择相应的设置信息，如邮件发送和邮件接收服务器等。但有时候它找不到对应的服务器，那就需要手动配置了。

"短信（SMS）"选项，需要注册一个短信服务提供商，然后输入供应商地址，用户名和密码（注册短信服务提供商）。

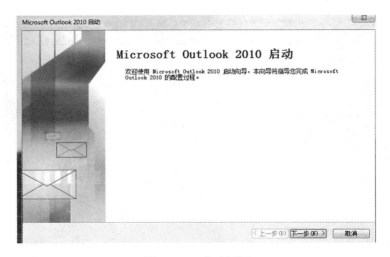

图 6—26　启动画面

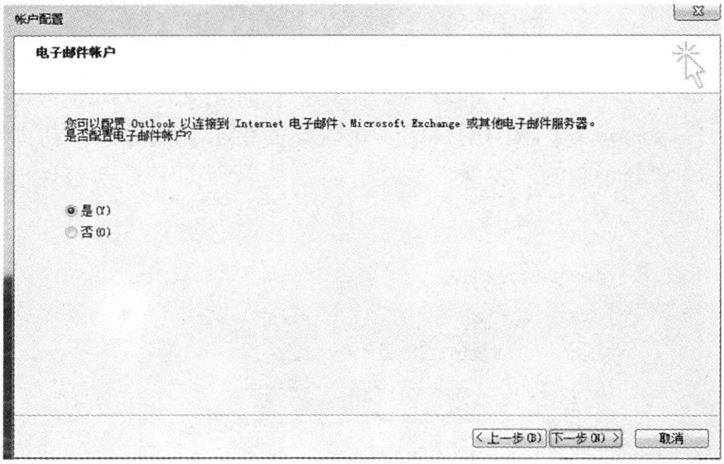

图 6—27　账户配置

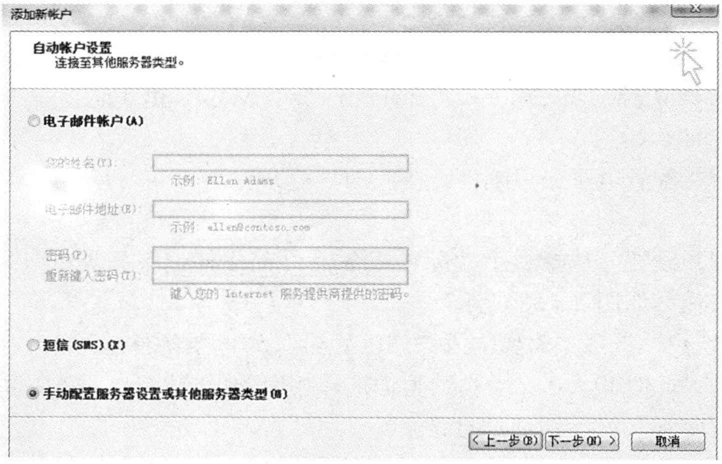

图 6—28　添加新账户

④选择服务。选择"Internet 电子邮件（T）"选项，并点击"下一步"按钮，如图 6—29 所示。

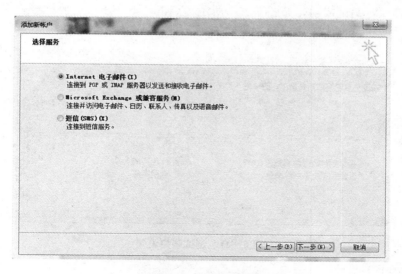

图 6—29　选择服务

"Microsoft Exchange 或兼容服务"，需要在"控制面板"里面设置。"短信（SMS）"，需要在"控制面板"里面设置。

⑤Internet 电子邮件设置。输入用户信息、服务器信息、登录信息，然后可以点击"测试账户设置"按钮进行测试，如图 6—30 所示。

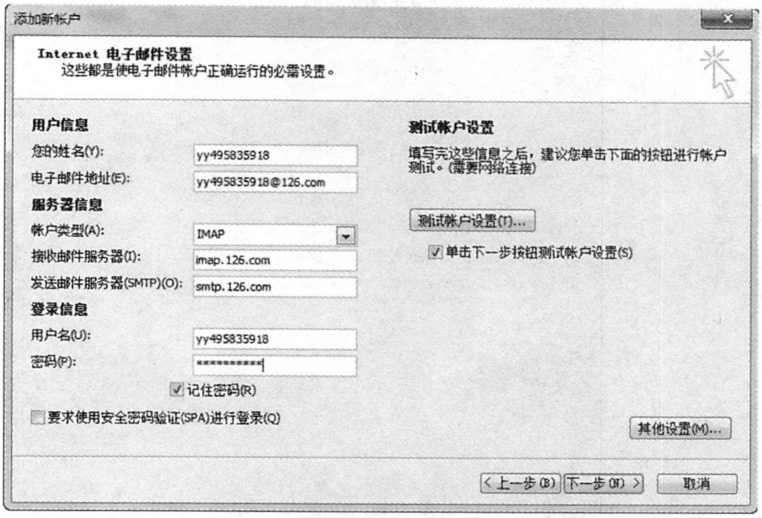

图 6—30　Internet 电子邮件设置

如果测试不成功（前提是用户信息、服务器信息、登录信息正确），点击"其他设置"按钮，弹出"Internet 电子邮件设置"对话框，在"Internet 电子邮件设置"对话框中选择"发送服务器"标签页，把"我的发送服务器（SMPT）要求验证"选项打上钩，点击"确定"按钮，返回"添加账户"对话框。在"添加账户"对话框中再次点击"测试账户设置"按钮，此时测试成功，如图 6—31 所示。点击"下一步"会测试账户设置，成功后点击"完成"按钮，完成账户设置。

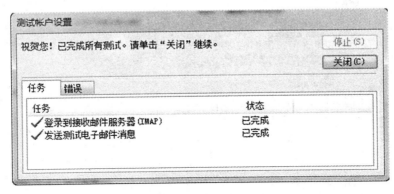

图 6—31　测试账户设置

（4）发送电子邮件。

①发送和接收全部邮件。最简单的方法是直接单击工具栏中的"发送和接收全部邮件"按钮。此时系统会检查是否有保存在"发件箱"中的待发的邮件，如果有，将按照其电子邮件地址使用默认邮件服务器将其发送出去。同时系统会检查所有电子邮件账户中是否有新到达的邮件，如果有，将其下载并显示到 Outlook 收件箱窗口中。

②创建新邮件。单击工具栏中的"创建邮件"按钮，打开如图 6—32 所示的"新邮件"窗口，其中"发件人"栏的内容由系统按设置自动填写，用户需填写"收件人"和"抄送"（得到邮件的副本）的电子邮件地址。

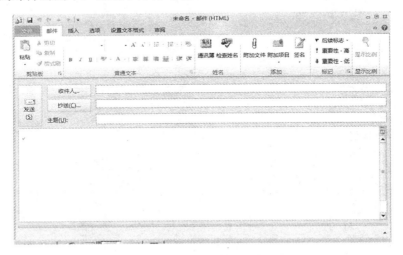

图 6—32　输入收件人、抄送和主题

③添加邮件附件。选择"插入"→"文件附件"命令，在打开的"插入附件"对话框中选择需要作为附件发送的文件（一般为压缩文件），然后单击"附件"按钮。此时窗口

中将多出一个附件栏，其中显示插入的附件。

（5）接收电子邮件。

接收邮件时仅需单击工具栏中的"发送和接收全部邮件"按钮或选择"工具""发送和接收"→"接收全部邮件"命令。收到的邮件将被显示在"收件箱"窗口中，带有  标记的为已读过的邮件，带有 📩 标记的为未读的新邮件，带有 📎 标记的为带有"附件"的邮件。

在收件箱中选择某邮件后，其内容将显示在窗口下方的窗格中。单击窗格右上角的附件标记 📎 将弹出一个菜单，在其中选择"保存附件"命令，可以将附件保存至指定的位置。双击收件箱中某邮件的标题，将打开阅读邮件窗口，用户可通过该窗口方便地阅读邮件内容。

（6）转发电子邮件。

若希望将收到的邮件转发给他人，可在收件箱窗口中右击该邮件，在弹出的快捷菜单中选择"转发"或"作为附件转发"命令，然后在打开的转发窗口中输入相应的内容。

（7）答复发件人。

在收件箱窗口中右击需要回复的邮件，在弹出的快捷菜单中选择"答复发件人"命令。在"答复发件人"窗口中系统自动将原收件人和发件人的地址互换，用户仅需在填入答复文本后单击工具栏中的"发送"按钮即可。在答复发件人的同时，依然可以使用"抄送"将邮件同时转发给其他人。

项目实训

1. 设置计算机通过无线网络接入互联网。

2. 将南宁职业技术学院网站放到"收藏夹"中。

3. 将南宁职业技术学院首页中带有学校标志的图片保存到计算机中，并将"文件类型"设置为位图（.bmp）。

项目 3　计算机病毒与网络安全

项目情境：小明的计算机在使用过程中，出现了蓝屏现象。重启之后，又可以正常使用。可是在插入 U 盘进行数据拷贝的时候，又出现死机现象。怀疑是计算机感染了病毒。需要安装杀毒软件对计算机进行检测和处理。

本项目包括安装杀毒软件的任务。

任务 1　安装杀毒软件

任务要求：掌握杀毒软件的下载安装和使用。

操作步骤如下：

（1）了解软件安装环境。

360 杀毒目前支持下面操作系统：Windows XP SP2 以上（32 位简体中文版）；Windows

Vista（32 位简体中文版）；Windows 7（32 位简体中文版）；Windows Server 2003/2008。

（2）下载杀毒软件。

要安装 360 杀毒，通过 360 杀毒官方网站下载最新版本的 360 杀毒安装程序。

（3）软件安装。

双击运行下载好的安装包，弹出 360 杀毒安装向导。选择安装路径，可以点击"浏览"按钮选择安装目录，建议按照默认设置。如图 6—33 所示。

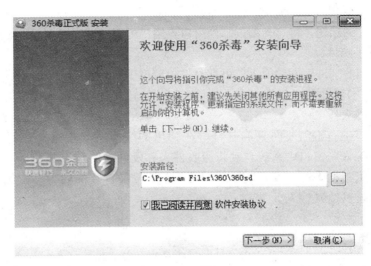

图 6—33　安装向导

安装过程如图 6—34 所示。安装完成后，之后出现智巧模式界面，如图 6—35 所示。点击右下角的提示，可以切换到专业模式进行更多的操作，如图 6—36 所示。

图 6—34　安装过程

图6—35 智巧模式界面

图6—36 专业模式界面

点击相应的命令按钮，进行相应的病毒查杀。例如，选择全盘扫描，出现如图6—37所示。等待扫描结束，按提示进行下一步操作即可。如图6—38所示。

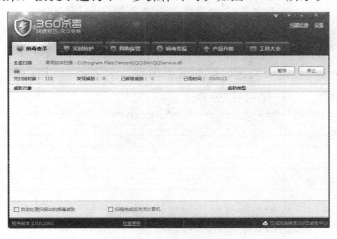

图6—37 病毒查杀界面

图6—38 扫描结果

项目实训

为自己的计算机安装一款杀毒软件，并进行全盘扫描。

基础知识

1. 计算机网络的基本概念

（1）计算机网络的起源和定义。

1946年，世界上第一台电子计算机诞生，在以后的几年里，计算机只能支持单用户使用，计算机的所有资源也只能为单个用户占用，直至分时多用操作系统出现。分时多用户操作系统支持多个用户利用多台终端共享单台计算机的资源。出于应用的需求，人们开始利用通信线路将远程终端连至主机，不受地域限制地使用计算机的资源。

1968年，美国国防部高级研究计划局（ARPA）和麻省剑桥的BBN公司签订协议，进行计算机之间的远程互连研究，研究的成果出现了著名的ARPANET。ARPANET的出现标志着世界上第一个计算机网络的诞生。

计算机网络是利用通信线路和设备，将分散在不同地点、并具有独立功能的多个计算机系统互连起来，按照网络协议，在功能完善的网络软件支持下，实现资源共享和信息交换的系统。

（2）计算机网络的发展。

计算机网络的发展经历了从简单到复杂，从低级到高级的过程，大致分为四个阶段：

①面向终端的计算机网络。它以单个计算机为中心的远程联机系统，构成面向终端的计算机网络。用一台中央主机连接大量的地理上处于分散位置的终端，如20世纪50年代

264

美国最著名的是美国半自动防空系统 SAGE。现在银行前台业务的网络系统仍然是由该系统改进而来的。

②计算机—计算机网络。20 世纪 60 年代中期，出现了多台计算机互连的系统，开创了"计算机—计算机"通信时代，并存多个处理中心，实现资源共享。美国的 ARPA 网，IBM 的 SNA 网，DEC 的 DNA 网都是成功的典范。这个时期的网络产品是相对独立的，不同公司间的网络产品是不能互相联网的，联网只能在同一公司的同一产品间联网。各产品间没有统一标准。

③开放式标准化的网络。由于相对独立的网络产品难以实现互连，国际标准化组织（ISO：Internation Standards Organization）于 1984 年颁布了称为"开放系统互连参考模型"的国际标准 ISO7498，即著名的 OSI 七层参考模型，简称 OSI/RM，从此网络产品有了统一标准。它促进了企业的竞争，大大加速了计算机网络的发展。

④新一代互联网络。随着局域网技术发展成熟，出现光纤、高速网络技术、无线网络与网络安全技术、多媒体和智能网络。千兆位、万兆位网络的发展，使人类进入多媒体通信信息时代。

（3）计算机网络的分类。

计算机网络的分类方法很多，可以从不同的角度对计算机网络进行分类。其中最常用的是按计算机网络所覆盖的地域范围进行分类，分为局域网（Local Area Network，LAN）、城域网（Metropolitan Area Network，MAN）、广域网（Wide Area Network，WAN）。

局域局：通常在地域上位于园区或者建筑物内部的有限范围内，范围通常在 10 米～10 千米内。局域网被广泛应用于连接企业或者机构内部办公室之间的电脑和打印机等办公设备，实现数据交换和设备共享，它是一种不通过电信线路的网络。

城域网：在地域分布上比 LAN 更广。城域网最初是指连接不同园区或者不同建筑之间的计算机网络。城域网不仅具备数据交换功能，还能够进行话音传输，甚至可以与当地的有线电视网络相连接，进行电视信号的广播。随着网络技术的发展，城域网及局域网之间的区别也在逐渐模糊。

广域网：简称 WAN，用于连接同一国家、不同国家间甚至洲际间的局域网和城域网。广域网有时也称远程网，具有覆盖范围大、传输速率低、误码率高等特征。

（4）计算机网络的功能。

①资源共享。实现资源共享是计算机网络建立的主要目的。资源共享是指硬件、软件和数据资源的共享。网络用户不但可以使用本地计算机资源，而且可以通过网络"访问互联网"的远程计算机资源，还可以调用网络中几台不同的计算机来共同完成某项任务。

②数据通信。数据通信是计算机网络最基本的功能，是实现其他功能的基础。主要完成网络中各个节点之间的通信。利用这一功能，地理位置分散的生产单位或业务部门可通过计算机网络连接起来进行集中的控制和管理。

③集中管理与分布式处理。通过集中管理不仅可以控制计算机的权限和资源的分配，还可以协调分布式处理和服务的同步实现。对解决复杂问题来说，多台计算机联合使用构成高性能的计算机体系，可以扩大计算机的处理能力，降低购置成本。

④负载平衡。负载平衡是指工作被均匀地分配给网络上的各台计算机。网络控制中心负责负载分配和超载检测，当某台计算机负载过重时，系统会自动转移部分工作到负载较轻的计算机上去处理。

（5）计算机网络的组成。

计算机网络系统由网络硬件系统和网络软件系统两部分组成。在网络系统中，硬件对网络的性能起着决定性的作用，是网络运行的实体；而网络软件则是支持网络运行、使用网络资源的工具。下面介绍构成网络的主要成分。

①服务器。服务器是网络的核心，为网络上的其他计算机提供服务的功能强大的计算机，这要求它具有高性能、高可靠性、高吞吐量、大内存容量等特点。服务器的主要功能是为网络客户机提供共享资源、管理网络文件系统、提供网络打印服务、处理网络通信、响应客户机上的网络请求等。常用的网络服务器有文件服务器、通信服务器、打印服务器、DNS 服务器、FTP 服务器、E-mail 服务器、www 服务器、数据库服务器、计算服务器等。

②客户机。使用服务器所提供服务的计算机。它是网络上的一个客户，只为它的操作者服务，因此要求性能不是太高，一般可用普通的 PC 机担当。

③网络适配器。网络适配器简称网卡，是计算机与通信介质的接口。网卡的主要功能是实现网络数据格式与计算机数据格式的转换、网络数据的接收与发送等。每一台网络服务器和客户机至少都配有一块网卡，通过通信介质连接到网络上。

④共享的外部设备。连接在服务器上的硬盘、打印机和绘图仪等都可以作为共享的外围设备。

⑤传输介质。传输介质分为有线传输介质和无线传输介质两种。常见的有线传输介质有同轴电缆、电话线、双绞线和光纤。无线传输介质有无线电波、微波、红外线和光波等。

● 双绞线（Twisted Pair，TP）主要用于点到点通信信道的中低档局域网及电话系统中。双绞线是将一对或一对以上的双绞线封装在一个绝缘外套中的一种传输介质，是局域网中常用的一种布线材料。双绞线可分为非屏蔽双绞线（Unshielded Twisted Pair，简称 UTP）和屏蔽取绞线（Shielded Twisted Pair，简称 STP）。使用较多的是 UTP 线。

● 同轴电缆（Coaxial Cable）由内部导体（铜线内芯）、环绕绝缘层、绝缘层外的金属屏蔽网和最外层的护套组成。但随着局域网技术的发展，同轴电缆已被非屏蔽双绞线和光纤所取代。

● 光纤（Optical Fiber）俗称光缆，主要用于各种高速局域网中。光纤是一种传输光束的细微而柔韧的介质，通常由透明的石英玻璃拉成细丝，由纤芯和包层构成双层通信圆柱体。纤芯用来传导光波。光纤的优点是：不受外界电磁干扰与影响，信号衰减小，频带较宽，传输距离较远，传输速度快。

● 无线电波。采用无线电波作为无线局域网的传输介质是目前应用最多的，这主要是因为无线电波的覆盖范围较广、应用较为广泛。

● 微波。微波通信主要有两种方式：地面微波接力通信和卫星通信。可传输电话、电报、图像、视频、数据库等信息。

● 卫星通信是利用人造地球卫星作为中继站转发微波信号使各地通信之间互相通信。目前卫星通信主要用于电视和电话通信系统。

⑥网络通信和互联设备。通常有调制解调器（Modem）、集线器（Hub）、中继器（Repeater）、网桥（Bridge）、交换机（Switch）、路由器（Router）、网关（Gateway）等。

⑦网络软件系统。计算机网络的软件系统比单机环境的软件系统要复杂得多。网络软件通常包括网络操作系统、网络应用软件和网络通信协议等。

网络操作系统是运行在网络硬件基础之上的，为网络用户提供共享资源管理服务、基本通信服务、网络系统安全服务及其他网络服务的软件系统。网络操作系统是计算机网络的核心软件，其他客户机应用软件需要网络操作系统的支持才能运行。

网络应用软件都是安装和运行在网络客户机上，所以往往也被称为网络客户软件。如浏览器、电子邮件应用软件、FTP 下载工具、QQ、游戏软件等。

网络通信协议是通信双方在通信时遵循的规则和约定，是信息网络中使用的特定语言。根据组网的不同，可以选择相应的网络协议。TCP/IP 是 Internet 上进行通信的标准协议之一，若使用 TCP/IP 协议，就可以将计算机连接到 Internet 中。

（6）计算机网络的拓扑结构。

计算机网络的拓扑结构（Topology）是指计算机网络结点和通信链路按不同的形式所组成的几何形状。网络的拓扑结构对整个网络的设计、功能、可靠性、费用等方面有着重要的影响。选用何种类型的网络拓扑结构，要根据实际需要而定。计算机网络通常有以下几种拓扑结构：星型拓扑、总线型结构、环型拓扑、网状型拓扑、树型拓扑。

物理拓扑结构是指物理结构上各种设备和传输介质的布局。以太网普遍采用的是星型拓扑结构的物理拓扑结构。

（7）局域网标准。

局域网是指将小范围内的有限的通信设备互联在一起的通信网络。决定局域网特性的主要技术要素有 3 个：网络拓扑结构、传输介质和介质访问控制方法。1980 年 2 月成立了局域网标准化委员会，即 IEEE 802 委员会（The Institute of Electrical and Electronics Engineers INC，即 IEEE，电器和电子工程师协会）。该委员会制定了一系列局域网标准，称为 IEEE 802 标准。该标准已被国际标准化组织 ISO 采纳，作为局域网的国际标准。IEEE 802 局域网标准对局域网的定义为"局域网是一个数据通信系统，其传输范围在中等地理区域，使用中等或高等的传输速率，可连接大量独立设备，在物理信道上互相通信"。在局域网中使用得最广泛的标准是以太网（Ethernet）家族、令牌环（Token Ring）、令牌总路线、无线局域网，虚拟网等。

（8）计算机网络的体系结构。

计算机网络通信是一个非常复杂的过程，所涉及的问题很多。在网络发展的早期，很多大公司如 IBM、DEC 等都分别提出了自己的解决方案，制定了相应的通信协议。这种局面造成了不同厂商的设备无法互联，为解决这个问题。ISO 制定了 OSI 模型，采用"分治"思想，将网络的体系结构分为 7 层，如表 6—2 左边所示。

OSI 模型			TCP/IP 模型	
7	应用层		4	应用层
6	表示层			
5	会话层			
4	传输层		3	传输层
3	网络层		2	网络层
2	数据链路层		1	网络接口层
1	物理层			

OSI 参考模型每层的主要功能如下：

第 7 层即应用层（Application Layer）：为应用程序提供标准的访问网络的接口，应用程序的开发者通过这些接口调用网络而不必考虑数据如何传输等底层问题。

第 6 层即表示层（Presentation Layer）：解决在网络中传输的数据如何表示的问题。

第 5 层即会话层（Session Layer）：提供主机之间的通信管理。

第 4 层即传输层（Transport Layer）：提供一个端到端的可靠、透明和优化的数据传输服务机制。

第 3 层即网络层（Network Layer）：负责为网络中的数据包选择最佳的传输路径。

第 2 层即数据链路层（Datalink Layer）：将数据分帧并处理流控制，提供纠错机制，实现在一条有可能出差错的物理链接上，进行几乎无差错的数据传输。

第 1 层即物理层（Physical Layer）：利用物理传输介质为数据链路层提供物理链接，以便透明地传送比特流。

OSI 模型理论较为完备，但实现起来过于复杂。1974 年，Kahn 定义了最早的 TCP/IP 参考模型。由于该模型相对 OSI 模型易于实现，又能满足计算机网络通信的需求，因而得到了迅速的发展。现在 TCP/IP 协议已经成为了 Internet 的标准通信协议。TCP/IP 模型的层次划分及其与 OSI 模型的对应关系，如表 6—2 所示。

2. Internet 定义

Internet 是指全球规模最大的、开放的，由众多网络相互连接而构成的世界范围的计算机网络，中文译名为"因特网"。其特点之一是"网际互联"，这是 internet 这个英文单词的原意，也是 Internet 曾经被称为"互联网"、"网际网"的原因。不过，Internet 是大写开头的专有名词，并不是泛指一般的网际互联，而是特指使用 TCP/IP 协议的"网际互联"。1997 年，我国科学技术名词审定委员会公布的信息科技名词将大写开头的 Internet 定名为"因特网"，小写开头的 internet 定名为"互联网"，泛指一般的网际互联。

3. TCP/IP 协议

网络协议是网络上所有实体（网络服务器、客户机、交换机、路由器、防火墙等）之间通信规则的集合，是用来控制计算机之间数据传输的计算机软件。也就是说，计算机之间相互通信需要遵守一定的规则，这些规则就称为网络协议。不同计算机之间必须使用相同的网络协议才能进行通信。目前，Internet 上最为流行的是 TCP/IP 协议，它已经成为 Internet 的标准协议。

TCP/IP 协议实际上是 TCP 协议和 IP 协议的集合。其中 IP（Internet Protocol）协议即"网际协议"，详细规定了计算机在通信时应该遵循的全部规则，是 Internet 上使用的一个关键的底层协议。该协议指定了所要传输的数据包的结构，它要求计算机把信息分解成为一个个较短的数据包来发送。每个数据包除了包含一定长度的正文外，还包含数据包将被送往的 IP 地址，这样的数据包被称为"IP 包"。这样一条信息的多个 IP 包就可以通过不同的路径到达同一个目的地，从而可以利用网络的空闲链路来传输信息。

TCP（Transmission Control Protocol）协议即"传输控制协议"。由于每个 IP 包到达目的地的中转路径及到达的时间都不尽相同，为防止信息包丢失，有必要在 IP 协议的上层增加一个对 IP 包进行验错的方法，这就是 TCP 协议。TCP 协议检验一条信息的所有 IP 包是否都已经收齐，次序是否正确，若有哪个 IP 包还没有收到，则要求发送方重发这个 IP 包；若各个 IP 包到达的次序出现混乱，则要进行重排。TCP 协议的作用是确保一台计算机发出的报文流能够无差错地发送到网上的其他计算机，并在接收端把收到的报文再组装成报文流输出。

4. IP 地址

由于互联网上各物理网络所使用的技术不同，网络节点的物理地址的长度、格式和表示方法也不相同。因此，要想让互联网上任意两个节点都能进行通信，首先必须找到一个统一的节点地址表示方式。采用 TCP/IP 的互联网为每个联网节点都分配了一个唯一的互联网地址——IP 地址。IP 地址由 IP 地址管理机构进行统一管理和分配，保证互联网上运行的设备（如主机、路由器等）不会产生地址冲突。

在互联网上主机可以利用 IP 地址来标志。但是，一个 IP 地址标志一台主机的说法并不准确。严格地说，IP 地址指定的不是一台计算机，而是计算机与网络的一个连接。因此，具有多个网络连接的互联网设备就应具有多个 IP 地址。多宿主主机（装有多块网卡的计算机）由于每一块网卡都可以提供一条物理连接，因此它也应该具有多个 IP 地址。在实际应用中，还可以将多个 IP 地址绑定到一条物理连接上，使一条物理连接具有多个 IP 地址。

目前因特网地址使用的是 IPv4（IP 第 4 版本）的 IP 地址，它用 32 位二进制（4 个字节）表示。为了方便用户的理解和记忆，IP 地址采用点分十进制标记法，即将 4 字节的二进制数值转换成 4 个十进制数值，每个数值小于等于 255，数值中间用"."隔开，表示成 w. x. y. z 的形式。如 IP 地址：11001010 01110111 00000010 11000111，其对应的十进制格式为：202.119.2.199。

（1）IP 地址的组成。

一般地，IP 地址由网络号（Network ID）和主机号（Host ID）两个部分组成，如图 6—39 所示，网络号用来标志互联网中的一个特定网络，而主机号则用来表示该网络中主机的一个特定连接。

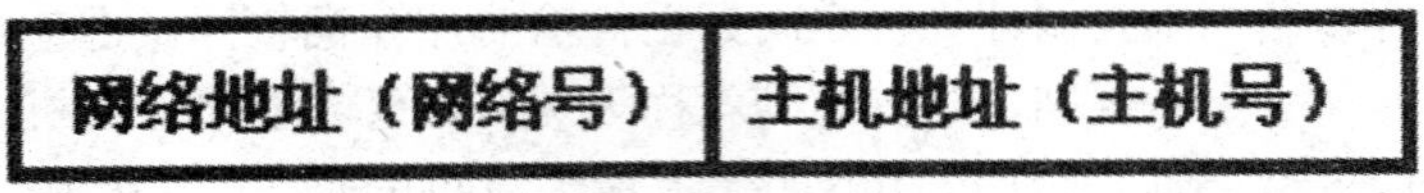

网络地址（网络号）	主机地址（主机号）

图 6—39 IP 地址的组成

所有在相同物理网络上的系统必须有同样的网络号，网络号在互联网上应该是独一无二的。主机号在某一特定的网络中才必须是唯一的。

（2）IP 地址的分类。

为了适应各种不同的网络规模，IP 协议将 IP 地址分成 A、B、C、D、E 五类，Internet 网上常用的有 A、B、C 三类。它们可以根据第一字节的前几位加以区分，如图 6—40 所示。

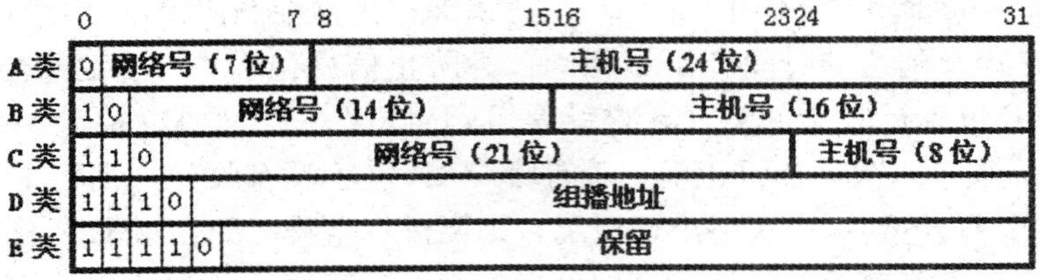

图 6—40 IP 地址格式

①A 类。A 类地址分配给规模特别大的网络使用。A 类地址用第一个字节用来表示网络 ID，其中最高 1 位设为 0，实际上只有 7 位用来标识网络地址，后面三个字节用来表示主机 ID。允许有 126 个网络和在每个网络里有 16 777 412 台主机。

②B 类。B 类地址分配给中到大型网络。B 类地址用前面两个字节用来表示网络 ID，其中第一字节的两个最高位设为 1 0，实际只有 14 位用来标识网络地址，后两个字节用来表示网络上的主机 ID。允许有 16 384 个网络，每个网络允许拥有 65 534 台主机。

③C 类。C 类地址分配给小型网络，如大量的局域网和校园网。C 类地址用前三个字节表示网络 ID，其中第一字节最高三位为 1 0 0，实际只有 21 位用来标识网络地址，最后一个字节作为网络上的主机地址。允许有 2 097 152 个网络，每个网络拥有 254 台主机。

④D 类。D 类地址是为 IP 多点传送地址而保留的。D 类地址的前四位通常置为 1 1 1 0。

⑤E 类。E 类地址是为将来用途所保留的实验地址。E 类地址的前四位为 1 1 1 1。

A、B、C 三类地址通常用来标识主机的一个特定连接，因此我们称之为单目传送地址（目标为单个主机），E 类地址用于多址投递系统，被称为组播地址（Multicast），而 E 类地址尚未使用，以保留给将来使用。如表 6—3 所示，概括地总结了 A、B、C 三类 IP 地址可以容纳的网络数和主机数。

表 6—3   A、B、C 三类 IP 地址总结

类	第一字节范围（W 位）	网络地址长度	最大的主机数目	适用的网络规模
A	1~126	1 字节	16777214	大型网络
B	128~191	2 字节	65534	中型网络
C	192~223	3 字节	254	小型网络

（3）IPv6。

IPv6 是 Internet 的新一代 IP 协议，它的主要特点包括：

①地址长度为 128 位，以支持大规模数量的网络节点。

②IPv6 简化了报头，减少了路由表长度，同时减少了路由器处理报头的时间，降低了报文通过因特网的延迟。

③增强了选项和扩展功能，使 IPv6 具有更大的灵活性，具有更强的功能。

④IPv6 对服务质量 QoS 作了定义，IPv6 报文可以标记数据所属的流类型，以便路由器或交换机进行相应的处理。

⑤IPv6 提供了比 IPv4 更好的安全性保证。

5. 域名及域名服务

域名（Domain）是网络中用以表示和定位网络主机的字符串组合。由若干层级组成，各层级之间用"."隔开。主机域名与其 IP 地址是一一对应的，两者都能定位网络主机。域名系统的层级结构和格式一般为：计算机主机名 .…. 三级域名 . 二级域名 . 顶级域名。每级域名由英文和数字组成，长度不超过 63 个字符，字母不区分大小写，一个完整的域名总字符数不超过 255 个。最右边一级域名为最高一级的顶级域名，最左边一级为主机名。例如，www. ncvt. net 表示网络机构的、南宁职业技术学院的一台 WWW 服务器，其中 www 为计算机主机名即 Web 服务器，ncvt 为南宁职业技术学院域名，net 为网络机构的域名。这种标识网络主机的方法便于记忆，称为域名系统（Domain Name System，缩写 DNS）。顶级域名分为两类：一类是机构域名，另一类是地域域名。如表 6—4 和表 6—5 所示。

表 6—4　　　　　　　　　　　　　　常见的机构性域名

域名	含义
com	盈利性商业实体
int	军事网点
org	非盈利机构
gov	政府部门
net	网络机构
edu	教育机构

表 6—5　　　　　　　　　　　　　　常见地域性域名

域名	含义
be	比利时
de	德国
ie	爱尔兰
it	意大利

域名	含义
ch	瑞士
gb	英国
ca	加拿大
cn	中国
in	印度
us	美国

域名服务器（DNS）是安装有域名解析处理软件的主机，用于实现域名解析（将主机名连同域名一起映射成 IP 地址）。此功能对于实现计算机网络连接起着非常重要的作用。例如，当网络上的一台客户机需要通过 IE 访问 Internet 上的某台 WWW 服务器时，客户机的用户只需在 IE 地址栏中输入该服务器的域名，如 www. ncvt. net，即可与该服务器进行连接。实际上网络上的计算机之间连接是通过计算机的 IP 地址实现的。因此，在计算机主机域名和 IP 地址之间必须有一个转换：将域名解释成 IP 地址。域名解释的工作由域名服务器来完成。

6. Internet 接入技术

用户接入 Internet 首先要选择一个 ISP（Internet 服务提供商），然后用户可根据规模、用途等方面的要求，选择不同的接入方式。下面介绍 Internet 上常用的一些接入方式。

（1）局域网接入。

局域网接入是指将局域网中的客户机连接局域网的服务器，再通过服务器接入 Internet。当用户使用局域网接入方式上网时，需要先安装好一块连接局域网的网卡，再配置连接到 Internet 的 TCP/IP 协议的属性即可。

局域网接入主要采用以太网技术，以信息化小区的形式为用户服务。在中心节点使用高速交换机，为用户提供光纤到小区及 LAN 双绞线到户的宽带接入。基本做到千兆到小区、百兆到大楼、十兆到用户。其特点是：接入设备成本低、可靠性好，用户只需一块网卡即可轻松上网。但是由于交换机和路由器的总出口要分享给很多客户，因此当同时上网的人较多时速度比较慢。

（2）宽带 ADSL 接入。

非对称数字用户环路（Asymmetric Digital Subscriber Line，简称 ADSL）是一种通过现有的普通电话线为家庭、办公室提供高速数据传输服务的技术。在现有的电话线线路两端加装 ADSL 设备（如 ADSL Modem），即可为用户提供高速宽带服务。ADSL 使用的是话音以外的频带，上网并不通过电话交换机，用户不用交电话费，但要交 ADSL 月租费。另外，ADSL 上网和打电话互不影响，也为用户生活和交流带来了便利。ADSL 是目前主流的家庭上网方式，ADSL 的速度和稳定性都是目前各种家庭用户上网接入方式中较为出色的。

（3）有线电视网接入。

在有线电视同轴电缆与用户的计算机之间连接电缆调制解调器（Cable Modem）可实现电缆数据的传输。Cable Modem，顾名思义是适用于电缆传输体系的调制解调器。它利用有线电视电缆可以同时传输多个频道的工作机制，使用电缆带宽的一部分来传送数据。有线电视的用户只要装上一个 Cable Modem 就可以利用有线电视网上网。

（4）DDN 专线接入。

数字数据网（DDN，Digital Data Network）是个数字传输网络，利用数字信道提供永久性和半永久性连接电路，用来传输数据信号。它可用于计算机之间的通信，也可用于传送数字化传真、数字语音、数字图像信号或其他数字化信号。DDN 专线接入的用户主要是一些大公司或事业单位。只要向当地的电信部门租用一条 DDN 专线，就可以将本单位的整个局域网接入 Internet。

（5）电话拨号接入。

电话拨号接入也是使用电话线线路，但使用话音频带，因此需要在计算机与电话线之间安装一台 Modem 进行数字信号与模拟信号之间的转换。这种接入方式需要占用电话线路，上网时不能打电话，而且网络速度比较慢，性能也比较差。

（6）无线接入。

无线接入是指从用户终端到网络的交换节点全部采用或部分采用无线手段的接入技术，能为实时多媒体应用提供更好的服务质量保证。

目前国内、国际上较为流行的无线接入技术有：GSM 接入技术、CDMA 接入技术、GPRS 接入技术、CDPD 接入技术、固定无线宽带（LMDS）接入技术、DBS 卫星接入技术、蓝牙技术、HomeRF 技术、WCDMA 接入技术、3G 通信技术、无线局域网（WiFi）、无线光系统。目前个人用户最常用的无线接入方式为 3G 无线上网和 Wi-Fi 接入。不少学校和公共场所都提供了 Wi-Fi 接入服务。

7. Internet 的基本服务

Internet 上提供了许多种类的服务，下面列举一些基本的服务种类。

（1）电子邮件（E-mail）。

这是 Internet 上最常用的服务和基本功能。通过 Internet 世界各地的用户能够方便、快捷地收发电子邮件，及时获取信息。

（2）万维网（WWW）。

万维网是目前 Internet 上最受欢迎和易于使用的信息系统，是一种基于超文本（Hyper Text）方式的信息查询工具，用户可通过 WWW 浏览器简便直观地查询并获取分布于世界各地的计算机上的各种信息资源。

（3）文件传输（FTP）。

FTP 允许 Internet 用户将本地计算机上的文件与远程计算机上的文件双向传输。使用 FTP 几乎可以传送所有类型的文件：文本文件、可执行文件、图像文件、声音文件、数据库文件等。互联网上有许多公共 FTP 服务器，提供大量最新的资讯和软件供用户免费下载。

（4）远程登录（Telnet）。

远程登录是指在网络通信协议的支持下，用户的计算机通过 Internet 就可以使用远程主机所提供的服务，共享资源。

（5）新闻组（Usenet）服务。

新闻组（Usenet）是 Users network 的简称，也被称为 Newsgroup。它是具有共同爱好的 Internet 用户相互交换意见的一种用户交流网络，类似于一个全球范围内的电子公告牌系统。

其他的 Internet 服务还有：电子新闻（Usenet News）、Archie 服务、Gopher 服务、广域信息服务系统（Wide Area Information Server，简称 WAIS）、电子公告牌（Bulletin Board System，简称 BBS)、电子商务、博客、网络聊天、网络电话等。

8. WWW 基础

WWW（World Wide Web），有时也叫 Web，中文译名为万维网、环球信息网等。WWW 由欧洲核物理研究中心（ERN）于 1989 年研制，其目的是为全球范围的科学家利用 Internet 方便地进行通信、信息交流和信息查询。WWW 是以 HTML 语言与 HTTP 协议为基础，用超链接将 Internet 上的所有信息连接在一起，并使用一致的用户界面提供面向 Internet 服务的信息浏览系统。通过 WWW 可以访问文本、声音、图像、动画、视频、数据库等多种形式的信息。

（1）WWW 服务器。

管理和运行 WWW 服务的计算机称为 WWW 服务器。WWW 由 Web 站点和网页组成。当 WWW 服务器通过 HTTP 协议接收到来自浏览器的访问请求时，WWW 服务器就通过 HTTP 协议把相应的网页传给浏览器，浏览器再按照 HTML 标准解释显示此网页。

（2）浏览器。

用户所用的浏览器为 WWW 的客户端程序，也称为 Web 浏览器。浏览器通过 HTTP 协议与 WWW 服务器相连接，浏览 Internet 上的网页。常用的浏览器有 IE 浏览器、360安全浏览器等。

（3）网页与主页。

网页实质上是一个包含超链接的超文本文件。用户从某一网页到另一网页的浏览实质上是通过超链接实现的。每个网页主要是用 HTML 语言编写的。用户通过浏览器浏览到的WWW 信息资源以页（Page）为单位，其中 WWW 服务器的第一页称为主页（Home Page）。

（4）HTTP 协议。

WWW 所使用的协议是超文本传输协议（HyperText Transfer Protocol，简称 HT-TP)，HTTP 协议基于 TCP/IP 连接实现。WWW 服务器和客户端程序必须遵守 HTTP 协议的规定来进行通信。

（5）URL。

统一资源定位器（Uniform Resource Locator，简称 URL）是用于完整地描述 Internet 网页和其他资源地址的一种标识方法。URL 的格式如下（带方括号［］的为可缺省项）：协议名：//主机地址［：端口号］/路径/文件名

例如，http://www.ncvtinfo.com/index.asp，ftp://ftp.microsoft.com/。

（6）超文本（Hypertext）。

超文本将文本、语音、图形、图像和视频等多种媒体信息按照相互之间的联系组织起来，其中的文字包含有链接到相关的其他位置或者文件的超链接，可从当前浏览的文本直接切换到超文本链接所指向的位置。较常用的超文本的格式是 HTML 格式及富文本格式（Rich Text Format，简称 RTF）。用户上网所浏览的 WWW 网页都属于 HTML 格式的超文本。

（7）HTML 语言。

超文本标记语言（Hyper Text Markup Language，简称 HTML）是一种最常用的描述网页的标记语言。它通过各种标记元素（或者说标记符）来定义网页文档内容。通过在网页中添加标记符，告诉浏览器如何显示网页。用 HTML 编写的网页文件以 .htm 或 .html 为后缀名。

9. 收发电子邮件的方式

收发电子邮件有两种方式：服务器端的浏览器方式和客户机端的专用软件方式。无论使用哪一种方式，用户都需要先登录提供电子邮件服务的网站申请免费邮箱或付费邮箱，注册获取用户名和口令（密码）。

服务器端的浏览器方式（Web 方式）收发电子邮件：用户在任何一台联网的 PC 上启动浏览器，访问提供电子邮件服务的网站，在其登录界面输入自己的用户名和口令，就可使用网站提供的页面接收、书写、发送电子邮件。其优点是用户无需在客户机安装专用的软件，使用方便。缺点是本地计算机与服务器信息交换频繁，占用网络线路时间较多，容易受到网络阻塞的影响。

客户机端的专用软件方式（POP3 方式）收发电子邮件：用户使用客户机上安装的专用电子邮件应用软件来接收、书写、发送电子邮件。这样的软件有 Foxmail、Outlook Express 等。其优点是书写、阅读邮件在本地计算机进行，占用网络线路时间较少，下载保存邮件方便。缺点是只有在安装了专用电子邮件应用软件的机器上才能使用。

10. 计算机信息安全的重要性

目前，我们已经进入 21 世纪的知识经济时代。在这个新时代里，信息与我们息息相关。信息对于巩固国防、确保国家安全、促进经济发展、推动社会进步、提高人们的工作水平和生活质量等具有重大的作用。随着计算机技术与互联网络的迅速发展和广泛使用，计算机的信息安全延伸为计算机网络的安全，主要分为网络系统安全和数据安全。网络系统安全指网络硬件、软件不被破坏，并且网络中的各个系统能够正常运行，能正常通过网络交换信息，实现运行服务安全。数据安全指网络中存储及传输的数据不被篡改、非法复

制、解密、使用等。

信息安全是整个国家安全的重要组成部分，它已成为影响国家全面发展和长远利益的关键问题。

11. 计算机信息安全技术

信息安全是一门涉及计算机科学、网络技术、通信技术、密码技术、应用数学和信息论等多种学科的综合性学科。信息安全技术可以分为两个层次，第一个层次是计算机系统安全，第二个层次是计算机数据安全。针对两个不同的层次，可以采用不同的安全技术。下面介绍几种常见的信息安全技术。

（1）加密技术。

加密技术是一种主动的信息安全防范措施，其原理就是利用一定的加密算法，将明文转换成无意义的密文，防止被非法获取时也保证用户获取原始数据，从而确保数据的保密性，加密技术同时也保证了信息的完整性和正确性。

（2）访问控制技术。

访问控制技术目的是防止非法用户（或者未授权用户）进入系统和合法用户（或者授权用户）对系统资源的非法使用。具体任务就是要对访问的申请、批准和撤消的全过程进行有效的控制。

（3）数字认证技术。

数字证书是一个经证书认证中心（Certificate Authority，CA）数字签名的、包含证书申请者（公开密钥拥有者）个人信息以及公开密钥的文件。基于公开密钥体制（PKI）的数字签名证书是电子商务安全体系的核心，用途是利用公共密钥加密系统来保护与验证公众的密钥。CA 对申请者所提供的信息进行验证，然后通过向电子商务各个参与方签发数字证书来确认其身份，保证网上支付的安全性。

（4）防火墙技术。

防火墙是一种允许接入外部网络，但同时又能够识别和抵抗非授权访问的网络安全技术。防火墙可以分为外部防火墙和内部防火墙。外部防火墙在内部网络 Intranet 和外部网络 Internet 之间建立起一个保护层，从而防止网络"黑客"的侵袭，其方法是监听和限制所有进出的数据通信，抵挡住外来非法信息的渗透并控制内部敏感信息的泄漏。内部防火墙将内部网络分隔成多个局域网，从而限制外部攻击所造成的损失。

（5）虚拟专用网络技术。

虚拟专用网络技术是用于 Internet 交易的一种专用网络，它可以在两个系统之间建立安全通道，用于电子数据交换。它与信用卡交易和客户发送订单交易不同，因为在 VPN 中，双方的数据通信量要大得多，而且通信的双方彼此都很熟悉。

（6）入侵检测技术。

入侵检测是对入侵行为的发觉，它通过对计算机网络或计算机的若干系统中的若干关键点收集信息并对其进行分析，从中发现计算机系统或网络中是否有违反安全策略的行为和被攻击的迹象。入侵检测系统是进行入侵检测的硬件和软件的有机结合。

12. 计算机信息安全法规

随着计算机信息网络的广泛应用，计算机犯罪将成为信息社会的主要犯罪形式之一。计算机犯罪的主要表现是侵犯计算机网络中的各种资源，包括硬件、软件以及网络中存储和传输的数据，从而达到窃取钱财、信息、情报及破坏的目的。

所有的社会行为都需要法律法规来规范和约束，Internet 也不例外。随着 Internet 技术的发展，各项涉及网络信息安全的法律法规也相继出台。下面列出我国与信息安全相关的一些法律法规，若需要可查阅相关的法律书籍。

☆ 中华人民共和国保守国家秘密法
☆ 中华人民共和国计算机信息系统安全保护条例
☆ 中华人民共和国国家安全法
☆ 计算机信息网络国际联网管理暂行规定
☆ 计算机信息网络国际联网安全保护管理办法
☆ 计算机信息系统安全专用产品检测和销售许可证管理办法
☆ 涉及国家秘密的通信、办公自动化和计算机信息系统审批暂行办法
☆ 商用密码管理条例
☆ 科学技术保密规定
☆ 中华人民共和国反不正当竞争法
☆ 关于禁止侵犯商业秘密行为的若干规定
☆ 加强科技人员流动中技术秘密管理的若干意见
☆ 计算机病毒防治管理办法
☆ 计算机信息系统国际联网保密管理规定
☆ 互联网信息服务管理办法
☆ 中华人民共和国电信条例
☆ 全国人大常委会关于维护互联网安全的决定
☆ 计算机软件保护条例
☆ 信息安全产品测评认证管理办法
☆ 中华人民共和国电子签名法
☆ 互联网安全保护技术措施规定
☆ 商用密码产品销售管理规定
☆ 电子认证服务密码管理办法
☆ 商用密码科研管理规定
☆ 商用密码产品生产管理规定
☆ 证券期货业信息安全保障管理暂行办法
☆ 电子认证服务管理办法
☆ 关于加强新技术产品使用保密管理的通知
☆ 信息网络传播权保护条例
☆ 商用密码产品使用管理规定
☆ 信息安全等级保护管理办法

☆ 境外组织和个人在华使用密码产品管理办法

☆ 通信网络安全防护管理办法

☆ 中华人民共和国保守国家秘密法

☆ 中央企业商业秘密保护暂行规定

13. 计算机病毒的特点、分类及防治

计算机病毒就是对计算机资源进行破坏的一组程序或指令集合。

（1）病毒的特点。

①传染性。传染性是计算机病毒的重要特性。计算机系统一旦接触到病毒就可能被传染。用户使用带病毒的计算机上网操作时，网络中的计算机均有可能被传染病毒，且病毒传播速度极快。

②潜伏性。一些编制巧妙的病毒程序，可以在合法文件或系统备份设备内潜伏一段时间而不被发现。在此期间，病毒实际上已经逐渐繁殖增生，并通过备份和副本传染到其他系统上。

③破坏性。计算机病毒的主要目的是破坏计算机系统，使系统资源受到损失、数据遭到破坏、计算机运行受到干扰，严重的甚至会使计算机系统瘫痪，造成严重的后果。

④隐蔽性。计算机病毒在发作前，一般隐藏在内存（动态）或外存（静态）之中，难以被发现，体现出较强的隐蔽性特性。

⑤非授权可执行性。在一定的条件下，可使病毒程序激活。根据病毒程序制作者的设定，某个时间或日期、特定的用户标识符的出现、特定文件的出现或使用、用户的安全保密等级或者一个文件使用的次数等，都可使病毒被激活并发起攻击。

（2）常见的计算机病毒。

①宏病毒。宏病毒主要是利用软件本身所提供的宏能力来设计病毒，所以凡是具有宏能力的软件都有宏病毒存在的可能性，如 Word、Excel 等都相继传出宏病毒危害的事件。

②引导型病毒。此类病毒攻击的目标首先是引导扇区，它将引导代码链接或隐藏在正常的代码中。每次启动时，病毒代码首先执行，获得系统的控制权。由于引导扇区的空间太小，病毒的其余部分常驻留在其他扇区，并将这些空间标识为坏扇区。待初始引导完成后，跳到别的驻留区继续执行。

③脚本病毒。脚本病毒依赖一种特殊的脚本语言（如 VBScript、JavaScript 等）起作用，同时需要主软件或者应用环境能够正确识别和翻译这种脚本语言中嵌套的指令。脚本语言比宏病毒更具有开放终端的趋势，这使得病毒制造者对感染脚本病毒的机器有更多的控制力。

④文件型病毒。此类病毒一般只传染磁盘上的可执行文件（.com 和 .exe）。在用户调用染毒的可执行文件时，病毒首先被运行，然后病毒体驻留内存并伺机传染其他文件或直接传染其他文件。其特点是病毒附着在正常的程序文件中，成为程序文件的一个外壳或部件。例如，CIH 病毒就是一种文件型病毒，千面人病毒（Polymorphic/Mutation Vims）是一种高级的文件型病毒。

⑤特洛伊木马。特洛伊木马程序通常是指伪装成合法软件的非感染型病毒，但它不进

行自我复制。有些木马可以模仿运行环境，盗取所需的信息，最常见的木马便是试图窃取用户名和密码的登录窗口，或者试图从众多的 Internet 服务器提供商（ISP）盗窃用户的注册信息和账号信息。

（3）计算机病毒的防治。

计算机病毒的传染途径有以下几种：

①通过网络传染。这是最普遍的传染途径。一方面是单机用户使用带有病毒的计算机上网，使网络染上病毒，并传染到其他网络用户；另一方面是网络用户上网时计算机被病毒感染。

②通过光盘和 U 盘传染。当使用带病毒的光盘和 U 盘运行时，机器首先（如硬盘及内存）被感染病毒，并传染给未被感染的 U 盘。这些染上病毒的光盘和 U 盘再在别的计算机上使用，就会造成病毒的扩散。

③通过硬盘传染。例如，机器维修时装上本身带病毒的硬盘或使用带有病毒的移动硬盘。

④通过点对点通信系统和无线通道传播。据报道，近期在中国 Android 市场中又发现一种新的病毒，这款被称为短信僵尸病毒（Trojan SMSZombie）的恶意应用软件能进行大量涉及支付钱款的恶意操作，对 Android 智能手机用户来说具有极大的威胁。"短信僵尸病毒"对于网银的攻击方式不是直接攻击网银系统，而是间接攻击。当病毒拦截到含有"转、卡号、姓名、行、元、汇、款"等内容的短信时，就会删除这条短信，并把原短信中的收款人账号改成病毒设计者的，再将伪造过的短信发到中毒手机。短信僵尸病毒还具有后门程序的功能，可通过更新指令篡改短信内容，从而使病毒的危害性倍增。

（4）计算机病毒的症状。

计算机病毒的症状主要表现为：

①异常要求用户输入口令。

②系统启动异常或无法启动。

③计算机运行速度明显减慢。

④频繁访问硬盘，其特征是主机上的硬盘指示灯快速闪烁。

⑤经常出现意外死机或重新启动现象。

⑥文件被意外删除或文件内容被篡改。

⑦发现不知来源的隐藏文件。

⑧计算机上的软件突然运行。

⑨文件的大小发生变化。

⑩光驱自行打开、关闭。

⑪磁盘的重要区域（如引导扇区、文件分配表等）被破坏，导致系统不能使用或文件丢失。

⑫突然弹出不正常消息提示框或者图片。

⑬不时播放不正常声音或者音乐。

⑭调入汉字驱动程序后不能打印汉字。

⑮邮箱里包含有许多没有发送者地址或者没有主题的邮件。

⑯磁盘卷标被改写。

⑰汉字显示异常。

（5）防范计算机病毒的措施。

①在计算机上安装杀毒软件和防火墙，并经常升级。

②给系统安装补丁程序。通过 Windows Update 安装好系统补丁程序（关键更新、安全更新和 Service Pack），不要随意访问来源不明的网站。

③严禁使用来历不明的程序和在不信任的网站下载的文件。例如，邮件中的陌生附件、外挂程序等。不要随便点击打开 QQ、MSN 等聊天工具上发来的链接信息。

④对重要程序或数据经常做备份。特别是硬盘上的重要参数区域（如主引导记录、文件分配表、根目录区等）和自己的工作文件和数据，要经常备份，以便系统遭到破坏时能及时恢复。

⑤对重要软件采用加密保护措施。文件运行时先解密，若感染上病毒，往往不能正常解密，从而起到预防作用。

⑥不做非法复制操作。最好不要在公共机房或网吧的计算机上复制文件。

⑦尽量避免将各种游戏软件装入计算机系统。游戏软件常常带有病毒，使用时要格外慎重。

⑧局域网的计算机用户尽量避免创建可写入的共享目录，已经创建的共享目录使用完毕后应立即停止共享。

⑨关闭一些不需要的服务，如关闭自动播放功能。单机用户也可直接关闭 Server 服务。

（6）计算机抗病毒技术。

计算机抗病毒技术有两类，即抗病毒硬件技术和抗病毒软件技术。

①抗病毒硬件技术。防病毒卡将检测病毒的程序固化在硬卡中，主要用来检测和发现病毒，可以有效地防止病毒进入计算机系统。防病毒卡升级困难，只对一定范围内出现的病毒具有防护能力，且不具备杀毒能力，所以用户往往选择安装杀毒软件。

②抗病毒软件技术。杀毒软件的优点是升级方便，操作简单；缺点是杀毒软件本身易受病毒程序的攻击，安全性和有效性受到限制。专用检测病毒的工具软件有很多种，如 360 杀毒、金山毒霸、瑞星杀毒软件、卡巴斯基反病毒软件、诺顿反病毒软件等。

 **模块小结**

本模块通过设置 IP 地址实现访问互联网、使用搜索引擎、下载文件和收发电子邮件、计算机病毒与网络安全等项目，介绍计算机网络技术的相关知识及基本应用，帮助同学们掌握 Internet 基本服务的使用方法，了解信息安全知识，掌握计算机病毒防治的基本方法，更好地帮助同学们利用网络为生活、工作和学习服务。

参考文献

［1］周娅. 大学计算机基础（Windows 7＋Office2010）. 桂林：广西师范大学出版社，2013.

［2］易著梁，聂晶. 计算机应用基础项目化教程（Windows 7＋Office2010）. 北京：高等教育出版社，2013.

［3］张晓媛. 计算机文化基础. 北京：科学出版社，2010.

［4］眭碧霞. 计算机应用基础任务化教程（Windows 7＋Office 2010）. 北京：高等教育出版社，2013.

［5］张娟，余洪. PowerPoint 2010 幻灯片制作（第 2 版）. 北京：清华大学出版社，2013.

［6］余益，姚怡. 大学计算机基础. 北京：中国铁道出版社，2013.

［7］前沿文化. Word/Excel 2010 高效办公综合应用从入门到精通. 北京：科学出版社，2011.

［8］Excel Home. Excel 高效办公——人力资源与行政管理. 北京：人民邮电出版社，2008.

图书在版编目（CIP）数据

计算机应用基础项目教程/中国高等教育学会组织编写；廖克顺，李秋梅主编. —北京：中国人民大学出版社，2014.7

普通高等教育"十二五"高职高专规划教材·公共课系列

ISBN 978-7-300-19533-9

Ⅰ.计… Ⅱ.①中… ②廖… ③李… Ⅲ.①电子计算机—教材 Ⅳ.①TP3

中国版本图书馆 CIP 数据核字（2014）第 142941 号

普通高等教育"十二五"高职高专规划教材·公共课系列

计算机应用基础项目教程（含实训指导）

中国高等教育学会　组织编写

主　编　廖克顺　李秋梅

副主编　胡　恒　龙　妍

参　编　黄黎艳　卢　云　方志超

Jisuanji Yingyong Jichu Xiangmu Jiaocheng（Han Shixun Zhidao）

出版发行	中国人民大学出版社		
社　　址	北京中关村大街 31 号	邮政编码	100080
电　　话	010 - 62511242（总编室）	010 - 62511770（出版部）	
	010 - 82501766（邮购部）	010 - 62514148（门市部）	
	010 - 62515195（发行公司）	010 - 62515275（盗版举报）	
网　　址	http://www.crup.com.cn		
	http://www.ttrnet.com（人大教研网）		
经　　销	新华书店		
印　　刷	北京密兴印刷有限公司		
规　　格	185 mm×260 mm　16 开本	版　　次	2014 年 8 月第 1 版
印　　张	28.5	印　　次	2016 年 7 月第 5 次印刷
字　　数	650 000	定　　价	55.80 元（含实训指导）

教师信息反馈表

 为了更好地为您服务，提高教学质量，中国人民大学出版社愿意为您提供全面的教学支持，期望与您建立更广泛的合作关系．请您填好下表后以电子邮件或信件的形式反馈给我们．

您使用过或正在使用的我社教材名称		版次	
您希望获得哪些相关教学资料			
您对本书的建议（可附页）			
您的姓名			
您所在的学校、院系			
您所讲授的课程名称			
学生人数			
您的联系地址			
邮政编码		联系电话	
电子邮件（必填）			
您是否为人大社教研网会员	□ 是，会员卡号：_____ □ 不是，现在申请		
您在相关专业是否有主编或参编教材意向	□ 是　　　　　□ 否 □ 不一定		
您所希望参编或主编的教材的基本情况（包括内容、框架结构、特色等，可附页）			

我们的联系方式： 北京市西城区马连道南街 12 号

中国人民大学出版社应用技术分社

邮政编码：100055

电话：010-63311862

网址：http://www.crup.com.cn

E-mail：smooth.wind@163.com

普通高等教育"十二五"高职高专规划教材·公共课系列

计算机应用基础项目实训指导

中国高等教育学会　组织编写

主　编　廖克顺　李秋梅

副主编　胡　恒　龙　妍

参　编　黄黎艳　卢　云　方志超

中国人民大学出版社

·北京·

前 言

　　本书是《计算机应用基础项目教程》的配套实训指导教材，是以培养学生计算机应用能力为目的而编写的。本书以项目为载体，以任务为导向，展示项目实现过程和解决方案，突出实践性和应用性原则，体现使用计算机辅助办公过程的职业能力教育和行动导向教学理念。通过项目载体的"学、做、用"的训练，使学生具备未来职业所需的计算机基础知识和应用技能，能根据工作中遇到的问题情境选择相应的应用解决方案。

　　全书由三个部分组成：第一部分为上机实训，这部分的内容包含计算机辅助办公过程中常见问题和精心设计的 20 个项目和 41 个任务，向学习者展示实训目的、实训内容、操作步骤和实训结果。项目和任务的实现基于 Windows 7 平台，主要介绍 Microsoft Office 2010 的操作方法和应用技巧，内容分为 6 个模块，包括认识和使用计算机、Windows 7 基本操作、创建与编辑 Word 文档、Excel 数据管理与分析、制作演示文稿和使用计算机网络获取信息。第二部分是计算机一级考试笔试练习题，这部分选编了大量单项选择题，为备考计算机一级考试笔试的学习者提供了丰富的复习题库。第三部分是计算机一级考试机试模拟题，这部分选编了 8 套机试模拟题，模拟题是根据全国高校计算机联合考试（广西考区）一级机试大纲设计的。所有练习和实训项目都附有实训素材、参考答案和实训效果，便于学习者训练和自测。本书的结构和内容自成体系，可单独作为计算机技能培训教材和全国高校计算机联合考试一级考试备考教材。

　　本书由具有丰富教学实践经验和长期指导学生参加全国高校计算机联合考试一级考试的一线教师编写，针对应用技能训练和考试指导，具有明确的指向性。由南宁职业技术学院廖克顺、李秋梅任主编，胡恒和龙妍任副主编。参加编写的人员有南宁职业技术学院黄黎艳、卢云、方志超，其中模块 1 由廖克顺编写，模块 2 由黄黎艳编写，模块 3 由李秋梅编写，模块 4 由胡恒编写，模块 5 由卢云编写，模块 6 由龙妍编写，黄黎艳和卢云负责编写和设计全国高校计算机联合考试机试模拟题。全书由方志超统稿，廖克顺审定，李秋梅校对修改。南宁职业技术学院王凤岭教授、易著梁副教授对全书的编写提出了宝贵意见和建议，特此致谢！中国人民大学出版社对本书的出版给予大力支持，黄秋桂、廖婕分别对全书的中、英文进行了校对，在此一并致谢！

　　由于作者水平有限，编写时间仓促，错漏和不足之处在所难免，恳请读者批评指正。

编者

2014 年 6 月

目 录

第一部分　上机实训

1

第二部分　计算机一级考试笔试练习题

第三部分　计算机一级考试机试模拟试题

第一部分

上机实训

模块1　认识和使用计算机

 ## 项目1　使用键盘录入字符

一、实训目的

1. 学会启动和关闭计算机。
2. 了解键盘布局及其一些基本键的功能。
3. 学会使用键盘录入字符。

二、实训内容

启动计算机，了解键盘布局及其基本键功能。

三、操作步骤

任务1　启动计算机和认识键盘

1. 启动计算机

第一步：按下显示器电源开关，显示器电源指示灯亮。

第二步：按下主机电源开关，主机电源指示灯亮，计算机开始启动。此时计算机自检内存、磁盘驱动器，完成系统初始化，出现"正在启动 Windows"的提示，如图1—1所示。当屏幕出现桌面则启动完成，等待用户输入控制和使用，如图1—2所示。

Windows 的启动分为以下4种：

（1）冷启动。

指用户从按下电源开关到完成自检出现桌面的过程。

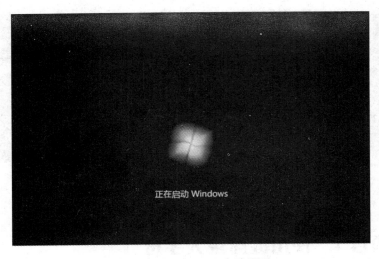

图 1—1　Windows 7 启动界面

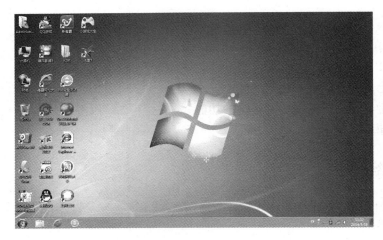

图 1—2　Windows 7 的桌面

（2）热启动。

又称为键盘启动，指在开机状态下启动操作系统，同时按下键盘上的"Ctrl＋Alt＋Delete"三个组合键即可热启动计算机。热启动具有较高的启动速度，这是因为它免除了一些系统的自检。热启动一般用于系统出现"死机"或系统结构需重新设置时。有时因系统程序紊乱致使热启动键无效，这时就必须使用冷启动。

（3）复位启动。

按下主机上的复位按钮"Reset"启动计算机的过程（启动过程与冷启动完全相同）。

（4）重新启动。

单击"开始菜单"，选择"关机"右侧的按钮展开菜单，单击"重新启动"按钮，即关闭所有打开的程序，关闭 Windows，然后重新启动 Windows，如图 1—3 所示。

2. 了解键盘布局及其基本键功能

第一步：了解键盘布局。

4

图1—3 关机菜单选项

以104键盘为例，键盘的布局如图1—4所示。键盘分布大致分为功能键区、主键盘区、编辑键区、辅助键区和状态指示区。

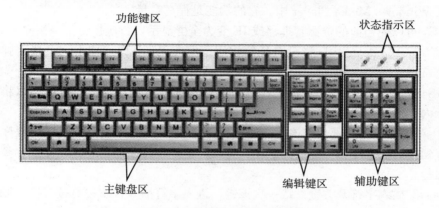

图1—4 104键键盘布局图

第二步：了解单键及常见组合键功能，在不同环境下，试一试操作体验其功能。

（1）单键功能。

"Esc"退出。

"F1"帮助键。如果处在一个选定的程序工作环境而需要帮助，那么请按下"F1"。如果处在资源管理器或桌面环境下，按下"F1"就会出现Windows的帮助程序。如果正在对某个程序进行操作，而想得到Windows帮助，则需要按下"Win＋F1"。按下"Shift＋F1"，会出现"What's This?"的帮助信息。

"F2"重命名。在资源管理器中选定一个文件或文件夹，按下"F2"则会对这个选定的文件或文件夹重命名。

"F3"搜索。在资源管理器或桌面上按下"F3"，则会出现"搜索文件"的窗口，因此如果想对某个文件夹中的文件进行搜索，那么直接按下"F3"键就能快速打开搜索窗口，并且搜索范围已经默认设置为该文件夹。

"F4"打开地址栏。按下"F4"键打开IE中的地址栏列表；要关闭IE窗口，可以用"Alt＋F4"组合键。

"F5"刷新键。用来刷新IE或资源管理器中当前窗口的内容。

"F6"可以快速在资源管理器及IE中定位到地址栏。

"F7"在 Windows 中没有任何作用。在 DOS 窗口中，按下"F7"可以显示最近使用过的 DOS 命令。

"F8"在启动电脑时，可以用它来显示启动菜单。有些电脑还可以在电脑启动最初按下这个键来快速调出启动设置菜单，从中可以快速选择是软盘启动，还是光盘启动，或者直接用硬盘启动，进入 BIOS 进行启动顺序的修改。另外，还可以在安装 Windows 时接受微软的安装协议。

"F9"在 Windows 中同样没有任何作用。但在 Windows Media Player 中可以用来快速降低音量。"F9"更新所选域，"Ctrl＋F9"插入空域，"Ctrl＋Shift＋F9"解除域的链接，"Shift＋F9"在域代码和其结果之间进行切换，"Alt＋F9"在所有的域代码及其结果间进行切换。

"F10"用来激活 Windows 或程序中的菜单，按下"Shift＋F10"会出现右键快捷菜单。而在 Windows Media Player 中，它的功能是提高音量。

"F11"可以使当前的资源管理器或 IE 变为全屏显示，再次按下可以恢复。

"F12"在 Windows 中同样没有任何作用。但在 Word 中，按下它会快速弹出另存为文件的窗口。

"PrtScSysRq"屏幕硬拷贝键，在打印机已联机的情况下，按下该键可以将计算机屏幕的显示内容通过打印机输出。

"PauseBreak"暂停键。按该键，能使得计算机正在执行的命令或应用程序暂时停止工作，直到按键盘上任意一个键则继续。另外，按"Ctrl＋Break"键可中断命令的执行或程序的运行。

"Insert"插入字符开关键。按一次该键，进入字符插入状态；再按一次，则取消字符插入状态。

"Delete"字符删除键。按一次该键，可以把当前光标所在位置后面的字符删除。

"Backspace"退格键。按一次该键，可以把当前光标所在位置前面的字符删除。在"我的电脑"或"Windows 资源管理器"中查看上一级的文件夹。

"Home"行首键。按一次该键，光标会移至当前行的开头位置。（当锁定数字键盘后，才会起 HOME 的作用，否则代表"7"，以下同此）。

"End"行尾键。按一次该键，光标会移至当前行的末尾。

"Tab"制表键。键盘上的"Tab"键位于大小写键"CapsLock"的上面，用来将光标向右跳动 8 个字符间隔。

"PgUp"即"PageUp"，向上翻页键。用于浏览当前屏幕显示的上一页内容。

"CapsLock"字母大小写转换键。每按 1 次转换一下，键盘右上方有对应的大小写指示灯（绿灯亮为大写字母输入模式，反之为小写字母输入模式）。

"Enter"回车键。回车键有两个作用，一是确认输入的执行命令，二是在文字处理中起分段的作用。

"PgDn"即"PageDown"，向下翻页键。用于浏览当前屏幕显示的下一页内容。

"Shift"键。在"Windows 资源管理器"或"我的电脑"中选中第一个文件夹，按住"Shift"键，选中最后一个文件夹，就可以选中两者之间所有的文件夹。该键通常与其他键组合使用。

"Ctrl"键。在"Windows 资源管理器"或"我的电脑"选中第一个文件夹，按住"Ctrl"键，选中最后一个文件夹，就可以选中两者之间所有的文件夹。该键通常与其他键组合使用。

"Alt"关闭当前的菜单。

"← ↑ → ↓"光标移动键。使光标分别向左、向上、向右、向下移动一格。该键通常与其他键组合使用。

"NumLk"是"Number Lock"的缩写，功能是用来锁定数字小键盘。

"ScrLk"即"ScrollLock"。屏幕滚动显示锁定键，目前在 Windows 操作系统中很少被用到。

（2）常用组合键功能。

"Ctrl+A"全选。

"Ctrl+X"剪切。

"Ctrl+C"复制。

"Ctrl+V"粘贴。

"Ctrl+O"打开。

"Ctrl+N"新建。

"Ctrl+S"保存。

"Ctrl+Z"撤消。

"Ctrl+W"关闭程序。

"Ctrl+F"查找。

"Ctrl+〔"缩小文字。

"Ctrl+〕"放大文字。

"Ctrl+Shift"输入法切换。

"Ctrl+B"粗体。

"Ctrl+I"斜体。

"Ctrl+U"下划线。

"Ctrl+空格"中英文切换。

"Ctrl+."中英文标点符号切换。

"Ctrl+Esc"显示开始菜单。

"Ctrl+拖动文件"复制文件。

"Ctrl+Home"光标快速移到文首。

"Ctrl+End"光标快速移到文尾。

"Ctrl+Shift+<"快速缩小文字。

"Ctrl+Shift+>"快速放大文字。

"Alt+Tab"切换窗口。

"Alt+F4"关闭窗口并退出当前程序。

"Shift+Del"直接删除文件。

"Shift+空格"半\全角切换。

（3）Windows 键。

"Windows" 显示或隐藏 "开始" 功能表。

"Windows＋E" 开启 "资源管理器"。

"Windows＋D" 显示桌面和隐藏桌面。

"Windows＋Break" 显示 "系统属性" 对话框。

"Windows＋R" 开启 "运行" 对话框。

"Windows＋M" 最小化所有窗口。

"Windows＋Shift＋M" 还原最小化的窗口。

"Windows＋F1" 显示 Windows "帮助"。

"Windows＋L" 切换用户或屏幕锁定键。

✏️ 任务 2 录入字符训练

启动文字处理软件 Word，输入以下字符并保存。

人生不售回程票

张玉庭

"来去匆匆，忘了感受。"

这句话表达了一种深深的遗憾：想感受时才发现错过了机会，而有机会时又偏偏忘了感受！

不妨让我们看看某些 "风流倜傥" 的年轻人，他们特别奢侈，虽然自己挣不了几个钱，挥霍起父辈的钱财来却颇为 "慷慨"；他们明明是不爱学习的精神 "乞丐"，却偏要学着金钱 "贵族" 的样，呼朋引伴，在酒店里吆五喝六地猛喝！在舞厅里昏天黑地地猛跳！在牌桌上夜以继日地猛玩！他们觉得挺潇洒，他们笑得挺轻松，却全然不知自己正在白白地浪费着人生的春天！

自然，等到把青春挥霍完了，他们才突然发现：自己一无所有！

他们挺后悔，因为他们终于恍然大悟：

有志者们用出色的拼搏装点着青春，感受到了青春的亮丽；可自己用没完没了的玩乐演绎着没完没了的浅薄！

有志者们的生活很充实，有志者们的笑很灿烂——人家丰收了，成功了，凭什么不笑！可自己过得轻飘飘的、空洞洞的——没有丰收，没有辉煌，即便能笑，那笑也是平庸的，苍白的，肤浅的！

啊！青春真美！春天真美！可自己偏偏忘了感受青春！偏偏忘了在春光里播种！

真想再年轻一次！可是，人生已不再售回程票！

什么叫后悔？这就是后悔！

那么，我亲爱的青年朋友，您有没有白白地挥霍过自己的青春？

想不想笑得美点？那就记住，空洞的笑肯定不美！

千万别为了玩得开心才活着！生活中有的是比玩更重要的内容！

一、实训目的

了解微型计算机硬件系统主要硬件及其配置参数，学会配置一台个人微型计算机。

二、实训内容

打开浏览器，访问中关村在线 http://www.zol.com.cn/，了解微型计算机硬件系统中的主板、CPU、内存、硬盘、显示器、显卡、键盘、鼠标等主要硬件品牌参数、价位等行情。学会配置一台个人计算机。

三、操作步骤

（1）打开浏览器。

在地址栏里输入 http://www.zol.com.cn/，也可以通过百度网 http://www.baidu.com，输入关键词"中关村在线"搜索。

（2）搜索计算机。

在导航栏里选择"分类导航"，分别点击"笔记本"和"台式机"，了解笔记本和台式品牌机配置参数及价格区间。

（3）返回主页。

在硬件频道里了解各硬件的参数及价格区间。

（4）配置一台家用多媒体计算机。

列出主要硬件及其参数清单。填写配置清单表，如表 1—1 所示。

表 1—1　　　　　　　　　　　　计算机的配置清单表

配件名称	配件型号及其参数
CPU	
主板	
内存	
硬盘	
显卡、声卡、网卡	
显示器	
键盘	
鼠标	
机箱、电源	
音箱	
光驱	
预算	

模块 2　Windows 7 基本操作

项目 1　Windows 7 的常用设置

一、实训目的

1. 了解控制面板的组成。
2. 设置显示属性。
3. 设置文件夹属性。

二、实训内容

"控制面板"是 Windows 7 为系统设置提供的一个工具和界面。利用控制面板可以对系统进行有效的设置，学会利用"控制面板"进行常用属性的设置。

三、操作步骤

1. 控制面板的使用

从"个性化"窗口或"开始"菜单打开"控制面板"，如图 2—1 所示。控制面板有三种查看方式：类别、大图标和小图标，依次选择"大图标"、"小图标"和"类别"，了解不同的查看方式。

2. 设置显示属性

显示属性有更改桌面背景、设置屏幕保护程序、调整屏幕分辨率等。

（1）设置桌面背景。

为自己的电脑桌面设置个性化的桌面背景。

①打开"控制面板"→"外观和个性化"→"个性化"→"桌面背景"，如图 2—2 所示。

②从"浏览"按钮选择自己的照片或图片。

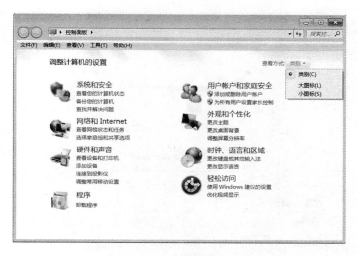

图2—1 "控制面板"窗口

③在"图片位置(P)"的下拉列表中，选择适合的选项。

④在"更改图片时间间隔(N)"中选"1天"或你想要的时间，然后单击"保存修改"。

若想换别的图片，还可以点击"全部清除"按钮，重新选取图片。

图2—2 "桌面背景"设置窗口

(2) 设置屏幕保护程序。

屏幕保护程序最初用于保护较旧的单色显示器免遭损坏，但现在它们主要是个性化计算机或通过提供密码保护来增强计算机安全性的一种方式。

①单击"个性化"窗口右下角"屏幕保护程序"，弹出"屏幕保护程序设置"对话框。

②在"屏幕保护程序"下拉列表中选择屏幕保护程序"气泡"，并设置等待时间为"1分钟"，单击"预览"，确认，如图2—3所示。单击"应用"，并单击"确定"保存设置。

图2—3 "屏幕保护程序设置"对话框

③如果要密码保护，须在"在恢复时显示登录屏幕"前打上"√"，这样，用户必须输入其用户账号的密码才能停止运行屏幕保护程序，回到桌面。

（3）设置显示器的分辨率。

安装某些软件或连接投影时，要求显示器设置为指定的分辨率。

①打开"控制面板"，单击"外观和个性化"下的"调整屏幕分辨率"，弹出"屏幕分辨率"窗口，如图2—4所示。

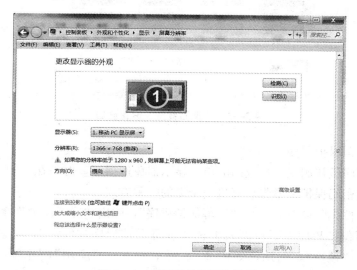

图2—4 "屏幕分辨率"设置

②在"分辨率"右侧的下拉列表中调整滑块，选择合适的分辨率，单击"确定"即可。拖动滑块时，注意屏幕变化。

③连接投影，可以点击"连接到投影仪"，进行选择。

3. 设置文件夹属性

文件夹属性是指文件和文件夹在计算机中的显示方式，通常文件夹属性的各选项，按默认值显示是可以满足文件和文件夹的操作，但此时"文件夹属性"的"查看"选项卡下的"隐藏文件和文件夹"选择不显示、"隐藏已知文件类型的扩展名"前的复选框的勾没有打上的，导致计算机内所有隐藏文件及文件名的扩展名不显示，现设置显示文件的扩展名。

①打开"控制面板"→"文件夹选项"，弹出"文件夹选项"对话框。

②选择"查看"选项卡，拖动滚动条，找到"隐藏文件和文件夹"选项，将"隐藏已知文件类型的扩展名"前复选框的"√"去掉，点击"确定"，如图2—5所示。

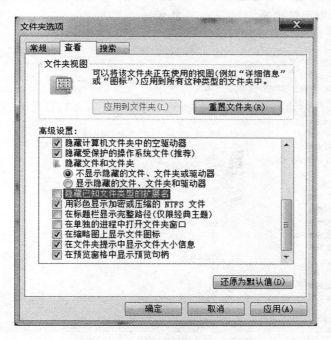

图2—5 "文件夹选项"对话框

 项目2 文件和文件夹操作

一、实训目的

1. 了解资源管理器。

13

2.掌握文件和文件夹的操作。

二、实训内容

打开资源管理器，设置文件及文件夹的显示及排列方式。创建文件和文件夹，实现文件的复制、移动、删除、重命名等操作，查看文件（夹）属性。

三、操作步骤

1. 打开资源管理器

右击桌面左下角"开始"按钮，在出现的快捷菜单中选择"打开 Windows 资源管理器"，打开资源管理器窗口，也可以单击"开始"菜单中的"所有程序→附件→Windows 资源管理器"打开资源管理器，如图 2—6 所示。

图 2—6 "资源管理器"窗口

2. 设置文件及文件夹的显示及排列方式

（1）改变文件及文件夹的显示方式。

在资源管理器中打开"查看"菜单，如图 2—7 所示，或在资源管理器右边窗口的空白处单击鼠标右键，选择"查看"菜单，分别选择"超大图标"、"大图标"、"中等图标"、"小图标"、"列表"、"详细信息"、"平铺"、"内容"菜单项，改变文件夹及文件的排列方式，对比其效果。如图 2—7 所示，文件夹按"平铺"方式显示。

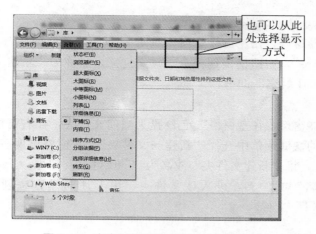

图 2—7　在资源管理器中打开"查看"菜单

（2）改变文件及文件夹的图标排列方式。

查看文件的相关信息时，可以根据需要调整文件和文件夹的显示顺序，为文件夹选用一种排列方式，以适合用户查找和使用，方便用户浏览。

在资源管理器窗口中，选择菜单命令"查看→排序方式"，出现如图 2—8 所示菜单，选择按"名称"或"修改日期"、"类型"等，图标的排列顺序随之改变，对比其效果。或者鼠标右击窗口空白处，在快捷菜单中选择"排序方式"，也可进行选择。

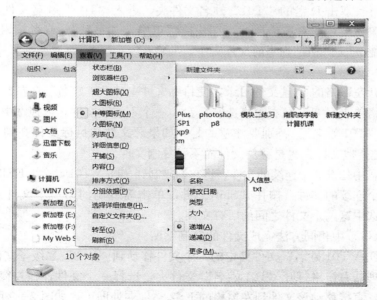

图 2—8　排列图标菜单

3. 创建文件夹

在 D 盘上创建一个名为"T01"姓名（实验时以自己学号后两位＋自己姓名表示）的文件夹，再在该文件夹下创建两个文件夹和一个文本文件，其名为"KS1"、"KS2"和"KS.TXT"。

方法一：

打开资源管理器窗口，在左侧导航窗格选定 D 盘为当前文件夹，然后使用菜单命令"文件→新建→文件夹"，右窗格出现一个新建文件夹，名称为"新建文件夹"。将"新建文件夹"改名为"T01 姓名"即可。

方法二：

打开资源管理器窗口，在左窗格选定 D 盘为当前文件夹，在右窗格任一空白位置处，右击鼠标，在弹出的快捷菜单中选择"新建→文件夹"，右窗格出现一个新建文件夹，名称为"新建文件夹"。将"新建文件夹"改名为"T01 姓名"即可。

双击"T01 姓名"文件夹，进入该文件夹，用上述同样方法创建文件夹"KS1"、"KS2"和"KS. TXT"文件。

4. 复制及移动文件

（1）在 C 盘中任选 3 个不连续的文件，将它们复制到"D：\ T01 姓名"文件夹中。

方法一：

①选取多个不连续的文件：按住"Ctrl"键，单击需要的文件（或文件夹），即可同时选中多个不连续的文件（或文件夹）。

②复制文件：单击菜单命令"编辑→复制"，或者在选中的文件夹上右击鼠标，在快捷菜单中选"复制"，或者按组合键"Ctrl＋C"。

③粘贴文件：双击 D 盘的"T01"姓名文件夹，进入"T01"姓名文件夹，选择"编辑→粘贴"菜单命令，或者右击鼠标，在快捷菜单中选"粘贴"，或者按组合键"Ctrl＋V"，即可将复制的文件粘贴到当前文件夹中。

方法二：

①双击展开左窗格的 D 盘文件目录，使目标文件夹"T01 姓名"在左窗格可见。

②在左窗格单击 C 盘，在右窗格选取 C 盘中三个不连续文件，拖拽选中的文件到左窗格目标文件夹"T01 姓名"。特别要注意的是，如果源文件和目标文件在同一磁盘，若不按住"Ctrl"键拖拽文件，将是移动文件而不是复制文件。

（2）在 C 盘中任选 3 个连续的文件，将它们复制到"D：\ T01 姓名 \ KS1"文件夹中。

①选取多个连续的文件：按住"Shift"键，单击需复制的第一个文件及最后一个文件，即可同时选中这两个文件之间的所有文件。

②用上述（1）中相同方法完成文件的复制粘贴。

（3）将"D：\ T01 姓名"文件夹中的一个文件移动到"KS2"二级子文件夹中。

在资源管理器右窗格打开"T01 姓名"文件夹，选择一个文件，在左窗格展开"T01 姓名"文件夹，直接移动该文件到左窗格的 KS2 文件夹处即可，如图 2—9 所示。

5. 查看并设置文件和文件夹的属性

选定文件夹"KS2"，在右键菜单中选择"属性"，出现属性对话框，在"常规"选项卡中，可以看到类型、位置、大小、占用空间、包含的文件夹及文件数、创建时间等信息，如图 2—10 所示。选中窗口中的"只读"属性，"KS2"文件夹成为只读文件；选中"隐藏"项，"KS2"成为隐藏文件，单击"确定"后查看效果。

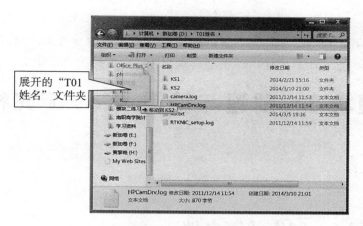

展开的"T01
姓名"文件夹

图2—9 移动文件

图2—10 "KS2文件夹"属性

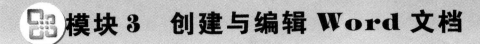

模块 3　创建与编辑 Word 文档

项目 1　制作普通文档

一、实训目的

1. 熟练掌握 Word 2010 的启动与退出方法。
2. 了解 Word 2010 的工作环境，明确 Word 窗口上各选项卡的名称和作用。
3. 创建新文档、保存文档与关闭文档的操作方法。
4. 熟练掌握文字、符号的输入，编号的添加。
5. 学会使用模板创建文档。

二、实训内容

1. 制作"校长有约"活动简介。
2. 利用模板制作个人简历。

三、操作步骤

任务 1　制作"校长有约"活动简介

（1）新建文档。

启动 Word 2010，新建一个空白文档，以"校长有约.docx"为名，保存至 D 盘的"Word 项目"文件夹。

（2）录入以下通知中的文字。

活动组织

学生通过"抢票系统"（抢票登录网址 http://zfoA.ncvt.net：830/login.aspx）获得与校长共进午餐的资格。抢票过程中遇到技术问题请及时与技术中心联系（联系电话：3864817）。

学工处及时与抢票成功的学生联系和确认活动相关事宜。

每周一午餐时间（12：00—13：00）学校领导与通过"抢票系统"获得资格的学生在食堂边吃边聊，共促学校发展。

学校党委宣传部将通过学校门户网站（http://www.ncvt.net）、学校官方微博（http://e.weibo.com/ncvtnzy）、学校百度贴吧及时发布活动相关情况，敬请大家关注。

注意：输入的文字如果有很多行时，即使文字占满一行也不要按回车键，只有一个段落结束时才按回车键。中英文输入法切换可使用组合键"Ctrl＋Space"。

（3）段落加编号。

"活动组织"下方的各段加上编号，选择"编号库"中样式为"1.、2.、3."，如图3—1所示。

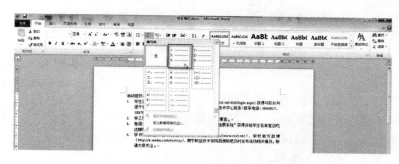

图3—1 添加编号

（4）复制文字。

打开素材文件"素材1.docx"，复制全部文字，选择"保留源格式"粘贴到文档开头。

（5）小标题加编号。

给小标题"活动目的"加上编号，编号样式为"一、二、三、"；使用类似的操作，给小标题"活动组织"加上编号，编号样式为"一、二、三、"，选择"继续编号"智能标记。

（6）设置文档水印。

单击"页面布局"→"水印"→"自定义水印"，在"水印"对话框中选中"文字水印"，输入文字"校长有约"，单击"确定"，如图3—2所示。

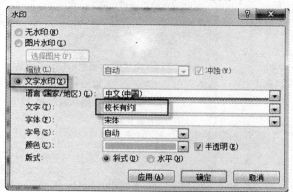

图3—2 "水印"设置

（7）加密文档1。

设置文档打开权限密码为"OPEN"。选择"文件"→"信息"→"保护文档"→"用密码进行加密"，如图3—3所示，在弹出的"加密文档"对话框中输入"OPEN"，弹出"确认密码"对话框，再次输入"OPEN"后，单击"确定"。

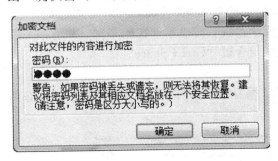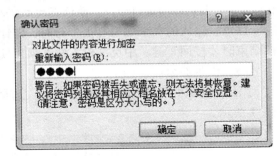

图3—3　加密文档设置

（8）加密文档2。

选择"文件"→"信息"→"保护文档"→"限制编辑"，在右边出现的"限制格式和编辑"窗格中勾选两个复选项，在"编辑限制"项中选择"填写窗体"，如图3—4所示，然后单击"是，启动强制保护"。在出现的对话框中输入保护密码，如"12345"，如图3—5所示，单击"确定"即可。

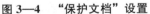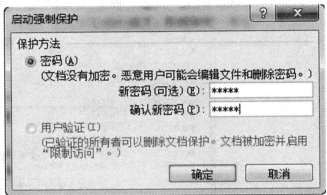

图3—4　"保护文档"设置　　　图3—5　"启动保护"设置

（9）保存文档。

文档效果如图 3—6 所示。

（10）关闭文档。

（11）重新打开文档。

打开"校长有约.docx"，出现如图 3—7 所示"密码"对话框。输入正确密码则打开文档，停止保护也需要输入正确密码，如图 3—8 所示。

实训结果

"校长有约　共话学校"主题活动简介

一、活动目的

"校长有约　共话学校"主题活动是学校学生与学校领导直接沟通的平台，是学校党委领导班子践行党的群众路线，直接听取民意、推动改革发展的重要举措。举此活动，旨在让学校领导可以直接了解、倾听学生诉求和建议，促进学校科学决策；学生可直接与校领导交流学习上的困惑、烦恼，促进学生成长成才；形成学校—学生—部门（二级学院）多方直接沟通交互机制，以期更好地推动学校科学发展、率先发展、和谐发展。

二、活动组织

1. 学生通过"抢票系统"（抢票登录网址http://zfoa.ncvt.net:830/login.aspx）获得与校长共进午餐的资格。抢票过程中遇到技术问题请及时与技术中心联系（联系电话：3864817）。
2. 学工处及时与抢票成功的学生联系和确认活动相关事宜。
3. 每周一午餐时间（12:00-13:00）学校领导与通过"抢票系统"获得资格学生在食堂边吃边聊，共促学校发展。
4. 学校党委宣传部将通过学校门户网站（http://www.ncvt.net）、学校官方微博（http://e.weibo.com/ncvtnzy）、学校百度贴吧及时发布活动相关情况。

敬请大家关注。

图 3—6　"校长有约"效果图

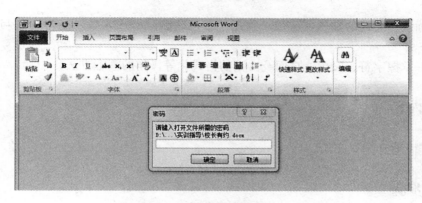

图 3—7　打开文档需要密码

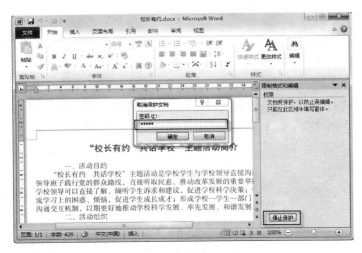

图3—8 取消文档保护需要密码

 任务2 使用模板制作简历

（1）创建文档。

利用"样本模板"中的"基本简历"模板创建一个文档，并命名为"jianli.docx"保存到自己的文件夹中。

（2）输入文字。

在简历文档的提示位置，根据自己的情况输入文字内容。

（3）保存文档。

项目2　编辑和格式化文本

一、实训目的

1. 熟练掌握文档的输入、选取、复制、移动、删除、插入以及文本查找与替换等操作的基本方法。

2. 熟练掌握字符、段落、页面及文档的格式化等操作的基本方法。

二、实训内容

制作"专业介绍"文档。

三、操作步骤

任务 1　文档的编辑与保存

（1）插入素材。

打开素材文件夹中的"信息工程学院专业设置.docx"文件，在文本的最前面插入一行标题文字："信息改变生活，技术成就人生"，然后在文本的最后另起一段插入素材文件夹中的文件"通信与数媒.docx"的内容。

（2）互换文本。

将正文中的蓝色文本和红色文本段落的位置互换。

（3）设置字体。

将正文中所有的"专业"两个文字的字体替换为"黑体"，"加粗"，带下划线"字下加线"，字体颜色为"绿色"。

（4）更改文档名字。

将文档更名为"专业介绍.docx"后保存到自己的文件夹中。

任务 2　文档的字体与段落格式设置

（1）打开文档。

打开"专业介绍.docx"文件。

（2）字体格式设置。

将文档标题"信息改变生活，技术成就人生"字体设为字号"小三"，"华文琥珀"，文本效果为"渐变填充—橙色，强调文字颜色6，内部阴影"；"加粗"，字符间距加宽为2磅，正文其他文字设为宋体小四号字。

（3）设置"专业名称列表"格式。

将正文中的专业名称列表即第3至第9段，设置为"楷体"，"四号"，"加粗"，并添加图片项目符号，导入图片文件"computer.jpg"。

（4）设置正文格式。

将正文第1段文字设置为"五号"，"倾斜"，"紫色"，加着重号，字符缩放到150%。

（5）段落格式设置。

将标题文字的对齐方式设为"居中"；将正文各段落设置为"首行缩进2字符"；将正文第1段的间距设为段前0.5行，"1.5倍行距"，其余段落行距设为固定值"18磅"；将标题"信息改变生活，技术成就人生"的段落间距设为"段前0行，段后1行"。

（6）首字下沉与分栏。

将正文第1段设置首字下沉2行，字体"隶书"；第10～16段设置段前间距为0.5行；分为3栏，加分隔线。

任务 3　边框和底纹设置

（1）底纹设置。

分别给第10～16各段专业名称加上蓝色、黄色、红色、绿色、橙色、浅蓝色、浅绿色的底纹。

（2）边框设置。

将正文第二段"专业设置如下："设置黄色底纹，深蓝色实线边框，分散对齐。

（3）页面边框设置。

给整篇文档设置艺术型页面边框。

（4）页面设置。

设置页面页边距上、下、左、右均为 2 厘米，页脚距边界 1 厘米。纸型设为"16 开"，页面方向设为"横向"，应用于"整篇文档"。

（5）存盘退出 Word。

任务 4 添加尾注和脚注

（1）首段插入尾注。

在正文第一段"南宁职业技术学院"处插入尾注，内容如下："南宁职业技术学院共有信息工程学院、公共管理学院、国际学院、机电工程学院、建筑工程学院、旅游学院、商学院、财经学院、艺术工程学院等 9 个二级学院、61 个专业。这里四季常绿，鸟语花香，是读书学习的好地方。"

（2）正文中插入尾注。

在正文第 10 段文字"计算机应用技术专业"处插入脚注，内容如下："站在巨人的肩膀上，全面把握行业脉搏，带你追逐梦想！让梦想近在咫尺，成就领先一步！"

（3）保存文件。

效果如图 3—9 所示。

实训结果

图 3—9 "专业介绍"效果图

24

 **项目 3 制作表格**

一、实训目的

1. 掌握在 Word 2010 中创建表格的基本方法。

2. 掌握表格及表格中各元素的编辑方法。设置表格的行高和列宽，在表格中插入、删除行、列和单元格，绘制斜线表头。

3. 掌握表格的格式化设置。设置表格中文本的字体、对齐方式以及文字方向，设置表格的边框和底纹。

4. 对表格中的数据进行计算。

5. 数据排序。

6. 将文字转换为表格。

二、实训内容

1. 制作学生成绩表。

2. 将文字转换为表格。

三、操作步骤

任务 1 在 Word 文档中创建一个表格

（1）新建文档。

新建一个 Word 文档，保存在自己的文件夹中，文件名命名为"成绩表.docx"。

（2）输入标题。

输入文档标题"学生成绩表"。

（3）插入表格。

在标题下方插入一个 7x7 的表格，并输入如图 3—10 所示的内容。

学生成绩表

	思想品德	大学英语	计算机基础	劳动素养	总分	平均分
张小敏	85	75	86	80		
刘英华	90	82	94	95		
李 明	75	64	72	86		
赵 阳	62	75	98	92		
覃秋玲	90	50	78	78		
王 文	95	80	95	65		

图 3—10 表格内容

任务 2 表格的编辑

（1）设置行高。

将表格第一行行高设置为固定值 1.5cm，其余行高、列宽选择默认。

（2）插入列。

在表格最后插入 1 列并输入"排名"。

（3）绘制斜线表头。

绘制斜线表头，如图 3—11 所示。

学生成绩表

课程 姓名	思想品德	大学英语	计算机基础	劳动素养	总分	平均分	排名
张小敏	85	75	86	80			
刘英华	90	82	94	95			
李 明	75	64	72	86			
赵 阳	62	75	98	92			
覃秋玲	90	50	78	78			
王 文	95	80	95	65			

图 3—11　绘制斜线表头效果

任务 3 表格的格式化

（1）设置表头文字。

如图 3—12 所示，将标题文字"学生成绩表"设置为：隶书、小二号字、加粗、居中对齐。

（2）设置表格对齐方式。

将表格中文字对齐方式设置为：水平居中。

（3）设置表头行底纹。

设置表头行底纹为"红色，强调文字颜色 2，淡色 60％"，字体黑体，字号五号。

学生成绩表

课程 姓名	思想品德	大学英语	计算机基础	劳动素养	总分	平均分	排名
张小敏	85	75	86	80			
刘英华	90	82	94	95			
李 明	75	64	72	86			
赵 阳	62	75	98	92			
覃秋玲	90	50	78	78			
王 文	95	80	95	65			

图 3—12　表格格式化效果

26

任务4 表格计算

如图 3—13 所示，计算表格中各个学生的总分，平均分，最后另存为"表格计算.docx"。

学生成绩表

课程 姓名	思想品德	大学英语	计算机基础	劳动素养	总分	平均分	排名
张小敏	85	75	86	80	326	81.5	
刘英华	90	82	94	95	361	90.25	
李明	75	64	72	86	297	74.25	
赵阳	62	75	98	92	327	81.75	
覃秋玲	90	50	78	78	296	74	
王文	95	80	95	65	335	83.75	

图 3—13 表格计算效果图

任务5 排序

按"平均分"由高到低排序，并在排名列中输入名次，如图 3—14 所示。

学生成绩表

课程 姓名	思想品德	大学英语	计算机基础	劳动素养	总分	平均分	排名
刘英华	90	82	94	95	361	90.25	1
王文	95	80	95	65	335	83.75	2
赵阳	62	75	98	92	327	81.75	3
张小敏	85	75	86	80	326	81.5	4
李明	75	64	72	86	297	74.25	5
覃秋玲	90	50	78	78	296	74	6

图 3—14 排名效果图

任务6 将文字转换成表格

打开素材文件夹中的文档"文本与表格.docx"，选中文字，单击"插入"→"表格"→"文本转换为表格"，将文档中的文本转换成表格。效果如图 3—15。

品名	单价	库存数量	销售量
空调	3 200	500	350
冰箱	4 500	300	240
洗衣机	2 400	200	99
电视机	3 250	150	150
电脑	4 230	400	350

图 3—15　文本转换成表格效果图

项目4　制作图文并茂的文档

一、实训目的

1. 掌握插入图片及设置图片格式的方法。
2. 掌握插入形状及设置格式的方法。
3. 掌握插入艺术字及艺术字格式的设置。
4. 掌握文本框的绘制及设置方法。
5. 掌握简单图形的绘制方法和组合方法。

二、实训内容

1. 制作"印象南职"。
2. 制作学雷锋宣传海报。
3. 绘制"南宁职院钻石模型"。

三、操作步骤

任务1　制作"印象南职"文档

（1）设置插入图片样式。

打开素材文件夹中的文档"印象南职.docx"，参照图 3—16 进行图文混排操作。在文档正文中插入素材文件夹中的"yxnz.jpg"，设置图片大小缩放为 56%，设置图片环绕方式为"四周型环绕"，文字环绕方式为"只在左侧"，移动图片至适当位置，设置图片样式为"松散透视，白色"。

（2）插入艺术字并设置艺术字格式。

如图 3—16 所示，在文章开头插入艺术字标题"'印象南职'：好创意开启创业之门"，艺术字样式为：第五行第三列。二号字，艺术字文本效果为：转换—弯曲正 V 形。艺术字自动换行为"四周型环绕"。

将文中标题"好团队好创意好创业"设置为艺术字。艺术字样式为：第四行第二列。隶书一号字，自动换行设置为"嵌入型"。

（3）插入 SmartArt 图形。

如图 3—16 所示，选择"插入"→"SmartArt"，在弹出的"选择 SmartArt 图形"对话框中选择"流程"→"基本流程"，在文档适当位置插入"SmartArt"流程图。在"SmartArt 工具→设计"功能区的"创建图形"组中，单击"添加形状"按钮，添加两个形状；在"SmartArt 工具—格式"功能区的"形状样式"组中，选择样式为"强烈效果"，更改颜色为"彩色范围—强调文字颜色 3—4"。

输入文字，设置文字加粗。修改"SmartArt"样式，适当修改"SmartArt"图形的高度。

（4）插入文本框并设置文本框格式。

在文档中插入一个文本框，将文字"学校手绘版明信片"放入文本框中，文本框放置在图片下方，设置文本框形状填充为浅绿的"渐变填充"，形状轮廓"无轮廓"；楷体、加粗、小四号字。

（5）保存文档。

最终效果，如图 3—16 所示。

 实训结果

"印象学校"：好创意开启创业之门

图 3—16　"印象学校"效果图

任务2 制作一份学雷锋宣传海报

（1）新建文档。

启动 Word 2010，新建文档，以"学雷锋海报. docx"为名保存。

（2）页面设置。

页面设置：A4，横向。

（3）海报背景设计。

选择"插入"→"形状"→"矩形"，绘制一个矩形，设置大小：宽度为 12 厘米，高度为 21 厘米，设置形状填充为双色，红、黄渐变填充，设置轮廓粗细和线形。

（4）插入图片。

插入素材图片"leif. jpg"，设置图片自动换行为"浮于文字上方"，移动到矩形左上角，设置图片效果"剪裁对角线，白色"。

（5）插入艺术字。

插入艺术字"弘扬雷锋精神，践行奉献风尚"，艺术字样式为"填充—橙色，强调文字颜色 6，渐变轮廓—强调文字颜色 6"，隶书，初号，设置自动换行为"浮于文字上方"环绕方式，将艺术字移动到矩形的下部。

（6）绘制文本框。

选中文字，绘制文本框，将素材文件"学雷锋海报素材. docx"中的文字复制到文本框。修改文本框大小，放置在图片右侧。设置文字为楷体，三号；在图片下方再插入文本框，与先前那个文本框设置文本框链接。参照图 3—17 调整文本框到适当大小。

（7）插入剪贴画。

插入一幅"植物"剪贴画，设置图片排列格式"四周型环绕"、"下移一层"，将剪贴画放在文本框的下层。设置图片颜色为"茶色，背景颜色 2 浅色"，最终效果如图 3—17 所示。

（8）保存文件。

实训结果

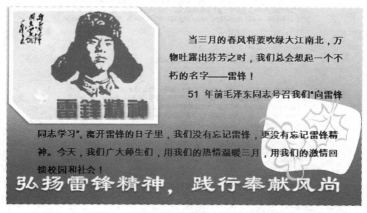

图 3—17 "学雷锋海报"效果图

（1）新建文档。

启动 Word 2010，新建文档，以"南职钻石模型.docx"为名保存。

（2）插入艺术字。

插入艺术字"南宁职院钻石模型"，放置在页面上方，居中。

依次插入艺术字"六化"、"五个一"、"四位一体"、"三大核心文化"、"二素质"、"一输出"。设置左对齐，纵向分布。

（3）插入形状。

插入多个相同形状，放在一行，同时选中后设置顶端对齐，横向分布。设置形状样式。

（4）在形状上添加文字。

单击右键→"添加文字"，输入文字，设置格式。

同步骤（3）、步骤（4），继续添加其他形状和文字，效果如图3—18所示。

实训结果

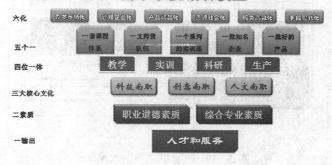

图 3—18 "南宁职院钻石模型"效果图

项目5 表格的高级应用

一、实训目的

1. 掌握表格及表格中各元素的编辑方法。设置表格的行高和列宽，在表格中插入、删除行、列和单元格，对表格中的单元格进行合并和拆分。

2. 掌握表格的格式化设置，使用表格样式。

31

3. 掌握使用表格布局页面的方法。

二、实训内容

"金葵之声"新年音乐会简报制作。

三、操作步骤

（1）新建文档。

启动 Word 2010，新建文档，以"金葵之声简报.docx"为名保存。

（2）页面设置。

B4 纸，横向，页边距上、下、左、右均为 2 厘米。

（3）插入表格。

在文档首插入一个 5 行 4 列的表格，按照效果图 3—19 将表格相应单元格合并，调整表格大小及单元格行高和列宽。

图 3—19　"金葵之声"效果图

（4）复制文字。

参照图 3—19 将"金葵之声简报素材.docx"中相关文字复制，粘贴到相应单元格。

（5）插入图片。

在相应单元格中分别插入素材图片"金葵之声 1"—"金葵之声 7"。调整图片大小，设置图片格式。

（6）设置单元格中文字的格式。

（7）设置表格样式。

选中表格，应用表格样式"中等深浅底纹 1—强调文字颜色 5"，效果如图 3—20 所示。

（8）插入页眉文字。

"打造金葵文化，深化示范内涵，奉献南职智慧，服务区域发展，讲述南职故事，践行复兴梦想。"字体设置为：小五，宋体，居中对齐。

（9）保存文件。

实训结果

图3—20 "金葵之声"简报最终效果图

模块 4　Excel 数据管理与分析

项目 1　制作员工信息登记表

一、实训目的

1. 掌握 Excel 工作簿和工作表的创建。
2. 熟练进行数据的输入与编辑。
3. 掌握数据有效性的设置。
4. 掌握工作表的编辑，插入行和列。
5. 熟练进行序列填充。
6. 美化工作表、设置单元格格式。

二、实训内容

制作"员工信息登记表"工作簿和工作表。

三、操作步骤

任务 1　创建工作簿，建立工作表

启动 Excel 2010，创建一个新工作簿，在 Sheet1 中输入如图 4—1 所示的数据。

任务 2　编辑工作表行和列

1. 编辑工作表的列

（1）插入新列。

在 A 列的列标上单击右键，在弹出的快捷菜单中选择"插入"，即可在 A 列前插入一

	A	B	C	D	E
1	姓名	职位	出生年月	性别	学历
2	区佳秀	销售员	1979年7月	女	中专
3	甘柳凤	销售员	1983年4月	女	中专
4	卢俊杰	销售员	1989年8月	男	中专
5	张珣	销售员	1984年5月	男	大专
6	潘瑞成	销售员	1989年2月	男	大专
7	曹俊杰	销售员	1985年6月	男	本科
8	李瑞湛	技术员	1978年12月	男	本科
9	梁涛	技术员	1982年9月	男	本科
10	黄波	仓库管理员	1982年5月	男	高中
11	谢昌生	仓库管理员	1984年9月	男	高中
12	周舒晴	仓库管理员	1980年1月	女	高中
13	戚永瑜	会计	1988年2月	女	硕士
14	孙飞燕	办公室主任	1986年7月	女	硕士
15	李朝林	经理	1985年7月	男	本科
16	陈超	总经理	1985年8月	男	本科

图 4—1　员工信息登记表

个新列。

（2）输入数据。

在 A1 单元格中输入表格的标题"职工号"，A2 单元格中输入序列"001"，其中单引号必须为英文符号。

（3）填充数据。

拖放 A2 单元格的填充柄向下填充，填充出序列"001、002、…、0015"。

2. 编辑工作表的行

（1）插入新行。

在第 1 行的行号上单击右键，在弹出的快捷菜单中选择"插入"，即可在第 1 行前插入新行。

（2）输入数据。

在 A1 单元格中输入"宝库图书销售公司员工信息登记表"。

（3）合并后居中。

选择 A1：F1 单元格区域后单击"开始"工具栏中的"合并后居中"按钮。 合并后居中 ▾ 。

任务 3　设置单元格格式

设置"出生年月"列的显示年月，格式如"2001 年 3 月"。

（1）选中列。

单击列标 D，选择"出生年月"列所在的 D 列。

（2）设置单元格格式。

按下"Ctrl＋1"快捷键，打开如图 4—2 所示的"设置单元格格式"对话框，设置"数字"格式为"日期"类的"2001 年 3 月"，单击"确定"按钮确认。

图4—2 "设置单元格格式"对话框

任务4 设置数据有效性

设置"性别"列的数据有效性，限制只允许输入"男"或"女"。设置"学历"列的数据有效性，限制学历只能是如下序列中的项目：博士、硕士、本科、大专、高职、高中、中专。

（1）选中列。

选中"性别"列所在的E列。

（2）设置"性别"数据有效性。

单击"数据"工具栏中的"数据有效性"按钮 ，即可打开如图4—3所示的"数据有效性"对话框，设置允许为"序列"，来源"男，女"，其中逗号为英文字符，单击"确定"按钮确认。

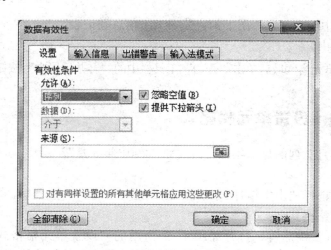

图4—3 "数据有效性"对话框

（3）设置"学历"数据有效性。

操作同上，来源设置为"博士，硕士，本科，大专，高职，高中，中专"。

任务 5 设置表格样式

（1）选中标题。

选中表格标题，单击"开始"选项卡"样式"组的"单元格样式"按钮，在它的列表中选择"标题 1"。

（2）设置表格格式。

定位在数据清单中，即单击数据表第 2 行至第 17 行的任一单元格；单击"开始"工具栏中的"套用表格格式"按钮，在其列表中选择"表样式中等深浅 16"。

任务 6 以"员工信息登记表"为名，保存工作簿

按快捷键"Ctrl＋S"，在"另存为"对话框中选择保存的路径，文件名设置为"员工信息登记表"。最终效果如图 4—4 所示。

实训结果

	A	B	C	D	E	F
1	宝库图书销售公司员工信息登记表					
2	职工号	姓名	职位	出生年月	性别	学历
3	001	区佳秀	销售员	1979年7月	女	中专
4	002	甘柳凤	销售员	1983年4月	女	中专
5	003	卢俊杰	销售员	1989年8月	男	中专
6	004	张珣	销售员	1984年5月	男	大专
7	005	潘瑞成	销售员	1989年2月	男	大专
8	006	曹俊杰	销售员	1985年6月	男	本科
9	007	李瑞湛	技术员	1978年12月	男	本科
10	008	梁涛	技术员	1982年9月	男	本科
11	009	黄波	仓库管理员	1982年5月	男	高中
12	010	谢昌生	仓库管理员	1984年9月	男	高中
13	011	周舒晴	仓库管理员	1980年1月	女	高中
14	012	戚永瑜	会计	1988年2月	女	硕士
15	013	孙飞燕	办公室主任	1986年7月	女	硕士
16	014	李朝林	经理	1985年7月	男	本科
17	015	陈超	总经理	1985年8月	男	本科

图 4—4 员工信息登记表的最终效果

项目 2 计算图书销售情况表

一、实训目的

1. 掌握公式的使用方法。

2. 掌握如下函数的使用：SUM、COUNT、IF、MAX、MIN、COUNTIF。

3. 掌握公式和函数的复制。

二、实训内容

对"图书销售情况表"中的数据进行计算。

三、操作步骤

任务 1 计算图书销售价

要求计算图书销售价，其中"计算机"类图书按定价五折销售，"机电"类图书六折销售。

（1）打开文件。

打开素材文件"图书销售情况表.xlsx"工作簿。

（2）输入函数。

单击选择 I2 单元格，输入函数：＝IF（G2="计算机"，C2＊0.5，IF（G2="机电"，C2＊0.6）），按下"Enter"键确认。

（3）填充数据。

单击 I2 单元格，拖动填充柄，向下自动填充至数据清单的最后一行。

任务 2 计算图书销售金额

要求计算"销售金额"列的数据，销售金额＝订数＊销售价。

（1）输入函数。

单击选择 J2 单元格，输入函数：＝H2＊I2，按下"Enter"键确认。

（2）填充数据。

拖放 J2 单元格的填充柄，向下自动填充至数据清单的最后一行。

任务 3 计算图书销售排名

要求计算"销量排名"列的数据。

（1）输入函数。

单击选择 K2 单元格，输入函数：＝RANK（H2，＄H＄2：＄H＄16），按下"Enter"键确认。其中绝对引用区域＄H＄2：＄H＄16指向 H 列"订数"列。

（2）填充数据。

拖放 K2 单元格的填充柄，向下自动填充至数据清单的最后一行。

任务4 计算"图书销售统计"区的数据

（1）计算"订单数"。

在 H19 单元格中输入函数：=COUNT（H2：H16），按下"Enter"键确认。

（2）计算"出库量"。

在 H20 单元格中输入函数：=SUM（H2：H16），按下"Enter"键确认。

（3）计算"最高订数"。

在 H21 单元格中输入函数：=MAX（H2：H16），按下"Enter"键确认。

（4）计算"最低订数"。

在 H22 单元格中输入函数：=MIN（H2：H16），按下"Enter"键确认。

（5）计算"滞销图书"。

出库量小于 100 的图书为"滞销图书"。计算"滞销图书种类"，在 H23 单元格中输入函数：=COUNTIF（H2：H16,"<100"），按下"Enter"键确认。操作最终效果如图 4—5 所示。

注意： 在输入公式和函数时，使用的符号必须为英文标点符号。

实训结果

序号	书名	定价	作者	出版年月	ISBN	类型	订数	销售价	销售金额	销量排名
12	AutoCAD2006上机指导与练习	12	郭朝勇	38991	712103137X	计算机	412	6	2472	7
13	Excel2003案例教程	18	谭建伟	40652	9787121131455	计算机	116	9	1044	13
14	AutoCAD2004中文版应用基础（第2版）	21	郭朝勇	39569	9787121063695	计算机	387	10.5	4063.5	9
15	AvidMediaComposer案例教程（含DVD光盘1张）	29.8	蟾祥民	40592	9787121127695	计算机	59	14.9	879.1	15

图书销售统计	订单数	15
	出库量	5381
	最高订数	654
	最低订数	59
	滞销图书种类	2

图 4—5　图书销售情况表的最终效果

项目3　统计分析图书销售总表

一、实训目的

1. 掌握数据的排序、筛选和高级筛选。
2. 掌握对数据的分类汇总。
3. 掌握工作表的复制和重命名。

二、实训内容

利用数据的筛选和分类汇总，对"图书销售总表"进行统计分析。

三、操作步骤

任务 1 数据自动筛选

使用自动筛选，筛选出"计算机"类且订数大于 400 的销售记录。

（1）创建素材副本。

打开素材"图书销售总表.xlsx"，按住"Ctrl"键拖放"图书销售总表（源数据）"工作表的标签，创建其副本，重命名为"自动筛选"。

（2）选择"筛选"。

在"自动筛选"工作表中单击"数据"选项卡"排序和筛选"组"筛选"按钮。

（3）建立"类型"筛选条件。

单击"类型"列右侧的 ▼ 按钮，单击取消其他类型前的勾号，保留"计算机"类型的勾号，单击"确定"按钮确认。

（4）建立"订数"筛选条件。

单击"订数"列右侧的 ▼ 按钮，在如图 4—6 所示的菜单中选择"数字筛选"→"大于"，此时打开如图 4—7 所示的"自定义自动筛选方式"对话框，输入"400"，单击"确定"按钮确认。

图 4—6　设置"数字筛选"为"大于"

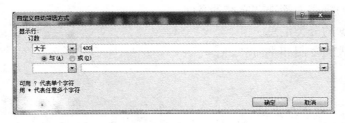

图 4—7　"自定义自动筛选方式"对话框

完成后效果如图 4—11 所示。

任务 2 数据高级筛选

使用高级筛选，筛选出由"曹俊杰"销售的"计算机"或"机电"类型图书的销售记录，保存在新工作表中。

（1）新建工作表。

单击工作表标签区域末尾的插入工作表按钮，重命名工作表为"高级筛选"。

（2）建立筛选条件区。

在"图书销售总表（源数据）"工作表的数据清单下创建筛选条件区域，此区域要与数据清单有一个以上的空行分隔，如图 4—8 所示。

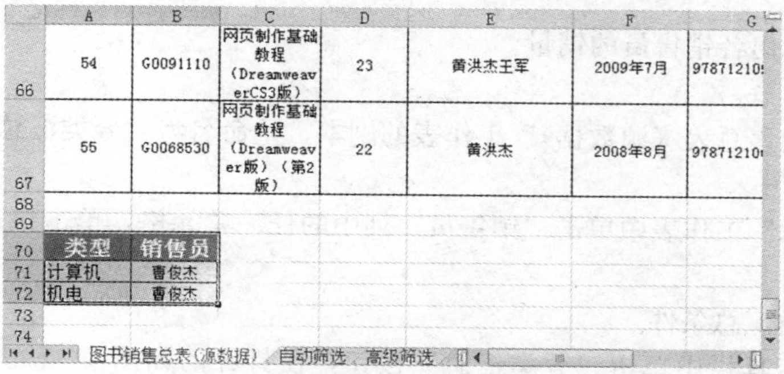

图 4—8 筛选条件区

（3）定位在保存筛选结果的区域。

单击"高级筛选"工作表的标签，切换到此工作表，单击 A1 单元格。

（4）执行高级筛选。

单击"数据"选项卡"排序和筛选"组中的"高级"按钮，此时打开"高级筛选"对话框，单击"将筛选结果复制到其他位置"项。

（5）选取各个区域。

单击"列表区域"右侧的选取区域按钮，选择"图书销售总表（源数据）"工作表中的数据清单，选取后引用的区域为：图书销售总表（源数据）! $A$1：$J$67。

（6）筛选"图书销售总表"数据。

单击"条件区域"右侧的选取区域按钮，选择"图书销售总表（源数据）"工作表中的筛选条件区域，选取后引用的区域为：图书销售总表（源数据）! $A$70：$B$72。

（7）高级筛选数据。

选取复制到的区域，单击"高级筛选"工作表中的 A1 单元格，选取后引用的区域为：高级筛选! $A$1，设置完成后"高级筛选"对话框如图 4—9 所示。

（8）最后确认。

单击"确定"按钮确认。完成后效果如图 4—12 所示。

图4—9 "高级筛选"对话框

任务3 分类汇总

要求分类汇总出各销售员的销量。

(1) 创建副本。

创建"图书销售总表(源数据)"工作表的副本,重命名为"分类汇总"。

(2) 数据排序。

在"分类汇总"工作表中单击"销售员"列中的任一单元格,单击快速访问工具栏中的"升序"按钮。

(3) 设置分类汇总条件。

在"数据"工具栏中单击"分类汇总"按钮,在打开的如图4—10所示的"分类汇总"对话框中设置分类字段为"销售员"、汇总方式为"求和"、选定汇总项为"订数",单击"确定"按钮确认。

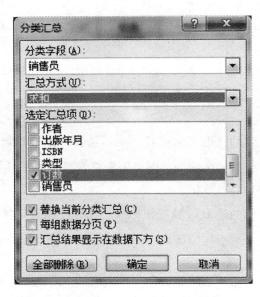

图4—10 "分类汇总"对话框

完成单击汇总级别 2 按钮后,显示的汇总效果如图4—13所示。

图4—11 自动筛选的结果

序号	书代号	书名	定价	作者	出版年月	ISBN	类型	订数	销售员
6	G0136600	FlashCS3动画制作	28	刘雪莉	2011年8月	9787121136603	计算机	654	曹俊杰
14	G0094750	冲压工艺与模具设计	31.5	张光泰	2009年9月	9787121094750	机电	613	曹俊杰
16	G0092990	电气控制与PLC应用技术	22.5	伍金洁	2009年8月	9787121092992	机电	382	曹俊杰
17	G0062790	电子技术基础	25.2	范国伟	2008年9月	9787121062797	机电	667	曹俊杰
18	G0099860	电子商务基础	25.5	陈孟建	2010年1月	9787121099861	计算机	426	曹俊杰
32	G0065020	计算机网络技术基础（第3版）	24.6	于鹏	2009年7月	9787121085024	计算机	452	曹俊杰
43	G0178130	模具装配、调试、维修与检验	25.3	刘铁石	2012年8月	9787121178139	机电	144	曹俊杰
44	G0090850	平面设计应用	31	职业技术培训	2009年8月	9787121090851	计算机	336	曹俊杰
45	G0111260	企业安全用电技术	26	张方庆等著	2010年7月	9787121111266	机电	670	曹俊杰
46	G0181160	钳工技能图解	23	王兵	2012年9月	9787121181160	机电	632	曹俊杰
50	G0097210	数控加工实训（第2版）	21.5	周志强	2009年11月	9787121097218	机电	188	曹俊杰
65	G0102300	中文PowerPoint 2003应用基础	24.2	邢小郑	2010年2月	9787121102301	计算机	629	曹俊杰

图4—12 高级筛选的结果

	出版年月	ISBN	类型	订数	销售员		
16				6624	曹俊杰 汇总		
27				3072	甘柳凤 汇总		
43				4866	卢俊杰 汇总		
54				3875	潘瑞成 汇总		
60				1808	区佳秀 汇总		
73				4687	张珣 汇总		
74				24932	总计		
75							

图书销售总表(源数据) 自动筛选 高级筛选 列

图4—13 分类汇总结果

 项目4 创建图表

一、实训目的

1. 掌握创建图表的操作方法。

2. 掌握编辑图表的操作方法。

二、实训内容

创建和编辑图书销售量排名图表。

三、操作步骤

任务1 对销售量作降序排序

（1）打开工作簿。

打开素材"图书销售量排名表"工作簿，工作表中数据清单如图4—14所示。

	A	B	C	D
1	职工号	姓名	销售量	提成
2	001	区佳秀	1808	￥ 452.00
3	002	甘柳凤	3072	￥ 768.00
4	003	卢俊杰	4866	￥ 1,216.50
5	004	张珣	4687	￥ 1,171.75
6	005	潘瑞成	3875	￥ 968.75
7	006	曹俊杰	6624	￥ 1,656.00

图4—14　图书销售量排名表

（2）降序排列。

单击"销售量"列中的任一单元格，单击"降序"按钮。

任务2 创建图书销售量排名图表

（1）选择数据区域。

选择 B1：C7 单元格区域作为图表的数据区域。

（2）创建图表。

单击"插入"选项卡，切换到"插入"工具栏，在"图表"组中单击"条形图"按钮，打开如图4—15所示的列表，在列表中选择"三维簇状条形图"，即可创建图表。

任务3 编辑图书销售量排名图表

（1）修改标题。

单击选中图表标题，修改为"图书销售量排名图表"。

44

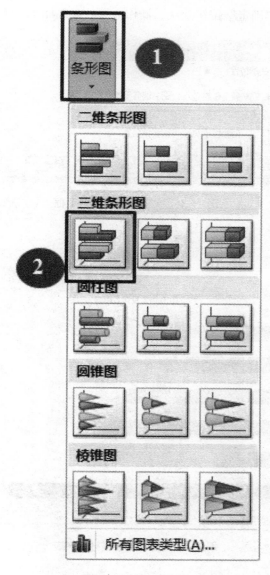

图4—15　条形图的选项列表

（2）添加数据标签。

在"图表工具"的"布局"选项卡中单击"数据标签"按钮选择"显示"。

（3）修改销售量最多的三个条形图的填充色。

选择最下方的条形图，在"图表工具"的"格式"选项卡中单击"形状填充"按钮，选择填充色为"红色，强调文字颜色2，深色25％"，另外两个条形图，逐个选中后按下"F4"快捷键，对它们做相同操作。

（4）移动图表到新工作表中。

选中图表，在"图表工具"的"设计"选项卡中单击"移动图表"按钮 ，在打开的如图4—16所示的"移动图表"对话框，选择"新工作表"，并输入工作表名："图书销售量排名图表",单击"确定"按钮确认。操作最终效果如图 4—17 所示。

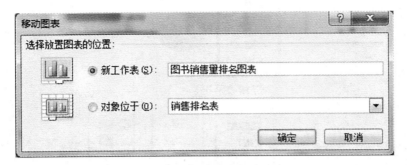

图 4—16 "移动图表"对话框

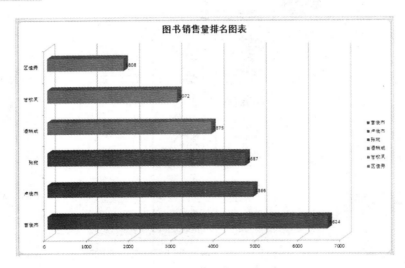

图 4—17 图书销售量排名图表

模块 5　演示文稿的制作

项目 1　创建唐诗三百首

一、实训目的

1. 掌握演示文稿的创建和保存，认识演示文稿的窗口布局。
2. 掌握演示文稿中对象（文本、图片等）的插入、编辑和格式编排等。
3. 掌握幻灯片的添加、移动、复制和删除等操作。
4. 掌握演示文稿的屏幕放映方式。

二、实训内容

创建一个包含四张幻灯片的"唐诗五言绝句"演示文稿，设计主题为"凸显"。

三、操作步骤

任务 1　新建演示文稿，制作标题幻灯片

（1）新建演示文稿。

启动 Power Point 2010，新建一个演示文稿，选择设计主题为"凸显"。

（2）设置标题幻灯片。

在采用"标题幻灯片"版式的第一张幻灯片中，选择主题框，输入文字"唐诗五言绝句"，设置字体：华文彩云，60 磅，蓝色；副标题框中输入文字"选自《唐诗三百首》"，设置字体：华文彩云，28 磅，蓝色，效果如图 5—1 所示。

图 5—1　标题幻灯片

任务 2　添加并制作第 2、第 3 张幻灯片

（1）添加第 2 张幻灯片。

采用"标题和内容"版式，输入如下文字，全部文字居中显示，无项目编号。效果如图 5—2 所示。

春晓（字体：华文彩云，54 磅，蓝色）

春眠不觉晓，处处闻啼鸟。夜来风雨声，花落知多少。（字体：华文彩云，40 磅，蓝色）

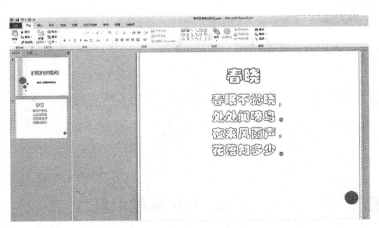

图 5—2　标题和内容版本

（2）添加第 3 张幻灯片。

采用"两栏内容"版式，标题输入"静夜思"，左边栏插入素材"上机 \ powerpoint 练习题素材 \ 静夜思 . jpg"图片文件，把图片进行缩放到 125％，并适当调整位置。右边栏输入如下文字，无项目编号，效果如图 5—3 所示。

静夜思（字体：隶书，60 磅，蓝色）

床前明月光，疑是地上霜。举头望明月，低头思故乡。（字体：隶书，44 磅，蓝色）

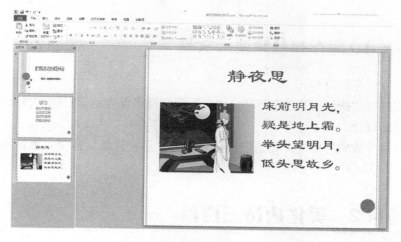

图 5—3　标题和两栏内容版式

任务 3　制作第 4 张幻灯片

（1）添加第 4 张幻灯片。

复制第 2 张幻灯片放到演示文稿末尾，使其成为第 4 张幻灯片。

（2）对第 4 张幻灯片作如下修改。

①转换为"两栏内容"版式。

②把标题："春晓"改成"作者比较"。设置字体：微软雅黑，48，蓝色。

③把素材"上机 \ powerpoint 练习题素材 \《春晓》作者简介 . txt"中的文本复制到左边文本占位符内，把素材"上机 \ powerpoint 练习题素材 \《静夜思》作者简介 . txt"中的文本复制到右边文本占位符内。设置字体：微软雅黑，24，蓝色。

④在幻灯片底部插入一个横排文本框，键入文字：以上来自百度，百度网址是：www. baidu. com。设置字体：微软雅黑，18，蓝色。

最终效果，如图 5—4 所示。

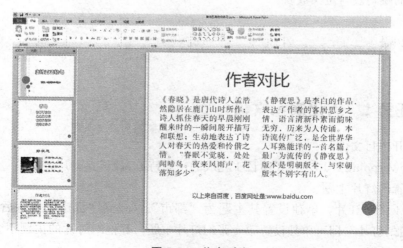

图 5—4　作者对比

任务 4 保存和放映演示文稿

（1）命名并保存幻灯片。

将演示文稿以"唐诗五言绝句练习.pptx"为文件名保存到自己的文件夹中。

（2）放映幻灯片。

单击"幻灯片放映"→"开始放映幻灯片"→"从头开始"命令，测试演示文稿的整体播放效果。

项目 2 美化唐诗三百首

一、实训目的

1. 掌握演示文稿主题的调整。
2. 掌握幻灯片的超链接技术。
3. 掌握艺术字的插入及设置方法、图片的替换和插入声音。
4. 掌握幻灯片的动画效果和切换的设置。
5. 掌握在幻灯片中添加动作按钮及其设置的方法。
6. 掌握幻灯片的自定义放映方式。

二、实训内容

通过设置幻灯片主题、添加图片、添加音乐美化演示文稿，为幻灯片添加动画效果，设置幻灯片的跳转及自定义放映。

三、操作步骤

任务 1 美化演示文稿

（1）打开项目文件。

启动 Powerpoint 2010，打开项目 1 完成的"唐诗五言绝句练习"。

（2）设置幻灯片主题。

选择第 4 张幻灯片，单独设置其主题为"都市"（找到"都市"主题后，右击选择"应用于选定幻灯片"即可单独设置第 4 张幻灯片主题，其他幻灯片的主题不会改变）。如图 5—5 所示。

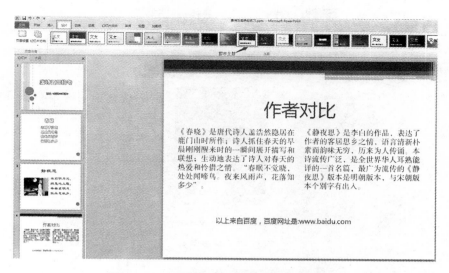

图 5—5　设置第 4 张幻灯片主题为"都市"

（3）幻灯片中插入艺术字。

在第 1 张幻灯片前面添加一张新的幻灯片，选定其版式为"空白"版式，在幻灯片中插入艺术字"精选两首"，使用艺术字库中的第 3 行第 1 列的样式，字体为黑体，文字大小 66 磅，居中对齐。如图 5—6 所示。

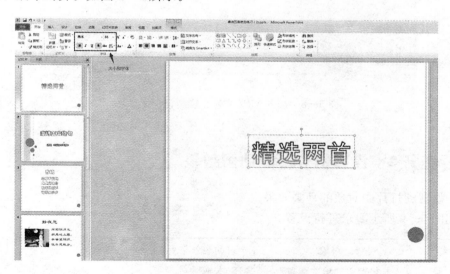

图 5—6　空白版式插入艺术字

（4）替换幻灯片中图片。

把第 4 张幻灯片中的图片替换成"上机＼powerpoint 练习题素材＼静夜思另一版本.jpg"中的图片。如图 5—7 所示。

（5）幻灯片中插入音乐。

在第 1 张幻灯片里插入音乐，从"上机＼powerpoint 练习题素材＼读唐诗伴奏音乐.mp3"插入，要求从头开始自动播放，停止播放在第 4 张幻灯片后。如图 5—8 所示。

图 5—7　替换图片

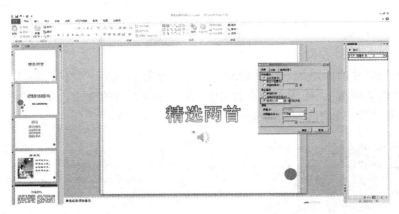

图 5—8　插入 MP3 文件：读唐诗伴奏音乐

任务2　设置幻灯片的动画效果

（1）设置幻灯片中对象的动画效果。

按如图 5—9 所示要求进行设置。

幻灯片编号	对象	动态效果	开始时间	速度
1	艺术字"精选两首"	弹跳	上一动画之后	中速
2	唐诗五言绝句	浮入	上一动画之后	快速
2	选自《唐诗三百首》	缩放	与上一动画同时	慢速
4	"静夜思"图片	翻转由远及近	单击时	中速

图 5—9　动画效果设置

注意：设置幻灯片对象的动画，要先选择要设置的对象，再执行"动画"选项卡中的各项动画命令进行设置。

（2）设置幻灯片的切换方式。

在幻灯片视图中选择第 1 张幻灯片，打开"切换"选项卡，从"切换到此幻灯片"组中选择"涡流"作为此幻灯片的切换方式；单击"效果选项"，从下拉列表中选择"自底部"。换片方式为单击鼠标时和设置自动换片时间：3 秒。如图 5—10 所示。

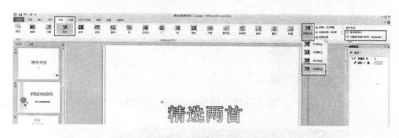

图 5—10　幻灯片的切换

其他的第 2～5 张幻灯片的切换方式可以设置为："分割"、"立方体"、"传送带"、"库"。换片方式均为单击鼠标即可。

任务 3　设置幻灯片的跳转

（1）添加动作按钮。

选择第 3 张幻灯片，单击"插入"→"形状"→"动作按钮"，如图 5—11 所示，选择"开始按钮"，在幻灯片编辑区绘制"开始"的动作按钮，并在"动作设置"对话框中选择设置相应的动作链接，如图 5—12 所示。

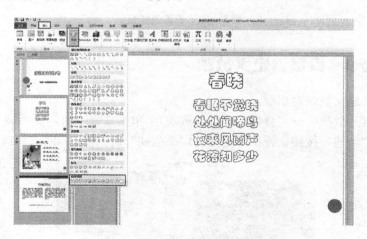

图 5—11　插入开始的动作按钮

（2）放映幻灯片。

用同样的方法为第 4 张幻灯片添加一个动作按钮，单击立即结束放映。

（3）设置超链接。

为第 5 张幻灯片的文字内容"以上来自百度，百度网址是：www. baidu. com"设置超链接，链接到 www. baidu. com，如图 5—13 所示。

图 5—12　绘制按钮进行链接

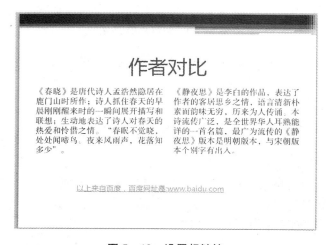

图 5—13　设置超链接

任务 4 设置自定义放映

（1）打开自定义放映对话框。

选择"幻灯片放映"→"自定义幻灯片放映"，单击选择"自定义放映"弹出对话框。单击对话框中"新建"按钮，弹出"定义自定义放映"对话框，如图 5—14 所示。

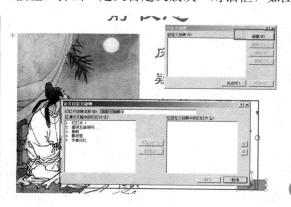

图 5—14　"定义自定义放映"对话框

（2）输入幻灯片名称。

在对话框的"幻灯片放映名称"中输入：五言绝句两首 P243。

（3）定义自定义放映。

在下方的"在演示文稿中的幻灯片"中先选择放映的第 2 张幻灯片，再选择添加，则在"在自定义放映中的幻灯片"就会出现第 2 张幻灯片。用同样的方法，再选择第 4 张幻灯片，最后选择第 3 张幻灯片，如图 5—15 所示。然后再单击"确定"按钮，即可完成幻灯片自定义播放。

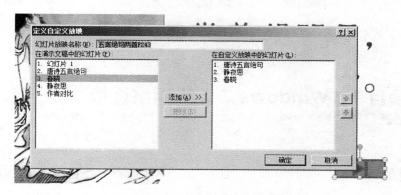

图 5—15　　"定义自定义放映"对话框

（4）测试放映效果。

单击"自定义幻灯片放映"按钮，在弹出的列表中单击"五言绝句两首 P243"项，测试演示文稿自定义放映的效果。

（5）保存演示文稿。

单击"文件→另存为"菜单项，将完成的演示文稿以文件名"唐诗五言绝句练习（2）.pptx"另存到自己的文件夹中。

模块6　使用计算机网络获取信息

 项目1　Windows 7 无线网络连接

一、实训目的

掌握无线网络设置，能通过无线网络访问互联网。

二、实训内容

近年来，随着校园信息化的快速发展，很多学校都建设了校园无线网，方便同学们通过移动终端利用无线网络连接网络。当前学校的无线网络账号为 xxgc_1，请设置无线网络连接，成功登录，访问 http://www.ncvt.net。

三、操作步骤

（1）打开"开始"菜单，点击"控制面板"，如图 6—1 所示。

图6—1　打开控制面板

（2）点击"网络和 Internet"，如图 6—2 所示。

图 6—2　打开"网络和 Internet"

（3）点击"网络和共享中心"，如图 6—3 所示。

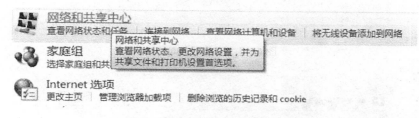

图 6—3　打开"网络和共享中心"

（4）点击"设置新的连接或网络"，如图 6—4 所示。

更改网络设置

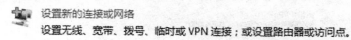
设置新的连接或网络
设置无线、宽带、拨号、临时或 VPN 连接；或设置路由器或访问点。

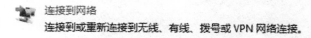
连接到网络
连接到或重新连接到无线、有线、拨号或 VPN 网络连接。

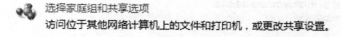
选择家庭组和共享选项
访问位于其他网络计算机上的文件和打印机，或更改共享设置。

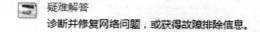
疑难解答
诊断并修复网络问题，或获得故障排除信息。

图 6—4　设置新的连接或网络

（5）选择"连接到 Internet"，点击"下一步"，如图 6—5 所示。

（6）单击"无线"，如图 6—6 所示。

（7）搜索无线网络。

桌面右下角系统托盘中出现搜索到的无线网络，选择要连接的无线网络点击"连接"，如图 6—7 所示。

（8）输入密码连接无线网。

如果无线网络有密码，则输入密码后即可连接到无线网络，如图 6—8 所示。

图 6—5　连接到 Internet

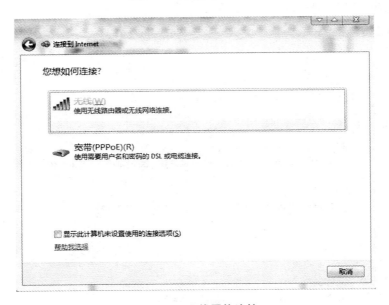

图 6—6　无线网络连接

（9）连接到无线网络。

当无线网络连接上以后，桌面任务栏右下角的网络连接图标会变成 ，就可以通过无线上网了。

实训结果

打开浏览器，输入网址 http://www.ncvt.net，就可以成功访问南宁职业技术学院门户网站了，如图 6—9 所示。

图6—7　连接到 xxgc_1 无线网络

连接到网络

键入网络安全密钥

安全密钥(S):　●●●●●

☑ 隐藏字符(H)

确定　取消

图6—8　输入无线网络安全密钥

图6—9　利用无线网络上网

 项目2　设置 IE 浏览器属性

一、实训目的

掌握 IE 浏览器属性的设置。

二、实训内容

浏览南宁职业技术学院首页（网址 http://www.ncvt.net），利用 Internet 属性中的"使用当前页"按钮将其设为主页。

三、操作步骤

（1）启动浏览器并输入网址。

启动 IE 浏览器，在地址栏中输入 http://www.ncvt.net。

（2）设置当前主页。

单击菜单"工具"→"Internet 选项"，在"Internet 选项"对话框中单击"使用当前页"按钮，如图6—10所示，完成主页设置。

（3）删除上网痕迹。

单击"删除"，选择删除上网时留下的痕迹，如临时文件、历史记录等，单击"删除"按钮。

（4）将 Internet 设置恢复到初始状态。

如图6—11所示，单击"高级"选项卡，单击"还原高级设置"。单击"确定"，则成功将南宁职业技术学院首页设置为首页。

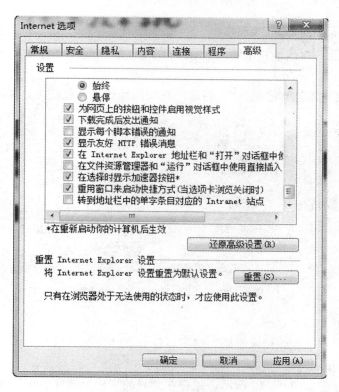

图 6—10　设置 Internet 属性

图 6—11　还原默认值

项目3 使用搜索引擎

一、实训目的

会使用 Google 搜索引擎进行信息查询。Google 目前被公认为全球规模最大的搜索引擎，它提供了简单易用的免费服务。

二、实训内容

浏览谷歌网站（网址是 https：//www. google. com. hk/)，将该网站的网址添加到收藏夹，方便以后进行信息搜索。搜索关键字为"南宁职业技术学院"的相关信息。打开搜索网页中的"南宁职业技术学院"网页，并保存到"我的文档"中，文件名默认。网站标志，如同商品商标一样，让人看见就联想起网站，请将谷歌网站标志保存在"我的文档 \ 图片收藏"文件夹中。

三、操作步骤

（1）打开 Google 网页。

启动 IE 浏览器，在地址栏中输入 https：//www. google. com. hk/，打开网页。

（2）收藏夹。

单击"收藏夹→添加到收藏夹"，将该网站的网址添加到收藏夹，如图 6—12 所示。

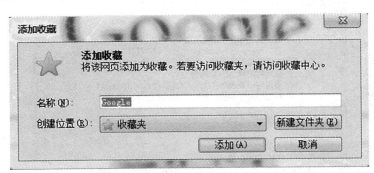

图 6—12　"添加到收藏夹"对话框

（3）保存网页。

将搜索到的"南宁职业技术学院"网页，保存在"我的文档"中。

（4）保存 Google 网站标志。

将谷歌网站标志如图 6—13 所示，保存在"我的文档 \ 图片收藏"文件夹中，文件名为 Google logo. jpg，如图 6—14 所示。

图 6—13 谷歌网站标志

图 6—14 "保存图片"对话框

 项目 4 下载和安装杀毒软件

一、实训目的

在互联网病毒盛行的时代，需要一个杀毒软件帮忙拦截病毒，保护电脑信息安全。

二、实训内容

下载安装金山毒霸。

三、操作步骤

（1）下载金山毒霸。

打开金山毒霸官方网站"http://www.ijinshan.com/"。点击"立即下载"下载软件，如图 6—15 所示。

（2）安装金山毒霸。

软件下载完成后，找到下载的压缩包进行解压，在解压文件中找到金山毒霸的可执行文件，双击软件，出现安装向导。在初始界面中，我们可以选择软件安装的路径；点击

图 6—15　金山毒霸官方网站

"立即安装"开始安装软件，如图 6—16 所示。

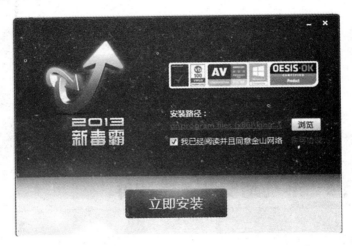

图 6—16　金山毒霸安装界面

（3）设置金山毒霸功能。

软件安装完成后，我们可以根据自己需要的功能进行设置，如图 6—17 所示。

图 6—17　金山毒霸设置界面

项目5 使用电子邮箱

一、实训目的

电子邮箱给人们的通信带来了极大的方便，掌握邮箱的注册和使用方法。

二、实训内容

注册 QQ 免费邮箱。利用申请成功的 QQ 免费电子邮箱，发一封邮件给你的同学，告知以后可以通过电子邮箱进行通信。

三、操作步骤

（1）打开网页。

启动 IE 浏览器，在地址栏中输入 https://mail.qq.com/，打开 QQ 免费邮箱主页。如图 6—18 所示。

图 6—18 QQ 免费邮箱窗口

（2）注册 QQ 邮箱。

单击"立即注册"超链接，打开关于注册的窗口，单击"邮箱帐号"超链接，根据提示，填写相关信息后单击"确定"按钮，按提示操作即可完成邮箱的注册。

（3）登录邮箱。

利用浏览器登录 QQ 邮箱首页，在登录 QQ 邮箱文本框中输入刚申请的帐号 yy495835918，在其后的"密码"文本框中输入自己的密码，然后单击"登录"按钮即可登录。成功登录后进入如图 6—19 所示的邮箱首页。

（4）接收邮件。

接收电子邮件时可直接单击左窗格中的"收信"超链接。发送电子邮件时可单击左窗

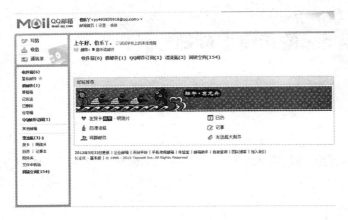

图 6—19　QQ 邮箱界面

格中的"写信"超链接，然后在右窗格中出现发信窗口，在其中输入收信人的电子邮箱、信件的主题和内容，如图 6—20 所示。

图 6—20　写邮件界面

（5）添加附件。

单击"添加附件"超链接，打开添加文件对话框，在其中选择所需发送的文件，然后单击"打开"按钮，回到写信窗口，此时正文上方出现回形针图标并显示附件名称，表示附件添加成功。取消附件的发送时只需单击"删除"按钮即可。

（6）发送邮件。

发送邮件时只需单击底端的"发送"按钮，页面刷新后即可看到邮件已经发送成功的提示，如图 6—21 所示。

图 6—21　发送成功界面

第二部分

计算机一级考试笔试练习题

必做习题1 计算机基础知识

1. 一个完整的计算机系统包括（　　　）。

   A. 主机和外设　　　　　　　　　　　B. 硬件系统和软件系统

   C. 主机和各种应用程序　　　　　　　D. 运算器、控制器和存储器

2. 一台计算机必须具备的输入设备是（　　　）。

   A. 鼠标　　　　　　B. 扫描仪　　　　　　C. 键盘　　　　　　D. 数字化仪

3. 断电后使得（　　　）中所存储的数据丢失。

   A. ROM　　　　　　B. RAM　　　　　　C. 磁盘　　　　　　D. 光盘

4. 计算机硬件能直接识别和执行的只有（　　　）。

   A. 汇编语言　　　　B. 符号语言　　　　C. 高级语言　　　　D. 机器语言

5. 具有多媒体功能的微型计算机系统通常都配有 CD-ROM，这是一种（　　　）。

   A. 只读存储器　　　　　　　　　　　B. 只读大容量软盘

   C. 只读硬盘存储器　　　　　　　　　D. 只读光盘存储器

6. 计算机自诞生以来，性能、价格等都发生了巨大变化，但其（　　　）并没有发生改变。

   A. 运算速度　　　　B. 体积　　　　　　C. 体系结构　　　　D. 耗电量

7. 计算机的硬件主要包括中央处理器（CPU）、存储器、输入设备和（　　　）。

   A. 键盘　　　　　　B. 鼠标　　　　　　C. 输出设备　　　　D. 显示器

8. 在计算机中表示存储容量时，下列描述中正确的是（　　　）。

   A. 1MB=1 024B　B. 1MB=1 024KB　C. 1KB=1 000B　D. 1KB=1 024MB

9. 个人计算机属于（　　　）。

   A. 巨型计算机　　　B. 中型计算机　　　C. 小型计算机　　　D. 微型计算机

10. 计算机自动化程度高、应用范围广是由于（　　　）。

   A. 采用了大规模集成电路　　　　　　B. 内部采用二进制

   C. CPU 速度快，功能强　　　　　　　D. 采用程序控制工作方式

11. 微型计算机的微处理器包括（　　　）。

   A. 运算器和主存　　　　　　　　　　B. 控制器和主存

   C. 运算器和控制器　　　　　　　　　D. 运算器、控制器和主存存储器

12. 笔记本电脑属于（　　　）计算机。

   A. 巨型　　　　　　B. 微型　　　　　　C. 小型　　　　　　D. 中型

13. 下列软件中，（　　　）是系统软件。

A. 用 C 语言编写的求解一元二次方程的程序

B. 工资管理软件

C. 用汇编语言编写的一个练习程序

D. Windows 操作系统

14. 世界上第一台电子计算机诞生于（　　　）。

    A. 1941 年　　　　　B. 1946 年　　　　　C. 1949 年　　　　　D. 1950 年

15. 世界上首次提出存储程序计算机体系结构的是（　　　）。

    A. 莫奇莱　　　　　B. 艾仑·图灵　　　　C. 乔治·布尔　　　　D. 冯·诺依曼

16. 世界上第一台电子数字计算机采用的主要逻辑器件是（　　　）。

    A. 电子管　　　　　B. 晶体管　　　　　C. 继电器　　　　　D. 光电管

17. 下列关于计算机发展的叙述，正确的是（　　　）。

    A. 第一代计算机的逻辑器件采用的是晶体管

    B. 从第二代计算机开始使用中、小规模集成电路

    C. 按年代来看，1965—1970 年是第四代计算机时代，元器件为超大规模集成电路

    D. 以上说法都不对

18. 计算机的应用范围广、自动化程度高，主要是因为（　　　）。

    A. 二进制编码　　　　　　　　　　　B. 高速的电子元器件

    C. 高级语言　　　　　　　　　　　　D. 采用存储程序控制工作原理

19. 在微型计算机中，硬盘驱动器属于（　　　）。

    A. 内存储器　　　　B. 外存储器　　　　C 输入设备　　　　D. 输出设备

20. 下列存储器中，存/取速度最快的是（　　　）。

    A. 软盘存储器　　　B. 硬盘存储器　　　C. 光盘存储器　　　D. 内存储器

21. 微型计算机的运算器、控制器及内存储器的总称是（　　　）。

    A. CPU　　　　　　B. ALU　　　　　　C. 主机　　　　　　D. MPU

22. 某单位的人事档案管理程序属于（　　　）。

    A. 系统程序　　　　B. 系统软件　　　　C. 应用软件　　　　D. 目标程序

23. 某单位使用计算机计算、管理职工工资，这属于计算机的（　　　）应用领域。

    A. 科学计算　　　　B. 数据处理　　　　C. 过程控制　　　　D. 辅助工程

24. 用计算机控制人造卫星和导弹的发射，按计算机应用的分类，它应属于（　　　）。

    A. 科学计算　　　　B. 辅助设计　　　　C. 数据处理　　　　D. 实时控制

25. 用计算机对船舶、飞机、汽车、机械、服装进行计算、设计、绘图属于（　　　）。

    A. 计算机科学计算　　　　　　　　　B. 计算机辅助制造

    C. 计算机辅助设计　　　　　　　　　D. 实时控制

26. 计算机用于教学和训练，称为（　　　）。

    A. CAD　　　　　　B. CAP　　　　　　C. CAI　　　　　　D. CAM

27. 下列数据中，有可能是八进制数的是（　　　）。

    A. 408　　　　　　　B. 677　　　　　　　C. 659　　　　　　　D. 802

28. 二进制数 11000000 对应的十进制数是（　　　）。

    A. 384　　　　　　　B. 192　　　　　　　C. 96　　　　　　　　D. 320

29. 下列各数中最小的是（　　）。

    A. 二进制数 101001　　　　　　　　　B. 八进制数 52

    C. 十六进制数 2B　　　　　　　　　　D. 十进制数 44

30. 在计算机中，英文字符的比较就是比较它们的（　　）。

    A. 大小写值　　　　B. 输出码值　　　　C. 输入码值　　　　D. ASCII 码值

31. 存储器存储容量的基本单位是（　　）。

    A. 字　　　　　　　B. 字节　　　　　　C. 位　　　　　　　D. 千字节

32. 微机中运算器的主要功能是进行（　　）运算。

    A. 算术　　　　　　B. 逻辑　　　　　　C. 算术和逻辑　　　D. 函数

33. 计算机的主（内）存储器一般是由（　　）组成。

    A. RAM 和 C 盘　　　　　　　　　　　B. ROM、RAM 和 C 盘

    C. RAM 和 ROM　　　　　　　　　　　D. RAM、ROM 和 CD-ROM

34. 用高级语言编写的程序（　　）。

    A. 只能在某种计算机上运行

    B. 无需经过编译或解释，即可被计算机直接执行

    C. 具有通用性和可移植性

    D. 几乎不占用内存空间

35. 最基础最重要的系统软件是（　　），若缺少它，则计算机系统无法工作。

    A. 编辑程序　　　　B. 操作系统　　　　C. 语言处理程序　　D. 应用软件包

36. 下面关于计算机语言概念的叙述中，（　　）是错误的。

    A. 高级语言必须通过编译或解释才能被计算机执行

    B. 计算机高级语言是与计算机型号无关的计算机算法语言

    C. 一般地说，由于一条汇编语言指令对应一条机器指令，因此汇编语言程序在计算机中能被直接执行

    D. 机器语言程序是计算机能直接执行的程序

37. 解释程序的功能是（　　）。

    A. 将高级语言程序转换为目标程序　　B. 解释执行高级语言程序

    C. 将汇编语言程序转换为目标程序　　D. 解释执行汇编语言程序

38. 显示器的分辨率高低表示（　　）。

    A. 在同一字符面积下，像素点越多，其分辨率越低

    B. 在同一字符面积下，像素点越多，其显示的字符越不清楚

    C. 在同一字符面积下，像素点越多，其分辨率越高

    D. 在同一字符面积下，像素点越少，其字符的分辨效果越好

39. 下列描述中，正确的是（　　）。

    A. 激光打印机是击打式打印机

    B. 针式打印机的打印速度最高

    C. 喷墨打印机的打印质量高于针式打印机

    D. 喷墨打印机的价格比较昂贵

40. 如同时按"Ctrl＋Alt＋Del"键，则对系统进行了（　　）。

A. 热启动　　　　　B. 冷启动　　　　　C. 复位启动　　　　　D. 停电操作

41. 机器人、语音识别、图像识别和专家系统属于计算机在（　　）方面的应用。

A. 科学计算　　　　B. 实时控制　　　　C. 信息处理　　　　D. 人工智能

42. 在计算机内部，所有信息的存储、处理与传输均采用（　　）编码。

A. 十进制　　　　　B. 八进制　　　　　C. 二进制　　　　　D. 十六进制

43. 以下算式中，相减结果是十进制数1的是（　　）。

A. $(7)_{10}-(110)_2$　　B. $(6)_{10}-(111)_2$　　C. $(4)_{10}-(001)_2$　　D. $(5)_{10}-(101)_2$

44. 计算机系统组成中，CPU 和内存储器归为（　　）。

A. 外部设备　　　　B. 输入系统　　　　C. 主机　　　　　　D. 输出系统

45. 以下外部设备中，属于输入设备的是（　　）。

A. 打印机　　　　　B. 音箱　　　　　　C. 绘图仪　　　　　D. 扫描仪

46. 在使用计算机时，如果（　　），可能会造成计算机频繁地读写硬盘。

A. 内存的容量太小　　　　　　　　　　B. 光盘的容量太小

C. 硬盘的容量太小　　　　　　　　　　D. 硬盘的容量太大

47. 关于随机存储器 RAM 的特点，下面说法正确的是（　　）。

A. 只能向 RAM 写入信息，且断电后信息丢失

B. 只能向 RAM 读出信息，不能写入信息

C. 既能从 RAM 写入又能从 RAM 读出信息，断电后信息也不丢失

D. 既能从 RAM 写入又能从 RAM 读出信息，但断电后信息会丢失。

48. 下面计算机性能指标中，影响计算精度的是（　　）。

A. 字长　　　　　　B. 内存容量　　　　C. 运算速度　　　　D. 显示器的分辨率

49. 为解决某一特定问题而设计的指令序列称为（　　）。

A. 文件　　　　　　B. 语言　　　　　　C. 程序　　　　　　D. 文档

50. 计算机软件系统由（　　）组成。

A. 系统软件和应用软件　　　　　　　　B. 操作系统和计算机语言处理程序

C. 工具软件和应用软件　　　　　　　　D. 系统软件和工具软件

51. 下列软件中，（　　）属于应用软件。

A. Linux　　　　　B. Word　　　　　　C. Window　　　　　D. UNIX

52. 冯·诺依曼体系结构的计算机工作原理是（　　）。

A. 存储程序与自动控制　　　　　　　　B. 高速度与高精度

C. 可靠性与可用性　　　　　　　　　　D. 有记忆能力

53. 按信息表示处理的方式划分，当前广泛使用的计算机属于（　　）计算机。

A. 大型　　　　　　B. 模拟　　　　　　C. 混合　　　　　　D. 数字

54. 用计算机控制"神舟九号"飞船的发射，按计算机应用分类，属于（　　）。

A. 科学计算　　　　B. 辅助设计　　　　C. 辅助制造　　　　D. 实时控制

55. 专门为学习英语而设计的软件属于（　　）。

A. 编辑软件　　　　B. 应用软件　　　　C. 系统软件　　　　D. 目标程序

56. 二进制数110转换成十进制数是（　　）。

A. 5　　　　　　　　B. 4　　　　　　　　C. 7　　　　　　　　D. 6

57. 英文大写字母 "B" 的 ASCII 码值是十进制数 66，大写字母 "E" 的 ASCII 码值是十进制数（   ）。

    A. 70   B. 69   C. 68   D. 67

58. 计算机的硬件系统包括（   ）。

    A. CPU、存储器、输入/输出设备   B. CPU、存储器、总线

    C. 存储器、输入/输出设备、总线   D. CPU、总线、输入/输出设备

59. 下面不属于计算机主机性能的指标是（   ）。

    A. 字长   B. 光驱的读写速度

    C. 内存容量   D. 主频

60. 在计算机中配置高速缓冲存储器是为了解决（   ）。

    A. 内存与硬盘之间速度不匹配问题   B. CPU 与硬盘之间速度不匹配问题

    C. CPU 与内存之间速度不匹配问题   D. 主机与外设之间速度不匹配问题

61. 计算机的硬盘、U 盘和光盘属于（   ）。

    A. 外部存储器   B. 内部存储器   C. 中央处理器   D. 数据通讯设备

62. 以下外部设备中，（   ）属于输入设备。

    A. 打印机和键盘   B. 绘图仪和扫描仪   C. 显示器和键盘   D. 扫描仪和鼠标

63. 计算机的基本指令是由（   ）组成。

    A. 命令和操作数   B. 操作码和操作数地址码

    C. 操作数和运算类型   D. 操作码和操作数

64. 汇编语言或高级语言编写的程序称为（   ）。

    A. 汇编程序   B. 目标程序   C. 源程序   D. 二进制代码程序

65. 下列软件中，属于系统软件的是（   ）。

    A. Linux   B. Out look Express

    C. Office 2003   D. 腾讯 QQ

66. 源程序就是（   ）。

    A. 用高级语言或汇编语言写的程序   B. 用机器语言写的程序

    C. 由程序员编写的程序   D. 由用户编写的程序

67. 语言处理程序的主要作用是（   ）。

    A. 将用户命令转换为机器能执行的指令

    B. 对自然语言进行处理以便为机器所理解

    C. 把高级语言或汇编语言写的源程序转换为机器语言程序

    D. 根据设计要求自动生成源程序以减轻编程的负担

68. 计算机算法是指（   ）。

    A. 程序   B. 指令的集合

    C. 解决具体问题的操作步骤   D. 程序和文档

必做习题2 操作系统及应用

1. 为了保证 Windows 7 安装后能正常使用，采用的安装方法是（ ）。
   A. 升级安装　　　　B. 卸载安装　　　　C. 覆盖安装　　　　D. 全新安装

2. 操作系统的作用是（ ）。
   A. 把源程序译成目标程序
   B. 方便用户进行数据管理
   C. 管理和调度计算机系统的硬件和软件资源
   D. 实现软、硬件的转接

3. 通常我们所说的 32 位机，指的是这种计算机的 CPU（ ）。
   A. 能够同时处理 32 位二进制数据　　　B. 是由 32 个运算器组成的
   C. 包含有 32 个寄存器　　　　　　　D. 一共有 32 个运算器和控制器

4. Windows 7 操作系统能实现的功能不包括（ ）。
   A. 无线路由管理　　B. 硬盘管理　　　C. 处理器管理　　　D. 进程管理

5. 计算机的操作系统属于（ ）。
   A. 系统软件　　　　　　　　　　　B. 应用软件
   C. 语言编译程序和调度程序　　　　　D. 视窗操作程序

6. 在 Windows 7 操作系统中，桌面指的是（ ）。
   A. 办公桌面　　　　　　　　　　　B. 屏幕上的所有图标
   C. Windows 7 的主控窗口　　　　　　D. 活动窗口

7. 在 Windows 7 操作系统中，桌面包含有（ ）。
   A. 回收站、菜单、文件夹　　　　　B. 图标、开始按钮、任务栏
   C. 我的文档、菜单、资源管理　　　D. 附件、任务栏、我的电脑

8. 在 Windows 7 操作系统中，显示桌面的快捷键是（ ）。
   A. "Win＋D"　　　B. "Win＋P"　　　C. "Win＋Tab"　　　D. "Alt＋Tab"

9. 桌面上的图标，叙述正确的是（ ）。
   A. 只有图案标志可以更改　　　　　B. 只有文字标志可以更改
   C. 图案标志和文字标志均能更改　　D. 图案标志和文字标志都不可改

10. 下列关于 Windows "图标" 的叙述中，错误的是（ ）。
    A. 不同文件有其固定样式的图标，不可更改
    B. Windows 的图标可以表示应用程序和文档
    C. Windows 的图标可以表示文件夹和快捷方式

D. Windows 的图标可以表示计算机的硬件信息

11. "计算机"中改变图标的排列方式，可使用（　　）菜单来设置。

　　A. 文件　　　　　　B. 编辑　　　　　　C. 查看　　　　　　D. 收藏

12. Windows 操作系统中，在桌面的空白区域单击鼠标右键后，可以（　　）。

　　A. 排列桌面上的图标　　　　　　B. 新建文件夹

　　C. 设置屏幕分辨率　　　　　　D. 以上均可

13. 下列关于"图标"的描述错误的是（　　）。

　　A. 图标可以使您快速访问快捷方式

　　B. 应用程序的图标有其固定的样式，不可更改

　　C. 图标既可以代表程序也可以代表文件

　　D. 图标可以表示被组合在一起的多个程序

14. Windows 7 桌面上的快捷方式图标是（　　）。

　　A. 文件的备份　　　　　　B. 文件夹的备份

　　C. 设备文件　　　　　　D. 链接到相关文件或文件夹的一个指针

15. 从 Windows 7 的桌面删除一个快捷方式图标，说法正确的是（　　）。

　　A. 仅删除桌面快捷方式图标

　　B. 该快捷方式对应的程序也被删除

　　C. 该快捷方式图标就无法重新建立

　　D. 该快捷方式图标对应的程序将不能正常运行

16. 在 Windows 7 的桌面，可以建立的快捷方式图标有（　　）。

　　A. 应用程序　　　B. 打印机　　　C. 文件或文件夹　　　D. 以上均可

17. 在 Windows 7 中，任务栏的主要作用是（　　）。

　　A. 显示系统的开始菜单　　　　　　B. 显示正在后台工作的程序

　　C. 显示当前的活动窗口　　　　　　D. 方便实现窗口之间的切换

18. Windows 7 任务栏不包括（　　）。

　　A. "开始"按钮　　B. 通知区域　　　C. 显示桌面　　　　D. 设置屏保

19. 关于 Windows 中的"开始"按钮和"任务栏"的叙述中，错误的是（　　）。

　　A. "任务栏"和"开始"按钮在桌面上总是可用

　　B. "开始"菜单中的内容一旦确定就无法更改

　　C. 在"任务栏"上可以切换窗口

　　D. 使用"开始"按钮可以直接打开某些文档

20. Windows "任务栏"上内容为（　　）。

　　A. 当前窗口的图标　　　　　　B. 已启动并正在执行的程序名

　　C. 所有已打开的窗口的图标　　　　　　D. 已经打开的文件名

21. 单击"任务栏"上的应用程序图标（　　）。

　　A. 将使该应用程序从暂停状态转变为运行状态，使该应用程序的窗口变为活动窗口

　　B. 将激活并运行一个应用程序，并打开该应用程序的窗口

　　C. 将暂停一个应用程序的运行，并关闭该应用程序的窗口

D. 将使该应用程序的窗口显示在桌面的最表层，该应用程序从后台转为前台

22. 控制键 Esc 的功能为（　　）。

A. 终止当前操作　　B. 系统复位　　　　C. 打印机输出　　　D. 结束命令行

23. 设置屏幕保护的目的之一是（　　）。

A. 保护屏幕延长显示器工作寿命　　　B. 保护屏幕的颜色

C. 提高显示器工作效率　　　　　　　D. 减少屏幕辐射

24. 可以在（　　）对话框中设置显示器的分辨率。

A. 系统属性　　　B. 我的文档属性　　C. 屏幕分辨率　　D. 任务栏属性

25. Windows 的 "控制面板" 无法完成（　　）。

A. 改变桌面背景　　　　　　　　　　B. 设置文件夹属性

C. 添加或删除输入方法　　　　　　　D. 添加或删除用户

26. 在 Windows 7 中，要查看 CPU 主频、内存大小和所安装操作系统等信息，最简便的方法是打开 "控制面板" 窗口，然后（　　）。

A. 单击 "程序和功能" 链接项　　　　B. 单击 "管理工具" 链接项

C. 单击 "系统" 链接项　　　　　　　D. 单击 "个性化" 链接项

27. Windows 的控制面板是用来（　　）。

A. 改变文件属性　　B. 实现硬盘管理　　C. 进行系统配置　　D. 以上都不对

28. 若需要删除一个应用软件，在 "控制面板" 中，可选择（　　）。

A. 系统　　　　　B. 添加硬件　　　　C. 辅助功能选项　　D. 程序和功能

29. 扩展名为 .bmp 的文件，可以与（　　）应用程序关联。

A. 写字板　　　　B. 记事本　　　　　C. 画图　　　　　D. 剪贴板

30. 扩展名为 .txt 的文件，可以与（　　）应用程序关联。

A. 写字板　　　　B. 记事本　　　　　C. 画图　　　　　D. 剪贴板

31. 下列程序中，哪个不是系统自带的（　　）。

A. 画图　　　　　B. 记事本　　　　　C. Excel2010　　　D. 计算器

32. 当应用程序窗口最小化后，该应用程序将（　　）。

A. 终止执行　　　B. 转入后台执行　　C. 被删除　　　　D. 暂停执行

33. 下列关于 "窗口" 的叙述中，错误的是（　　）。

A. 窗口可以改变其大小

B. Windows 允许同时打开多个窗口

C. 按住 Alt 再重复按 Tab 循环切换已打开的窗口

D. 窗口最小化后，该程序终止运行

34. 在 "计算机" 窗口中，不可以按（　　）排列图标。

A. 名称　　　　　B. 类型　　　　　　C. 内容　　　　　D. 大小

35. 在 Windows 7 中，窗口最大化的方法是（　　）。

A. 按最大化按钮　　　　　　　　　　B. 按还原按钮

C. 双击标题栏　　　　　　　　　　　D. 拖拽窗口到屏幕顶端

36. 在资源管理器中，左窗口文件夹图标前的 "▷" 标记表示（　　）。

A. 该文件是当前文件夹　　　　　　　B. 该文件夹曾经添加过文件

C. 该文件夹已经被查看过   D. 该文件夹包含有子文件夹

37. 在"资源管理器"窗口中，导航窗格中显示的是（   ）。

     A. 相应磁盘的文件夹树   B. 当前打开的文件夹名称

     C. 当前打开的文件夹名称及其内容   D. 当前打开的文件夹的内容

38. 在"资源管理器"窗口中，右边窗口中显示的是（   ）。

     A. 当前盘所包含的文件的内容

     B. 系统盘所包含的文件夹和文件名

     C. 当前盘所包含的全部文件名

     D. 当前文件夹所包含的文件名和下级子文件夹

39. 在 Windows 中可以对系统资源进行管理的程序组是"计算机"和（   ）。

     A. 剪贴板   B. 资源管理器   C. 回收站   D. 我的文档

40. 下列关于 Windows 7 对话框的叙述中，错误的是（   ）。

     A. 对话框是带有菜单栏的矩形框

     B. 对话框是可以拉滚动条以查看当前视图之外的信息的矩形框

     C. 对话框可以改变位置和大小

     D. 对话框没有"最大化"和"最小化"按钮

41. 双击对话框的标题栏可以（   ）。

     A. 最大化该窗口   B. 关闭该窗口   C. 最小化该窗口   D. 以上都不对

42. 有的窗口右上角有"?"按钮，它的功能是（   ）。

     A. 关闭对话框   B. 要求用户输入问号

     C. 获取帮助信息   D. 将对话框最小化

43. 一个完整的文件标识符包括（   ）。

     A. 盘符、文件名   B. 路径、文件名

     C. 盘符、路径、文件名   D. 文件名

44. 下列有关文件夹命名规则的描述中，正确的是（   ）。

     A. 文件名允许用空格

     B. 文件夹名称的长度可以任意

     C. 磁盘上所有文件夹的名称均可由用户自行命名

     D. 大写和小写字母在文件夹名中将被视为不同

45. Windows 支持的长文件名，其字符个数不能超过（   ）个。

     A. 8   B. 16   C. 32   D. 255

46. 在 Windows 中，多字符文件名?k??.txt 表示的文件范围是（   ）。

     A. 主文件名长度为 4 个字符，且第一个字符为 k，扩展名为 txt 的所有文件

     B. 主文件名长度任意，且第一个字符为 k，扩展名为 txt 的所有文件

     C. 主文件名长度为 4 个字符，且第二个字符为 k，扩展名为 txt 的所有文件

     D. 主文件名长度任意，且第二个字符为 k，扩展名为 txt 的所有文件

47. 文件的类型可以根据（   ）来识别。

     A. 文件的大小   B. 文件的用途   C. 文件的扩展名   D. 文件的存放位置

48. 在菜单中，有时会出现一些灰色的命令选项，这说明（   ）。

A. 这些命令选项是当前不可操作的

B. 这些命令选项需要和另一些子菜单合并操作

C. 这些命令选项还有下一级子菜单

D. 这些命令选项的功能被没有安装

49. 下拉菜单项后面若带有省略号"…"，表示（　　　）。

  A. 选择该项后将弹出对话框   B. 该菜单项已被删除

  C. 该菜单当前不能使用   D. 该菜单项正被使用

50. 关于 Windows 的"快捷菜单"，下列叙述中错误的是（　　　）。

  A. 鼠标指向对象后，单击右键即可打开快捷菜单

  B. 针对不同的对象，弹出的快捷菜单其内容不同

  C. 快捷菜单只有用鼠标右键才能调用

  D. 按 Esc 键可以退出快捷菜单

51. 在 Windows 中，各应用程序之间的数据交换可以通过（　　）进行。

  A. 画图   B. 记事本   C. 剪贴板   D. 写字板

52. 在 Windows 中，剪贴板是（　　　）。

  A. 高速缓存中的一块区域   B. 内存中的一块区域

  C. 软盘上的一块区域   D. 硬盘上的一块区域

53. 回收站中不可能是以下内容（　　　）。

  A. 文件夹   B. 硬盘中的文件   C. 快捷方式   D. U 盘中的文件

54. 下列关于 Windows "回收站"的叙述中，正确的是（　　　）。

  A. 从 U 盘中删除的文件将不被放入回收站

  B. 想恢复已删除的文件和文件夹，可以从回收站中选择"清空回收站"

  C. 从回收站中还原文件，可以任意选择被还原的目的地

  D. 所有被删除的文件和文件夹都将暂存在回收站中

55. 放入回收站中的文件或文件夹，（　　　）。

  A. 都不能恢复   B. 都可以恢复

  C. 仅文件可以恢复   D. 仅文件夹可以恢复

56. 发送文件到 U 盘就是（　　　）。

  A. 移动文件到 U 盘   B. 在 U 盘内建立文件的快捷方式

  C. 复制文件到 U 盘   D. 将文件压缩后复制到 U 盘

57. 下面关于 Windows 7 文件拷贝的叙述中，错误的是（　　　）。

  A. 使用"计算机"中的"编辑"菜单进行文件拷贝，要经过选择、复制和粘贴

  B. 在"计算机"中，允许将同名文件拷贝到同一个文件夹下

  C. 可以按住"Ctrl"键，用鼠标左键拖放的方式实现文件的拷贝

  D. 可以用鼠标右键拖放的方式实现文件的拷贝

58. 要使文件不被修改和删除，可以把文件设置为（　　　）属性。

  A. 归档   B. 系统   C. 只读   D. 隐含

59. Windows 中选择不连续的多个文件或文件夹的操作是（　　　）。

  A. 按住"Ctrl"键，用鼠标单击   B. 鼠标左键单击

C. 按住"Shift"键，用鼠标单击　　　　D. 鼠标左键双击

60. 当用户不清楚某个文档或文件夹位于何处时，可以使用（　　）命令来寻找并打开它。

    A. 程序　　　　　　B. 文档　　　　　　C. 帮助　　　　　　D. 搜索

61. 在 Windows 中，可以将不连续的数据块连接到一起，提高磁盘读写速度的程序是（　　）。

    A. 查毒程序　　　B. 碎片整理程序　　C. 资源状况程序　　D. 磁盘扫描程序

62. Windows 中，利用（　　）可以安全地将硬盘上系统产生的临时文件、Internet 缓存文件和不需要的文件删除，以释放硬盘空间。

    A. 查毒程序　　　B. 碎片整理程序　　C. 磁盘清理程序　　D. 备份程序

63. 要减少一个文件在磁盘上的存储空间，可以使用工具软件（　　）将文件压缩存储。

    A. WinRAR　　　　　　　　　　　　B. McAfee

    C. Windows Media Player　　　　　　D. 磁盘碎片整理程序

64. 操作系统的四大管理功能不包括（　　）。

    A. 事务管理　　　B. 处理器管理　　　C. 存储管理　　　　D. 文件管理

65. 开机启动时，计算机会（　　）对系统的硬件进行检测。

    A. 按照用户输入的命令　　　　　　B. 根据气候条件

    C. 按照电压的稳定度　　　　　　　D. 自动

66. Windows 中有关文件复制的叙述，错误的是（　　）。

    A. 进行文件复制，一般需要经过选择、复制和粘贴三个步骤

    B. 复制过来的图像不可再次用于复制

    C. 可以用"Ctrl＋鼠标左键"拖放的方式实现文件复制

    D. 可以使用剪贴板实现文件复制

67. 在 Windows 中，不属于文件属性的是（　　）。

    A. 还原　　　　　　B. 隐藏　　　　　　C. 只读　　　　　　D. 存档

68. 有关图标的说法，不正确的说法是（　　）。

    A. 可以用图标代表某一文件

    B. 可以用图标代表快捷方式

    C. 可以用图标代表文件夹

    D. 图标只能用于代表某个特定的应用程序

69. 在 Windows 中能正确打开纯文本文件的软件是（　　）。

    A. 记事本　　　　　B. 画图　　　　　　C. PowerPoint　　　D. Excel

70. 在 Windows 中，任务栏（　　）。

    A. 只能改变位置不能改变大小　　　　B. 只能改变大小不能改变位置

    C. 既不能改变位置也不能改变大小　　D. 既能改变位置也能改变大小

71. 关于控制面板，以下说法正确的是（　　）。

    A. 控制面板只用来控制屏幕的显示

    B. 控制面板可以对计算机软件和硬件进行设置

C. 控制面板用来控制计算机内部电路的运作

D. 控制面板用来控制计算机与外部设备的连接

72. 计算机文件管理中"路径"描述的是（　　　）。

    A. 用户操作步骤   B. 程序的执行过程

    C. 文件在磁盘的位置   D. 文件大小

73. 在 Windows 中，以下（　　　）是正确的文件名。

    A. a｜3. bmp   B. a3. bmp   C. a/bmp   D. a＞3. bmp

74. 使用"资源管理器"不能（　　　）。

    A. 复制文件   B. 查看文件类型   C. 移动文件   D. 编辑文件

75. 在"回收站"中，对选定的文件执行"还原"命令，则选定的文件（　　　）。

    A. 被恢复到原来的位置，但仍保留在"回收站"中

    B. 被恢复到原来的位置，并从"回收站"清除

    C. 被恢复到不确定的位置

    D. 将从硬盘上被清除

76. 在裸机上，需要安装的第一个软件是（　　　）。

    A. 上网软件   B. 办公软件   C. 杀毒软件   D. 操作系统

77. Windows 的主要功能是（　　　）。

    A. 文字编辑   B. 清除病毒

    C. 资源管理   D. 扩大内存的物理容量

78. Windows 的任务栏可用于（　　　）。

    A. 删除应用程序   B. 修改文件的属性

    C. 切换已打开的应用程序窗口   D. 压缩文件

79. 在 Windows 的资源管理器窗口中，左窗口显示的是（　　　）。

    A. 文件夹树形目录结构   B. 当前打开的文件夹的内容

    C. 当前打开的文件夹名称及其内容 D. 当前打开的文件夹名称

80. 以下属于计算机文件管理中"路径"表示方式的是（　　　）。

    A. 192.168.100.60   B. D:\TEST\CLASS1\成绩 . XLS

    C. gxzyxy@sinA. cn   D. http：//hao. 360. cn

81. 查找文件时，下列文件名中，能与"DM?"匹配的是（　　　）。

    A. DMO1. MDB   B. DMSC. C   C. DMCI2. TXT   D. DMB. DOC

82. 文件的扩展名表示文件的（　　　）。

    A. 大小   B. 生成时间   C. 类型   D. 存放位置

83. 清除 U 盘中所有数据的正确方法是（　　　）。

    A. 多次连续启动计算机   B. 使用控制面板中的"添加或删除程序"

    C. 将 U 盘放置到磁场中   D. 对 U 盘进行格式化

84. 要将前台运行的程序转为后台运行，可将程序窗口（　　　）。

    A. 最小化   B. 最大化   C. 还原   D. 关闭

85. Windows 中用于管理文件和文件夹的工具是（　　　）。

    A. 写字板   B. 记事本   C. 剪贴板   D. 资源管理器

86. 如果开启了屏幕保护程序，用户在一段时间内（   ）Windows 将启动屏幕保护程序。

    A. 不使用打印机   B. 不调整显示器亮度

    C. 不按键盘也不动鼠标   D. 不移动机箱

87. 控制面板的主要作用是（   ）。

    A. 调整窗口   B. 系统设置   C. 设计应用程序   D. 创建文件

必做习题 3　字表处理

Word 练习题

1. 启动 Word 2010 后，第一个新文档自动命名为（　　）。
   A. DOC1　　　　　B. DOC　　　　　C. 文档 1　　　　　D. 没有文件名

2. Word 2010 中，"剪切"是将选定文字放入（　　）。
   A. 硬盘　　　　　B. 文件夹　　　　　C. 回收站　　　　　D. 剪贴板

3. 在 Word 2010 中输入文字到达行尾而不是一段结束时，换行（　　）。
   A. 不要按回车键　　　　　　　　B. 必须按回车键
   C. 必须按空格键　　　　　　　　D. 必须按换档键

4. 要迅速将插入点定位到某页，可使用"查找和替换"对话框的（　　）选项卡。
   A. 替换　　　　　B. 设备　　　　　C. 定位　　　　　D. 查找

5. 在 Word 2010 中，如果用户误删了文本，可用快速访问工具栏中的（　　）按钮复原。
   A. 剪切　　　　　B. 粘贴　　　　　C. 撤消　　　　　D. 复制

6. 在 Word 2010 中，设置段落缩进后，文本相对于纸的边界的距离等于（　　）。
   A. 页边距＋缩进量　B. 页边距　　　　C. 缩进距离　　　　D. 以上都不是

7. 在 Word 2010 中可为文档添加页码，页码可以放在文档顶部或底部的（　　）位置。
   A. 左对齐　　　　　B. 居中　　　　　C. 右对齐　　　　　D. 以上都是

8. 在 Word 2010 中，要设置字符的颜色，先选择文字，然后单击（　　）选项卡的字体颜色按钮。
   A. "插入"　　　　B. "引用"　　　　C. "视图"　　　　D. "开始"

9. 在 Word 2010 中，要设置某一段落的首行缩进，首先必需的操作是（　　）。
   A. 选定该段　　　　　　　　　　B. 将插入点置于该段首
   C. 将插入点置于该段尾　　　　　D. 以上三项都可以

10. 在 Word 2010 中，当鼠标指针变为"＋"时是（　　）。
    A. 指针指向窗口的边界　　　　　B. 指针指向功能区
    C. 建立形状或文本框　　　　　　D. 指针指向文本框

11. 在 Word 2010 中，要对文本进行复制或移动操作，第一步必须是（　　）。

A. 将插入点放在要操作的对象处　　　　B. 将插入点放在要操作的目标处

C. 单击剪切或复制按钮　　　　　　　　D. 选择要操作的对象

12. 在 Word 2010 窗口上部的标尺中可以直接设置的格式是（　　　）。

　　A. 字体　　　　　　B. 分栏　　　　　　C. 首行缩进　　　　D. 字符间距

13. 在 Word 2010 文档中插入了一幅图片，对此图片的操作不正确的说法是（　　　）。

　　A. 可以改变尺寸大小　　　　　　　　B. 可以剪裁

　　C. 不可重新着色　　　　　　　　　　D. 可以设置阴影效果

14. 在 Word 2010 中对内容不足一页的文档分栏时，如果要分两栏显示，那么首先应
（　　　）。

　　A. 选定全部文档

　　B. 在文档末尾添加一空行，再选定除空行以外的全部内容

　　C. 将插入点置于文档中部

　　D. 以上都可以

15. 若要选定 Word 2010 文档的某一段落，可将指针移到该段左边的选定栏，然后
（　　　）。

　　A. 双击左键　　　　B. 双击右键　　　　C. 单击左键　　　　D. 单击右键

16. 在 Word 2010 已打开的文档中要插入另一个文档的全部内容，可单击"插入"选
项卡"文本"组中（　　　）按钮，在其下拉框中选择"文件中的文字"选项。

　　A. "文本框"　　　　B. "对象"　　　　C. "文档部件"　　　　D. "签名行"

17. 在 Word 2010 中，"文件"菜单"打开"的作用是（　　　）。

　　A. 将文档从内存中读入，并显示　　　B. 将文档从外存中读入内存，并显示

　　C. 为文档打开一个空白的窗口　　　　D. 将文档从硬盘中读入内存，并显示

18. 在 Word 2010 的"文件"菜单"最近所用文件"功能面板中显示有一些 Word 文
件名，这些文件是（　　　）。

　　A. 当前已打开的文件　　　　　　　　B. 最近被操作过的所有文件

　　C. 所有磁盘中的 Word 2010 文档　　　D. 最近被操作过的 Word 文档

19. 在 Word 2010 的文档编辑状态下进行字体设置后，按所设的字体显示的是（　　　）。

　　A. 插入点所在段落的文字　　　　　　B. 插入点所在行的文字

　　C. 文档中被选择的文字　　　　　　　D. 文档的全部文字

20. 若在 Word 2010 的文档中选择了文本，单击"开始"功能区的"U"按钮，则
（　　　）。

　　A. 被选择的文字加上下划线　　　　　B. 被选择的文字取消下划线

　　C. 以上两者都有可能　　　　　　　　D. 以上说法都不对

21. 在 Word 2010 中，编辑 Word 文档 R. docx 后，如果希望以 T. docx 为名保存，应
当选择（　　　）命令。

　　A. 保存　　　　　　B. 打印　　　　　　C. 另存为　　　　　　D. 发送

22. 下列有关打开 Word 2010 文档窗口的说法，正确的是（　　　）。

　　A. 只能打开一个文档窗口

　　B. 可以同时打开多个文档窗口，但其中只有一个是活动窗口

C. 可以同时打开多个文档窗口，被打开的窗口都是活动窗口

D. 可以同时打开多个文档窗口，但屏幕上只能见到一个文档的窗口

23. 关于 Word 2010 文档安全性设置，说法错误的是（　　）。

    A. 可以设置打开文件时的密码

    B. 可以设置修改文件时的密码

    C. 打开文件、修改文件的密码可以不同

    D. 只能设置打开文件时的密码

24. Word 2010 的编辑状态处于改写方式时，输入的字符会（　　）插入点右边原有的字符。

    A. 复制　　　　　　B. 粘贴　　　　　　C. 替换　　　　　　D. 恢复

25. 下列关于字号大小比较的说法中，正确的是（　　）。

    A. "四号"字大于"五号"字　　　　　　B. "四号"字小于"五号"字

    C. 16 磅字大于 18 磅字　　　　　　D. "初号"字小于"一号"字

26. Word 2010 中屏幕显示效果与打印效果相同的视图是（　　）。

    A. 普通视图　　　　B. 页面视图　　　　C. 大纲视图　　　　D. Web 版式视图

27. 利用 Word 2010 的替换功能不可以实现的是（　　）。

    A. 把多处出现的某个单词全部改为另一个单词

    B. 把多处出现的某个单词全部删除

    C. 把多处出现的某个单词设置成相同的格式

    D. 把第 2 页的内容替换到第 5 页

28. 关于 Word 2010 分栏功能，下列说法中正确的是（　　）。

    A. 最多可分两栏　　　　　　　　　B. 各栏的宽度必须相同

    C. 各栏的宽度可以不同　　　　　　D. 各栏间的距离是固定的

29. 在 Word 2010 表格单元格中插入的内容，（　　）。

    A. 只能是文字或符号　　　　　　　B. 只能是文字

    C. 只能是图像　　　　　　　　　　D. 可以是文字、符号、图像

30. 下列四个功能中不属于 Word 2010 功能的是（　　）。

    A. 排版　　　　　　B. 编辑　　　　　　C. 分析和判断　　　D. 打印

31. 用户在 Word 2010 中选择了文本以后，如果要删除这部分文本，可按（　　）。

    A. "Del"（删除）　　　　　　　　B. "Space"（空格）

    C. "Backspace"（退格）　　　　　D. 以上都对

32. 若想设置分布在 Word 2010 文档多处的某个单词的格式时，既快又好的方法是（　　）。

    A. 使用"格式刷"　　　　　　　　　B. 使用"字体"

    C. 使用"替换"功能　　　　　　　　D. 使用"复制"—"粘贴"功能

33. 在 Word 2010 中可以利用（　　）对话框，来精确设置显示的大小。

    A. 标尺　　　　　　B. 放大镜　　　　　C. 显示比例　　　　D. 并排查看

34. 在 Word 2010 文档中，每一个段落都有自己的段落标记，段落标记位于（　　）。

    A. 段落的首部　　　　　　　　　　B. 段落的结尾处

C. 段落的中间位置　　　　　　　　　　D. 段落中，但用户看不到

35. Word 2010 缺省的字形、字体、字号是（　　　）。

　　A. 常规型、宋体、四号　　　　　　　B. 常规型、黑体、五号

　　C. 常规型、宋体、五号　　　　　　　D. 常规型、仿宋体、五号

36. Word 2010 中有多种视图，处理图形对象应在（　　　）视图中进行。

　　A. 草稿　　　　　　B. 大纲　　　　　　C. 页面　　　　　　D. WEB 版式

37. 在 Word 2010 中使用"查找与替换"功能，不能进行的操作是（　　　）。

　　A. 删除文本　　　　　　　　　　　　B. 更改文档名

　　C. 更改指定文本格式　　　　　　　　D. 更正文本

38. 在 Word 2010 中，要调节行间距，则应该选择（　　　）。

　　A. "开始"功能区中的"字体"组

　　B. "视图"功能区中的"缩放"组

　　C. "页面布局"功能区中的"文字方向"

　　D. "开始"功能区中的"段落"组

39. 在 Word 2010 中，文档不能打印的原因不可能是（　　　）。

　　A. 没有连接打印机　　　　　　　　　B. 没有设置打印机

　　C. 没有安装打印驱动程序　　　　　　D. 没有设置打印页数

40. 在 Word 2010 编辑窗口中，对于封面叙述，正确的是（　　　）。

　　A. 可以插入封面　　　　　　　　　　B. 不可以插入封面

　　C. 可以插入封面，但不能删除封面　　D. 以上都可以

41. 关闭正在编辑的 Word 2010 文档时，文档从屏幕上清除，同时也从（　　　）中清除。

　　A. 内存　　　　　　B. 外存　　　　　　C. 磁盘　　　　　　D. CD-ROM

42. 在 Word 2010 窗口中，若选定的文本中有几种字体的字，则格式工具栏的字体框中呈现（　　　）。

　　A. 空白　　　　　　　　　　　　　　B. 首字符的字体

　　C. 排在前面的字体　　　　　　　　　D. 使用最多的字体

43. 在执行 Word 2010 的"查找"命令查找"win"时，要使"Windows"不被查到，应选中（　　　）复选框。

　　A. 区分全半角　　　B. 区分大小写　　　C. 全字匹配　　　D. 模式匹配

44. 在 Word 2010 中，当打开一篇文档进行编辑后，若要保存到另外的地方，则可以选择文件菜单的（　　　）命令。

　　A. 保存　　　　　　B. 新建　　　　　　C. 打开　　　　　　D. 另存为

45. Word 2010 提供了多种文档视图以适应不同的编辑需要，若要显示分栏效果，必须进入（　　　）视图。

　　A. 页面　　　　　　B. 大纲　　　　　　C. 草稿　　　　　　D. 阅读版式

46. 在 Word 2010 文档中，要使一个图形放在另一个图形的上面，可用右键单击该图形，在弹出的菜单中单击（　　　）。

　　A. 组合　　　　　　B. 设置图片格式　　C. 编辑顶点　　　D. 置于顶层

47. 在 Word 2010 保存文档时，如果要改变文件保存的默认位置，可在"另存为"对话框中单击"工具"按钮，在弹出的列表框中选择（　　）选项。

    A. "常规选项"　　B. "保存选项"　　C. "保存类型"　　D. "图片编辑"

48. 在编辑 Word 2010 文档时，要保存正在编辑的文件但不关闭或退出，则可按（　　）键来实现。

    A. "Ctrl＋V"　　　B. "Ctrl＋S"　　　C. "Ctrl＋N"　　　D. "Ctrl＋空格"

49. 对于已执行过存盘命令的文档，为防止突然掉电丢失新输入的文档内容，应经常执行（　　）命令。

    A. 另存为　　　　B. 保存　　　　　C. 关闭　　　　　D. 退出

50. 对于新建文档，执行保存命令并输入新文档名，如"wenzhang"后，标题栏显示（　　）。

    A. wenzhang 文档1　　　　　　　B. wenzhang

    C. 文档1　　　　　　　　　　　D. DOC

51. 如果要将文档的扩展名取名为 .txt 的文件，应在"另存为"对话框的"保存类型"框中选择（　　）。

    A. 纯文本　　　　　　　　　　　B. Word 2010 文档

    C. 文档模板　　　　　　　　　　D. 其他

52. 如果当前打开了多个文档，单击当前文档窗口的"关闭"按钮，则（　　）。

    A. 关闭 Word 2010 窗口　　　　　B. 关闭当前文档

    C. 关闭所有文档　　　　　　　　D. 关闭非当前文档

53. 向右拖动标尺上的（　　）缩进标志，插入点所在的整个段落向左缩进。

    A. 左　　　　　　　B. 右　　　　　　　C. 首行　　　　　　　D. 悬挂

54. 打印页码 3～8，16，20 表示打印的是（　　）。

    A. 第3页，第8页，第15页，第20页

    B. 第3页至第8页，第16页至第20页

    C. 第3页至第8页，第16页，第20页

    D. 第3页，第8页，第16页至第20页

55. 某个文档基本页是纵向的，如果某一页需要横向页面（　　）。

    A. 不可以这样做

    B. 将整个文档分为两个文档来处理

    C. 将整个文档分为三个文档来处理

    D. 在该页开始处插入分节符，在该页下一页开始处插入分节符，将该页通过页面设置为横向，但在应用范围内必须设为"本节"

56. 在 Word 2010 中，使用"字数统计"不能得到（　　）。

    A. 页数　　　　　B. 段落数　　　　　C. 行数　　　　　D. 节数

57. 在 Word 2010 中删除一个段落标记符后，前后两段合并为一段，此时段落格式（　　）。

    A. 各自保持原段落格式不变　　　B. 采用前一段格式

    C. 采用后一段格式　　　　　　　D. 变为默认格式

58. 用户要在 Word 2010 文档中寻找某个字符串，可选择（　　）功能。

　　A. 信息检索　　　　B. 定位　　　　　　C. 查找　　　　　　D. 书签

59. 在 Word 2010 使用"另存为"命令保存文档时，不可以（　　）.

　　A. 保存为文本文件　　　　　　　　B. 存放到另一文件夹中

　　C. 保存为网页文件　　　　　　　　D. 自动删除原文件

60. 在 Word 2010 编辑文档时，若不小心做了误删除操作，可用（　　）命令恢复删除的内容。

　　A. "粘贴"　　　　B. "撤消"　　　　C. "重复"　　　　D. "替换"

61. 在 Word 2010"字体"对话框中，不能设置（　　）。

　　A. 字体　　　　B. 字形　　　　C. 字符间距　　　　D. 纸张大小

62. 在 Word 2010 选定表格的一行，再按 Delete 键，结果（　　）。

　　A. 将该行各单元格的内容清除　　　　B. 该行边框删除，保留文字内容

　　C. 该行的右边拆分表格　　　　　　　D. 删除该行，表格减少一行

63. 在 Word 2010 的编辑状态，执行两次内容不同的"复制"的操作后，则剪贴板中（　　）。

　　A. 仅有第一次被复制的内容　　　　B. 仅有第二次被复制的内容

　　C. 两次被复制的内容都存在　　　　D. 无内容

64. 在 Word 2010 中，（　　）选项卡下能查看到最近用 Word 打开过的文档列表。

　　A. 文件　　　　B. 查找　　　　C. 开始　　　　D. 视图

65. 下列有关 Word 2010 格式刷的叙述中，（　　）是正确的。

　　A. 格式刷只能复制字体格式　　　　B. 格式刷可用于复制纯文本的内容

　　C. 格式刷只能复制段落格式　　　　D. 格式刷同时复制字体和段落格式

66. Word 2010 中使用"查找/替换"功能不能实现（　　）。

　　A. 删除文本内容　　　　　　　　　B. 更正文本内容

　　C. 更改文本的格式　　　　　　　　D. 更改图片版式

67. 编辑 Word 2010 文档时，如果用户错误删除了文本，可用（　　）功能复原。

　　A. 剪切　　　　B. 粘贴　　　　C. 撤消　　　　D. 恢复

68. Word 2010 能正常打开（　　）类型的文件。

　　A. xls　　　　B. jpg　　　　C. txt　　　　D. ppt

69. 在下列视图方式中，可以显示出页眉和页脚的是（　　）。

　　A. 全屏视图　　　　B. 页面视图　　　　C. 普通视图　　　　D. 大纲视图

70. 在 Word 的"开始"选项卡中，如果"复制"和"剪切"按钮呈灰色，则表示（　　）。

　　A. 在文档中没有选定任何对象　　　　B. 编辑的是页眉和页脚的内容

　　C. 剪贴板已满　　　　　　　　　　　D. 选定的文档太长，剪贴板无法容纳

71. Word 2010 文档中插入了一幅图片，对此图片不能在文档窗口中实现的操作是（　　）。

　　A. 改变图片大小　　　　　　　　　B. 移动位置

　　C. 设置图片动画　　　　　　　　　D. 改变图片叠放次序

72. 打开 Word 文档是指（　　）。

A. 把文档从外存读取到内存并显示在屏幕上

B. 打开一个空白的文档窗口

C. 把文档从外存直接读取到显示器上

D. 打印文档的内容

73. 在 Word 2010 中使用"文件"菜单的"另存为"命令保存文件时，不能实现的操作是（   ）。

A. 将文件保存为文本文件　　　　　　B. 将文件存放到另一文件文件夹中

C. 选择新的文件保存类型　　　　　　D. 保存文件后，自动删除原文件

74. 在 Word 2010 中，进行复制或移动操作的第一步是（   ）。

A. 单击粘贴按钮　　　　　　　　　　B. 单击复制按钮

C. 选定要操作的对象　　　　　　　　D. 单击剪切按钮

75. 在 Word 2010 文档添加页码时，在"页码"对话框中，页码不可以选择放在文档顶部或底部的（   ）位置。

A. 左侧　　　　　　B. 居中　　　　　　C. 右侧　　　　　　D. 1/3 处

76. 在 Word 2010 中编辑长文档时，要迅速将光标定位到第 83 页，可使用"查找和替换"对话框的（   ）功能。

A. 替换　　　　　　B. 查找和定位　　　　　　C. 定位　　　　　　D. 查找

77. 在 Word 2010 编辑状态中，文本框内的文字（   ）。

A. 只能竖排　　　　　　　　　　　　B. 只能横排

C. 不能改变文字方向　　　　　　　　D. 既可以竖排，也可以横排

78. 在 Word 的编辑状态下，拟选中一个自然段，可将鼠标指针移到本段左边的选定栏，然后（   ）。

A. 单击鼠标右键　　B. 单击鼠标左键　　C. 双击鼠标左键　　D. 三击鼠标左键

79. 在 Word 2010 中，要将所有的"Excel"替换为"excel"，只有当选中（   ）选项时才能实现。

A. 区分全/半角　　B. 模式匹配　　C. 全字匹配　　D. 区分大小写

80. 在 Word 2010 中，对先前所做过的有限次编辑操作，以下说法中，（   ）是正确的。

A. 不能对已做的操作进行撤消

B. 能对已做的操作进行撤消，但不能恢复撤消后的操作

C. 不能对已做的操作进行多次撤消

D. 能对已做的操作进行撤消，也能恢复撤消后的操作

81. 第一次保存新建的 word 文档时，系统将打开（   ）对话框。

A. 另存为　　　　　　B. 页面设置　　　　　　C. 字体　　　　　　D. 新建

82. 关于 Word 文本框，说法不正确的是（   ）。

A. 文本框中的文字可以斜排　　　　　B. 文本框中可以设置多种环绕方式

C. 文本框中的文字可以竖排　　　　　D. 文本框中的文字可以横排

83. 在 PC 机内，采用（   ）表示汉字机内码。

A. 汉字拼音字母的 ASCII 代码　　　　B. 简化的汉语拼音字母的 ASCII 代码

C. 按字形笔画设计的二进制编码　　　　D. 两个字节的二进制编码

84. 输出汉字时，其文字质量与（　　）有关。
　　A. 显示屏大小　　　　　　　　　　B. 打印速度
　　C. 计算机主频　　　　　　　　　　D. 汉字所用的点阵类型

85. 在汉字编码输入法中，以汉字字形特征来编码的称（　　）。
　　A. 形码　　　　　B. 音码　　　　　C. 区位码　　　　D. 输入码

86. 计算机存储和处理文档时，使用的是（　　）。
　　A. 字形码　　　　B. 国标码　　　　C. 机内码　　　　D. 输入码

87. 在汉字字模库中，16 * 16 点阵字形码用（　　）个字节存储一个汉字。
　　A. 32　　　　　　B. 48　　　　　　C. 64　　　　　　D. 72

88. 在"全角"方式下，显示一个 ASCII 字符要占用（　　）个汉字的显示位置。
　　A. 半　　　　　　B. 1　　　　　　C. 2　　　　　　D. 3

89. 纯文本文件与 Word、WPS 等文字处理软件产生的文本不同之处在于（　　）。
　　A. 纯文本文件只有文字而没有图形
　　B. 纯文本文件只有英文字符，没有中文字符
　　C. 纯文本文件不能用 Word、WPS 等文字处理软件处理
　　D. 纯文本文件没有字体、字号、字形等排版格式的信息

90. 汉字信息处理过程分为汉字（　　）加工处理和输出三个阶段。
　　A. 输入　　　　　B. 编辑　　　　　C. 打印　　　　　D. 排版

91. 输入汉字时，计算机的输入法软件按照（　　）将输入码转换成机内码。
　　A. 字形码　　　　B. 国标码　　　　C. 区位码　　　　D. 机内码

92. 汉字在机器内和显示输出时至少分别需要（　　）才能较好地表示一个汉字。
　　A. 二个字节、16×16 点阵　　　　　B. 一个字节、8×8 点阵
　　C. 一个字节、32×32 点阵　　　　　D. 三个字节、64×64 点阵

93. 在输入汉字时，重码是指输入一个编码对应（　　）个汉字。
　　A. 多　　　　　　B. 3　　　　　　C. 2　　　　　　D. 1

94. 在 16 * 16 点阵的字框中，存储"网"字的字模和"络"字的字模所占的存储单元个数（　　）。
　　A. "网"字较少　　　　　　　　　　B. "络"字比较少
　　C. 二者相同　　　　　　　　　　　D. 笔画多的汉字占用的存储单元较多

95. 记事本不能识别 Word 文档，因为 Word（　　）。
　　A. 文件比较长
　　B. 文字中含有汉字
　　C. 文件中含有特殊控制符
　　D. 文件中的西文有"全角"和"半角"之分

Excel 练习题

1. Excel 工作簿与工作表的关系是（　　）。

A. 一个工作簿由若干个工作表组成　　　B. 一个工作表由若干个工作簿组成

C. 工作簿与工作表是同一个概念　　　　D. 工作表与工作簿之间不是隶属的关系

2. Excel 有多种运算符，其中"＜＝"属于（　　）。

A. 算术运算符　　　B. 比较运算符　　　C. 连接运作符　　　D. 逻辑运算符

3. Excel 的列标用（　　）表示。

A. A、B、C…等　　　　　　　　　B. 甲、乙、丙…等

C. 1、2、3…等　　　　　　　　　D. Ⅰ、Ⅱ、Ⅲ…等

4. 在 Excel 单元格中直接输入下面的内容，（　　）不能作为计算公式。

A. ＝C2/D2＋D3　　　　　　　　B. C2/D2＋D3

C. ＝C2＋C3＋D2＋D3　　　　　D. ＝C2＋D3＊6

5. 在 Excel 中，关于图表的说法，正确的是（　　）。

A. 图表是用鼠标绘制的插图

B. 图表是对电子表格的修饰

C. 图表是根据电子表格中的数据制作的，与表格中的相应数据动态对应

D. 图表是根据电子表格中的数据制作的，独立于表格中的数据

6. Excel 的编辑栏中显示（　　）的公式或内容。

A. 当前行　　　　B. 活动单元格　　　C. 当前列　　　D. 上一单元格

7. 公式"＝SUM(20,max(55,4,18,24))"的值为（　　）。

A. 75　　　　　B. 20　　　　　C. 55　　　　　D. 121

8. 在 Excel 中对数据进行分类汇总，必须先对分类字段进行（　　）。

A. 排序　　　　　B. 筛选　　　　C. 选择数据区　　　D. 定位

9. 在 Excel 中选择一定的数据区域建立图表，当该数据区域的数据发生变化时，（　　）。

A. 图表保持不变

B. 图表将自动改变

C. 需要做某种操作，才能使图表发生改变

D. 系统将给出错误提示

10. 在 Excel 工作表中，有姓名、性别、专业、助学金等列，现在计算各专业助学金的总和，应该先（　　）进行排序，然后再进行分类汇总。

A. 姓名　　　　　B. 专业　　　　C. 性别　　　　D. 助学金

11. 如果将工作表的 B3 单元格的公式"＝C3＋$D5"填充到同一工作表的 B4 单元格中，该单元格公式为（　　）。

A. ＝C3＋$D5　　B. ＝C4＋$D5　　C. ＝C4＋$D6　　D. ＝C3＋$D6

12. 在 Excel 中，使用筛选功能可以（　　）。

A. 只显示数据清单中符合指定条件的记录

B. 删除数据清单中指定条件的记录

C. 只显示数据清单中不符合指定条件的记录

D. 隐藏数据清单中符合指定条件的记录

13. 在 Excel 工作表中已输入的数据如下所示：

	A	B	C	D
	20	12	2	=$A$1*C1
2	30	16	3	

如果将 D1 单元格中的公式复制到 D2 单元格，那么 D2 单元格的值为（　　）。

    A. ####   B. 60   C. 40   D. 90

14. Excel 工作簿文件的扩展名为（　　）。

    A. .XLSX   B. .DBF   C. .DAT   D. .WPS

15. 在 Excel 中，单元格地址是指（　　）。

    A. 工作表标签   B. 单元格的大小

    C. 单元格的数据   D. 单元格在工作表中的位置

16. Excel 工作表中，用鼠标选中（　　）后，按住填充柄"＋"号向下拖动，将会填充等差数列。

    A. 有数值的两个相邻单元格   B. 不相邻的两个单元格

    C. 有数值的一个单元格   D. 任意单元格

17. 在 Excel 中，"排序"对话框给用户提供了指定三个关键字及排序方式的机会，其中（　　）。

    A. 三个关键字都必须指定   B. "主要关键字"必须指定

    C. 三个关键字都不必指定   D. 主、次关键字必须指定

18. 若相邻的单元格内容相同，可以使用（　　）快速输入。

    A. 复制   B. 粘帖   C. 填充柄   D. 回车键

19. 在 Excel 工作簿中，要同时选择多个不相邻的工作表，可以在按住（　　）键的同时依次单击各个工作表的标签。

    A. Tab   B. Shift   C. Ctrl   D. Alt

20. Excel 的单元格地址"A5"表示（　　）。

    A. "A5"代表单元格的数据

    B. "A"代表"A"行，"5"代表第"5"列

    C. "A"代表 A 列，"5"代表第"5"行

    D. A5 只是两个任意字符

21. Excel 工作簿是由一系列的（　　）组成的。

    A. 单元格   B. 文字   C. 工作表   D. 单元格区域

22. Excel 2010 不能实现的功能是（　　）。

    A. 处理表格   B. 统计分析   C. 创建图表   D. 制作演示文稿

23. Excel 工作表中最多可有（　　）行，最多可有（　　）列。

    A. 256，256   B. 65 536，65 536

    C. 256，65 536   D. 16 384，1 048 576

24. Excel 工作表中的"编辑"栏包括（　　）。

    A. 名称框   B. 编辑框

    C. 状态栏   D. 名称框和编辑框

25. Excel 工作簿中既有工作表又有图表时，当执行"文件"菜单的"保存"命令后，

则（　　）。

    A. 只保存工作表

    B. 只保存图表

    C. 将工作表和图表作为一个文件来保存

    D. 分成两个文件来保存

26. 在 Excel 2010 中日期型数据"2013 年 12 月 31 日"的正确输入形式是（　　）。

    A. 2013 - 12 - 31　　　　　　　　　　B. 2013，12，31

    C. 2013～12～31　　　　　　　　　　D. 2013：12：31

27. 在 Excel 工作表中，单元格区域 A1：F4 所包含的单元格个数是（　　）。

    A. 4　　　　　　　B. 8　　　　　　　C. 16　　　　　　　D. 24

28. 在 Excel 工作表中，正确的单元格地址是（　　）。

    A. AA　　　　　　B. 44　　　　　　C. \$A\$5　　　　　　D. A\$5\$

29. 在 Excel 中正确的 Excel 公式形式为（　　）。

    A. ＝A1 * sheet3! A1　　　　　　　　B. ＝A1 * sheet3：A1

    C. ＝A1 * sheet3 \$ A1　　　　　　　　D. ＝A1 * sheet3@A1

30. 关于编辑栏错误的说法是（　　）。

    A. 编辑栏不可显示

    B. 不可拖动编辑栏移动位置

    C. 在编辑栏输入公式必须先输入等号

    D. 使用编辑栏可以编辑活动单元格的公式和数据

31. 在 Excel 中数据管理与分析的对象为数据清单，有关数据清单错误的是（　　）。

    A. 避免在数据清单中放入空白行和列

    B. 数据清单中必须设置列标题或行标题

    C. 数据清单中各列标题或行标题不可相同

    D. 一个工作表上可以有多个数据清单

32. 在 Excel 中使用"格式刷"按钮（　　）。

    A. 只可以复制内容　　　　　　　　　B. 只可以复制格式

    C. 既可以复制内容也可以复制格式　　D. 可以删除文本

33. 在 Excel 工作表左上角（行号和列标交叉处）有一个矩形框，其作用是（　　）。

    A. 选择第一行　　　　　　　　　　　B. 选择第一列

    C. 选择整个工作表　　　　　　　　　D. 选择整个工作簿

34. 在 Excel 编辑栏中的"×"表示（　　）。

    A. 公式栏中的编辑无效，不接收　　　B. 公式栏中的编辑有效，且接收

    C. 不允许编辑　　　　　　　　　　　D. 删除编辑栏的数据

35. 新建的 Excel 工作簿中，默认工作表的个数是（　　）。

    A. 16 个，由系统设置

    B. 1 个

    C. 3 个，用户只能用插入工作表的方法增加

    D. 3 个，用户可以设置默认个数

36. 若想在一个单元格输入两行内容，实现换行的快捷键是（　　）。

　　A. "Enter"　　　　　　　　　　　　B. "Ctrl＋Enter"

　　C. "Alt＋Enter"　　　　　　　　　　D. "Shift＋Enter"

37. 关于数据排序的叙述中（　　）是正确的。

　　A. 排序的关键字段只能有一个

　　B. 排序时如果有多个字段，则所有关键字段必须选用相同的排序趋势

　　C. 在排序对话框中，用户必须指定有无标题行

　　D. 在排序选项中可以指定关键字段按字母排序或按笔画排序

38. 若要在单元格中显示分数数值 1/2，应该（　　）。

　　A. 直接输入 1/2　　　　　　　　　　B. 输入 ′1/2

　　C. 输入 0 和空格后输入 1/2　　　　　D. 输入空格和 0 后输入 1/2

39. 在 Excel 中输入 ′456，为（　　）数据。

　　A. 文本　　　　　　B. 数值　　　　　　C. 逻辑值　　　　　　D. 日期值

40. 在单元格中输入 2：3，结果为（　　）。

　　A. 数值 2/3　　　　　　　　　　　　B. 时间 2 月 3 日

　　C. 数值 0.666 666 667　　　　　　　D. 时间 2 时 3 分

41. 在 Excel 中，"A1，B2"代表（　　）单元格。

　　A. A1，A2　　　　　　　　　　　　B. B1，B2

　　C. A1，B2　　　　　　　　　　　　D. A1，A2，B1，B2

42. 在 Excel 中，以下（　　）是正确的区域表示法。

　　A. A1♯F4　　　　B. A1..F4　　　　C. A1：F4　　　　D. A1～F4

43. 在 Excel 中，下面关于分类汇总的叙述错误的是（　　）。

　　A. 汇总方式只能是求和

　　B. 数据清单分类汇总前必须按关键字段排序

　　C. 分类汇总的关键字段只能是一个

　　D. 分类汇总后可以删除

44. 在单元格中输入"123456789123"时，其长度超过单元格宽度时会显示（　　）。

　　A. 无变化　　　　　　　　　　　　　B. 123456789123

　　C. 只显示前半部分　　　　　　　　　D. 显示 1.23457E＋11

45. 当前活动单元格地址显示在（　　）内。

　　A. 工具栏　　　　　　B. 标题栏　　　　　　C. 名称框　　　　　　D. 状态栏

46. Excel 中被合并的单元格（　　）。

　　A. 不能是一列单元格　　　　　　　　B. 不能是一行单元格

　　C. 只能是不连续的单元格区域　　　　D. 只能是连续的单元格区域

47. 在单元格中要输入数字字符串 081101 时，应输入（　　）。

　　A. 081101　　　　　B. ♯081101　　　　C. ′081101　　　　D. ″081101

48. 在 Excel 中，错误值总是以（　　）开头。

　　A. $　　　　　　　　B. ?　　　　　　　　C. &　　　　　　　　D. ♯

49. 在 Excel 某个单元格中显示为"♯DIV/0!"，表示（　　）。

A. 公式错误　　　　B. 格式错误　　　　C. 行高不够　　　　D. 列宽不够

50. 在 Excel 中若一个单元格中显示错误信息"♯VALUE！"，表示此单元格内的（　　　）。

　　A. 公式引用了一个无效的单元格地址

　　B. 公式中的参数或操作数出现类型错误

　　C. 公式计算结果产生溢出

　　D. 公式中试用了无效的名称

51. 在 Excel 中，关于区域名称的叙述不正确的是（　　　）。

　　A. 区域名可以与工作表中某一单元格地址相同

　　B. 同一个区域可以有多个名称

　　C. 一个名称只能对应一个区域

　　D. 区域的名称既能在公式中引用，也能作为函数的参数

52. 下列序列中，不能直接利用自动填充快速输入的是（　　　）。

　　A. Jan、Feb、Mar…　　　　　　　　B. 第一、第二、第三…

　　C. Mon、Tue、Wed…　　　　　　　　D. 子、丑、寅…

53. 在 Excel 中，A1 单元格为"1月"，要在 A 列中生成序列：1月、3月、5月…，则（　　　）。

　　A. 在 A2 中输入"3月"，选中区域 A1：A2 后拖曳填充柄

　　B. 选中 A1 单元格后拖曳填充柄

　　C. 在 A2 中输入"3月"，选中 A2 单元格后拖曳填充柄

　　D. 在 A2 中输入"3月"，选中 A1 单元格后拖曳填充柄

54. 若要在 Excel 工作表中某一行前一次性插入两行，应选中（　　　），然后进行行插入操作。

　　A. 要插入行的下两行单元格　　　　B. 要插入行的上两行单元格

　　C. 要插入行的下一行单元格　　　　D. 不能一次性实现

55. 要在 Excel 工作表中的 A 列和 B 列之间插入一列，在执行"插入"操作前应选中（　　　）。

　　A. A1 单元格　　　B. C1 单元格　　　C. A 列　　　D. B 列

56. Excel 的图表是动态的，当在图表中修改了数据系列的值时，与图标相关的工作表中的数据（　　　）。

　　A. 自动修改　　　B. 不变　　　C. 出现错误　　　D. 用特殊颜色显示

57. 在 Excel 中"冻结窗口"操作的前提条件是（　　　）。

　　A. 有新建的文档窗口　　　　　　B. 当前文档窗口已被分割

　　C. 已经打开了多个文档窗口　　　D. 没有条件

58. 下列说法不正确的是（　　　）。

　　A. 所有函数并不是都可以由公式代替的

　　B. 使用没有参数的函数时可以不用圆括号

　　C. 输入函数时必须以"＝"开始

　　D. 不是所有的函数都有参数

59. 设置对单元格的保护和对工作表的保护这两个措施（　　　）。

A. 相当于两道锁，比单独一个措施更安全
B. 必须结合在一起使用才有用
C. 一个灵活，另一个全面，由用户自行决定采用哪一个
D. 必须再与"工作簿的保护措施"结合在一起使用才有意义

必做习题 4　计算机网络基础

1. 请选出下面四个网络发展阶段由简单到复杂、由低级到高级的顺序排列正确的（　　）。
   A. 计算机网（二级子网）→面向终端的网络→多处理机网络→Internet 网
   B. 面向终端的网络→多处理机网络→计算机网（二级子网）→Internet 网
   C. 多处理机网络→面向终端的网络→Internet 网→计算机网（二级子网）
   D. 多处理机网络→面向终端的网络→计算机网（二级子网）→Internet 网

2. 计算机网络最突出的优点是（　　）。
   A. 共享软、硬件资源　　　　　　　　B. 运算速度快
   C. 可以互相通信　　　　　　　　　　D. 内存容量大

3. 计算机网络是计算机技术和（　　）相结合的产物。
   A. 系统集成技术　　B. 网络技术　　　　C. 微电子技术　　　D. 通信技术

4. 计算机网络的主要功能是（　　）。
   A. 硬件资源共享，软件资源共享，数据与信息交换
   B. 收发电子邮件，网上购物，网上订票
   C. 远程教育，远程医疗，信息检索
   D. 网络视频会议，网络电话，QQ 手机即时通讯

5. 按通讯方式来划分，计算机网络可以分为（　　）和点对点网络。
   A. 以太网　　　　　B. 物联网　　　　　C. 有线电视网　　　D. 广播式网络

6. 以下关于计算机网络的讨论中，哪个观点是正确的（　　）。
   A. 组建计算机网络的目的是实现局域网的互联
   B. 联入网络的所有计算机都必须使用同样的操作系统
   C. 网络必须采用一个具有全局资源调度能力的分布式操作系统
   D. 互联的计算机是分布在不同地理位置的多台独立的自治计算机系统

7. 一般来说，计算机网络可以提供的功能有（　　）。
   A. 资源共享、综合信息服务　　　　　B. 信息传输与集中处理
   C. 均衡负荷与分布处理　　　　　　　D. 以上都是

8. 计算机网络的构成可分为（　　）、网络软件、网络拓扑结构和传输控制协议。
   A. 体系结构　　　　B. 传输介质　　　　C. 通信设备　　　　D. 网络硬件

9. 网络适配器是一块插件板，通常插在 PC 机的扩展槽中，又称（　　）。
   A. 网络接口板或网卡　　　　　　　　B. 调制解调器

C. 网桥　　　　　　　　　　　　　　D. 网点

10. Router 是指网络设备中的（　　　）。

　　A. 路由器　　　　B. 中继器　　　　C. 交换机　　　　D. 网关

11. （　　　）是指连入网络的不同档次、不同型号的微机，它是网络中用户操作的工作平台，它通过插在微机上的网卡和连接电缆与网络服务器相连。

　　A. 网络工作站　　B. 网络服务器　　C. 传输介质　　　D. 网络操作系统

12. 表示数据传输有效性的指标是（　　　）。

　　A. 信道容量　　　B. 传输率　　　　C. 误码率　　　　D. 频带利用率

13. 计算机网络由（　　　）和网络软件构成。

　　A. 网络服务器　　B. 传输介质　　　C. 网络硬件　　　D. 网关

14. 目前计算机局域网络常用的数据传输介质有光缆、同轴电缆和（　　　）。

　　A. 双绞线　　　　B. 微波　　　　　C. 激光　　　　　D. 红外线

15. 在无线广域网中使用较多的通信方式为（　　　）。

　　A. 电磁波　　　　B. 红外线　　　　C. 微波　　　　　D. 紫外线

16. 网络适配器又称为（　　　）。

　　A. 网卡　　　　　B. 集线器　　　　C. 路由器　　　　D. 调制解调器

17. 根据网络的覆盖范围，计算机网络可分为（　　　）。

　　A. 校园网和 Intranet 网　　　　　　　B. 专用网和公用网

　　C. 局域网、城域网和广域网　　　　　　D. 国内网和国际网

18. 计算机网络拓扑结构有（　　　）、环形、树形、总线型、网状性。

　　A. 串联性　　　　B. 并联性　　　　C. 星型　　　　　D. 标准型

19. 计算机网络拓扑结构中的"节点"不能是（　　　）。

　　A. 光盘　　　　　B. 笔记本电脑　　C. 交换机　　　　D. 路由器

20. 下列不属于网络拓扑结构的是（　　　）。

　　A. 星型　　　　　B. 环型　　　　　C. 分支型　　　　D. 总线型

21. 数据通信中的信道传输速率单位用 bps 表示，bps 含义是（　　　）。

　　A. bytes per second　　　　　　　　　B. baud per second

　　C. bits per second　　　　　　　　　　D. billon per second

22. 广域网中一般采取的传输方式是（　　　）。

　　A. 存储转发　　　B. 广播　　　　　C. 集中传输　　　D. 分布传输

23. 下列关于网络协议说法正确的是（　　　）。

　　A. 网络使用者之间的口头协定

　　B. 通信协议是通信双方共同遵守的规则或约定

　　C. 所有网络都采用相同的通信协议

　　D. 两台计算机如果不使用同一种语言，则它们之间就不能通信

24. 图书馆内部的一个计算机网络系统，属于（　　　）。

　　A. 局域网　　　　B. 城域网　　　　C. 广域网　　　　D. 互联网

25. OSI 参考模型将整个网络的功能划分为七层，其中最高层为（　　　）。

　　A. 物理层　　　　B. 网络层　　　　C. 传输层　　　　D. 应用层

26. 下列网络传输介质中，带宽最大的是（   ）。

    A. 光纤　　　　　　B. 双绞线　　　　　　C. 同轴电缆　　　　　D. 电话线

27. 局域网的网络软件主要包括（   ）。

    A. 网络操作系统，网络数据库管理系统和网络应用软件

    B. 服务器操作系统，网络数据库管理系统和网络应用软件

    C. 网络数据库管理系统和工作站软件

    D. 网络传输协议和网络应用软件

28. 局域网网络硬件主要包括服务器、客户机、网卡和（   ）。

    A. 网络拓扑结构　　B. 计算机　　　　　　C. 传输介质　　　　　D. 网络协议

29. 网络协议是 Internet 上计算机之间通信所必须遵循的（   ）。

    A. 连接方式　　　　B. 规则和约定　　　　C. 传输方式　　　　　D. 地址格式

30. 在局域网中能够提供文件、打印、数据库等共享功能的是（   ）。

    A. 网卡　　　　　　B. 服务器　　　　　　C. 用户 PC 机　　　　D. 传输介质

31. 以下叙述中，正确的是（   ）。

    A. 计算机网络受地域限制　　　　　　B. 计算机网络不能共享设备

    C. 计算机网络不能远程信息访问　　　D. 计算机网络可实现资源共享

32. 下列传输介质中，抗干扰能力最强的是（   ）。

    A. 微波　　　　　　B. 光纤　　　　　　　C. 同轴电缆　　　　　D. 双绞线

33. 局域网由（   ）统一指挥，调度资源，协调工作。

    A. 网络操作系统　　B. 磁盘操作系统　　　C. 网卡　　　　　　　D. Windows 7

34. 个人接入 Internet 的两种常用方式是（   ）。

    A. 城域网和局域网接入　　　　　　　B. 远程网接入和局域网接入

    C. Windows 接入和 Vovell 接入　　　　D. 局域网接入和无线接入

35. 1996 年 6 月国务院成立"中国互联网络信息中心"负责我国的域名管理，中国互联网络信息中心的英文缩写是（   ）。

    A. chinanic　　　　B. Inlernic　　　　　C. cernis　　　　　　D. CNNIC

36. Internet 上提供多种服务，但不包括（   ）。

    A. 电子邮件　　　　B. 万维网　　　　　　C. 文件压缩　　　　　D. 文件传输

37. TCP/IP 协议是 Internet 中计算机之间通信所必须共同遵循的一种（   ）。

    A. 信息资源　　　　B. 通信规定　　　　　C. 软件　　　　　　　D. 硬件

38. TCP/IP 协议的含义是（   ）。

    A. 局域网传输协议　　　　　　　　　B. 拨号入网传输协议

    C. 传输控制协议和网际协议　　　　　D. OSI 协议集

39. 互联网络上的服务都是基于一种协议，WWW 服务基于（   ）协议。

    A. SMTP　　　　　　B. HTTP　　　　　　C. SNMP　　　　　　　D. TELNET

40. 网站向网民提供信息服务，网络运营商向用户提供接入服务，因此，分别称它们为（   ）。

    A. ICP、IP　　　　B. ICP、ISP　　　　　C. ISP、IP　　　　　D. UDP、TCP

41. 能唯一标识 Internet 网络中每一台主机的是（   ）。

A. 用户名　　　　　B. IP 地址　　　　　C. 用户密码　　　　　D. 使用权限

42. 为了便于阅读和理解，IP 地址可以用 4 组十进制数表示，每组数字取值范围为
（　　）。

A. 0～128　　　　B. 1～256　　　　C. 0～255　　　　D. 1～1 024

43. 下列选项中，（　　）是不正确的 IP 地址。

A. 115. 239. 210. 26　　　　　　　　B. 210. 36. 16. 35

C. 74. 125. 128. 199　　　　　　　　D. 210. 273. 153. 122

44. 域名与 IP 地址通过（　　）进行转换。

A. 浏览器　　　　B. 域名服务器　　　C. 邮件服务器　　　D. 电子邮件

45. 域名服务 DNS 的主要功能是（　　）。

A. 通过请求及回答获取主机和网络相关信息

B. 查询主机的 MAC 地址

C. 为主机自动命名

D. 合理分配 IP 地址

46. 域名 www. snnu. edu. cn 表明，它对应的主机是在（　　）。

A. 中国的教育界　B. 中国的工商界　C. 工商界　　　　D. 网络机构

47. 下列四项中为正确域名的是（　　）。

A. www. cctv. com　　　　　　　　　B. hk@gx. school. com

C. gxwww@china. com　　　　　　　　D. gx/sc. china. com

48. http://www. sina. com 中的 "http" 是指（　　）。

A. 服务器名　　　B. 超文本传输协议　C. 主机域名　　　D. 文本传输协议

49. 下列组织性域名中，（　　）代表商业机构。

A. com　　　　　B. edu　　　　　　C. gov　　　　　　D. net

50. 电子邮件地址的一般格式为（　　）。

A. 用户名@邮件服务器名　　　　　　B. 邮件服务器名@用户名

C. IP 地址@邮件服务器名　　　　　　D. 邮件服务器名@IP 地址名

51. 在拨号入网时，（　　）不是必备的硬件。

A. 计算机　　　　B. 电话线　　　　　C. 调制解调器　　　D. 电话机

52. FTP 的主要功能是（　　）。

A. 传送文件　　　B. 远程登录　　　　C. 收发电子邮件　　D. 浏览网页

53. www. gxeeA. cn 中的 "cn" 表示（　　）。

A. 广西　　　　　B. 中国　　　　　　C. 美国　　　　　　D. 英国

54. Internet 为人们提供许多服务项目，最常用的是在 Internet 各站点之间漫游，浏
览文本、图形和声音等各种信息，这项服务称（　　）。

A. 电子邮件　　　B. WWW　　　　　C. 文件传输　　　　D. 网络新闻组

55. 接入 Internet 的每台计算机都有一个唯一的（　　）位置。

A. DNS　　　　　B. WWW　　　　　C. IP　　　　　　　D. HTTP

56. IPV6 协议中的这个地址采用（　　）二进制编码。

A. 16 位　　　　　B. 32 位　　　　　C. 64 位　　　　　D. 128 位

57. 常用网络设备不包括（　　　）。

A. 网卡（NIC）　　　　　　　　　　B. 集线器（Hub）

C. 交换机（Switch）　　　　　　　　D. 显示卡（VGA）

58. 在 Internet 上，计算机之间用（　　）协议进行信息交换。

A. TCP/IP　　　　B. IEEE 802.5　　　C. CSMA/CD　　　D. X. 25

59. Internet 采用的是 Ipv4 地址由（　　）位二进制数组成。

A. 4　　　　　　　B. 32　　　　　　　C. 64　　　　　　　D. 128

60. 统一资源定位器 URL 的格式是（　　　）。

A. 协议://IP 地址或域名/路径/文件名 B. TCP/IP 协议

C. http 协议　　　　　　　　　　　D. 协议://路径/文件名

61. 按计算机网络覆盖的范围划分，Internet 属于（　　　）。

A. 广域网　　　　B. 局域网　　　　　C. 城域网　　　　　D. 校园网

62. 移动电话和笔记本电脑之间进行近距离无线信息交流，常用的是（　　）技术。

A. 红外线通信　　B. 微波通信　　　　C. 光波通信　　　　D. 蓝牙

63. IPv4 协议规定的 IP 地址使用"点分十进制"表示，有（　　）组十进制数。

A. 4　　　　　　　B. 6　　　　　　　C. 8　　　　　　　D. 12

64. 世界上最早的计算机网络雏形出现在（　　　）。

A. 20 世纪 20 年代　　　　　　　　B. 20 世纪 30 年代

C. 20 世纪 50 年代　　　　　　　　D. 20 世纪 90 年代

65. "超本文"是指（　　　）。

A. 文本中包含图像　　　　　　　　B. 文本中包含视频

C. 文本中包含有电子邮件　　　　　D. 文本中包含有超链接

66. 下列软件中，（　　　）是下载工具

A. TCP \ IP　　　　B. QQ 影音　　　C. Flash　　　　　D. 网络快车

67. 发送电子邮件时，若收件人没有开机，则该电子邮件将（　　　）。

A. 发送失败，自动退回给发件人　　B. 在收件人开机后，自动重新发送

C. 保存在邮件服务器上　　　　　　D. 发送，但可能丢失

68. 收发电子邮件，首先必须拥有（　　　）。

A. 电子邮箱　　　　B. 上网账号　　　C. 中文菜单　　　　D. 个人主页

69. IE 浏览器的"收藏夹"的主要作用是收藏（　　　）。

A. 文档　　　　　　B. 电子邮件　　　C. 图片　　　　　　D. 网址

70. 属于计算机犯罪的是（　　　）。

A. 非法截取信息、窃取各种情报

B. 复制与传播计算机病毒、黄色影像制品和其他非法活动

C. 借助计算机技术伪造篡改信息、进行诈骗及其他非法活动

D. 以上皆是

71. 以下属于软件盗版行为的是（　　　）。

A. 复制不属于许可协议允许范围之内的软件

B. 对软件或文档进行租赁、二级授权或出借

C. 在没有许可证的情况下从服务器进行下载

D. 以上皆是

72. 目前在企业内部网与外部网之间，检查网络传送的数据是否会对网络安全构成威胁的主要设备是（　　）。

A. 路由器　　　　　B. 防火墙　　　　　C. 交换机　　　　　D. 网关

73. 防火墙技术主要用来（　　）。

A. 减少自然灾害对计算机硬件的破坏

B. 监视或拒绝应用层的通信业务

C. 减少自然灾害对计算机资源的破坏

D. 减少外界环境对计算机系统的不良影响

74. 计算机系统安全的三个基本特性是（　　）。

A. 保密性、完整性、可用性

B. 物理安全性、网络安全性、数据安全性

C. 硬件安全性、软件安全性、系统安全性

D. 用户鉴别、存取控制、数据加密

75. 以下关于防火墙的说法，不正确的是（　　）。

A. 防火墙是一种隔离技术

B. 防火墙的主要工作原理是对数据包及来源进行检查，阻断被拒绝的数据

C. 防火墙的主要功能是查杀病毒

D. 尽管利用防火墙可以保护网络免受外部黑客的攻击，但其目的只是能够提高网络的安全性，不可能保证网络绝对安全

76. 计算机病毒是计算机系统中隐藏在（　　）上蓄意进行破坏的捣乱程序。

A. 内存　　　　　B. U 盘　　　　　C. 存储介质　　　　　D. 网络

77. 下列关于计算机病毒的说法，不正确的是（　　）。

A. 计算机病毒是人为制造的能对计算机安全产生重大危害的一种程序

B. 计算机病毒具有传染性、破坏性、潜伏性和变种性等

C. 计算机病毒的发作只是破坏存储在磁盘上的数据

D. 用管理手段和技术手段的结合能有效地防止病毒的传染

78. 网络蠕虫一般指利用计算机系统漏洞、通过互联网传播扩散的一类病毒程序，为了防止受到网络蠕虫的侵害，应当注意对（　　）进行升级更新。

A. 计算机操作系统　　　　　　　　B. 计算机硬件

C. 文字处理软件　　　　　　　　　D. 远程控制软件

79. 有一种计算机病毒通常寄生在其他文件中，常常通过对编码加密或使用其他技术来隐藏自己，攻击可执行文件。这种计算机病毒被称为（　　）。

A. 文件型病毒　　　B. 引导型病毒　　　C. 脚本病毒　　　D. 宏病毒

80. 在进行病毒清除时，应当（　　）。

A. 先备份重要数据　　　　　　　　B. 先断开网络

C. 及时更新杀毒软件　　　　　　　D. 以上都对

81. 文件型病毒通常隐藏在（　　）中。

A. ROM   B. RAM

C. . txt 文件   D. . com 或 . exe 文件

82. 计算机病毒不可能侵入（   ）。

     A. 硬盘   B. 计算机网络   C. ROM   D. RAM

83. 以下（   ）不是杀毒软件。

     A. 瑞星   B. IE

     C. Norton AntiVirus   D. 卡巴斯基

84. 使用计算机反病毒软件可以（   ）。

     A. 查出已知病毒，清除全部病毒   B. 查出已知病毒，清除部分病毒

     C. 修复被病毒破坏的所有数据   D. 清除网络上的病毒

85. 计算机病毒根据其传染方式通常可分为引导型、文件型和（   ）。

     A. 复合型   B. 外壳型   C. 操作系统型   D. 内码型

86. 在使用杀毒软件之前，必须首先（   ）。

     A. 把硬盘上的文件全部删除   B. 对硬盘进行格式化

     C. 修改计算机的日期   D. 使用干净无毒的启动盘启动计算机

87. 下面不属于计算机病毒特征的是（   ）。

     A. 免疫性   B. 可激活性   C. 传播性   D. 潜伏性

88. 计算机病毒的传染途径有多种，其中危害最大的病毒传染途径的是（   ）。

     A. 通过网络传染   B. 通过光盘传染   C. 通过硬盘传染   D. 通过 U 盘传染

89. 计算机信息安全技术不包括（   ）。

     A. 数据加密技术   B. 数字签名与数字证书

     C. 防火墙技术   D. 《计算机病毒防治管理办法》

90. 计算机恶性病毒是一种（   ）。

     A. 危害人类健康的传染病

     B. 影响计算机系统正常工作的破坏性程序

     C. 可防治的病毒性疾病

     D. 专用于毁坏计算机硬件系统的破坏性程序

91. 计算机病毒源于（   ）。

     A. 应用程序运行出错   B. 计算机系统软件有漏洞

     C. 计算机硬件发生故障   D. 人为制造

92. 在计算机上安装防毒软件，要注意及时（   ）以保证能防止和查杀新近出现的病毒。

     A. 升级   B. 分析   C. 检查   D. 启动

93. 计算机信息安全之所以重要，受到各国的广泛重视，主要是因为（   ）。

     A. 用户对计算机信息安全的重要性认识不足

     B. 计算机应用范围广，用户多

     C. 计算机犯罪增多，危害大

     D. 信息资源的重要性和计算机系统本身固有的脆弱性

94. 使用（   ）是保证数据安全行之有效的方法，它可以消除信息被窃取、丢失等

影响数据安全的隐患。

    A. 密码技术   B. 杀毒软件   C. 数据签名   D. 备份数据

95. 个人电脑使用防火墙的作用是（   ）。

    A. 不占用系统资源   B. 清除从网络入侵的计算机病毒

    C. 能保护整个网络系统   D. 增加保护级别

选做习题 多媒体技术基础

1. ＊.pptx 文件是（　　）文件类型的扩展名。

    A. 演示文稿　　　　　B. 模板文件　　　　　C. 其他版本文稿　　　D. 可执行文件

2. 在 PowerPoint 2010 演示文稿保存为演示文稿设计模板后，扩展名为（　　）。

    A. .pp　　　　　　　B. .pps　　　　　　　C. .psp　　　　　　　D. .potx

3. "切换"选项卡的作用是指（　　）。

    A. 在编辑新幻灯片时的过渡形式

    B. 在编辑幻灯片时切换不同的视图

    C. 在编辑幻灯片时切换不同的设计模板

    D. 在幻灯片放映时两张幻灯片间过渡形式

4. PowerPoint 2010 的"超链接"命令可实现（　　）

    A. 实现幻灯片内容的跳转　　　　　　　B. 实现幻灯片的移动

    C. 中断幻灯片的放映　　　　　　　　　D. 在演示文稿中插入幻灯片

5. 要退出正在放映的幻灯片，按（　　）即可。

    A. "Ctrl＋X"组合键　　　　　　　　B. "Ctrl＋Q"组合键

    C. "Esc"键　　　　　　　　　　　　　D. "Alt＋X"组合键

6. 在 PowerPoint 2010 中，安排幻灯片的对象的布局可选择（　　）来设置。

    A. "动画"→"动画窗格"　　　　　　　B. "开始"→"版式"

    C. "设计"→"背景样式"　　　　　　　D. "插入"→"对象"

7. 选中幻灯片中的对象，不能实现对象的删除操作的是（　　）。

    A. 按"Delete"　　　　　　　　　　　B. 按"Backspace"键

    C. 右击选择"剪切"命令　　　　　　　D. 选择"撤消"命令的快捷键

8. 关于 PowerPoint 2010 的主题配色正确的描述是（　　）。

    A. 主题方案的颜色用户不能更改

    B. 主题方案只能应用到某张幻灯片

    C. 主题方案不能删除

    D. 应用新主题配色方案，不会改变进行了单独设置颜色的幻灯片颜色

9. 如果将演示文稿置于另一台没有安装 PowerPoint 软件的计算机上放映，那么应该对演示文稿进行（　　）。

    A. 复制　　　　　　　B. 打包　　　　　　　C. 移动　　　　　　　D. 打印

10. 当在幻灯片中插入了声音文件后，幻灯片中将出现（　　）。

A. 链接说明　　　B. 喇叭图标　　　C. 一段文字说明　　D. 连接按钮

11. 编辑幻灯片中的内容时，首先应（　　）。

A. 选择编辑对象　　　　　　　　　B. 选择"开始"选项卡

C. "插入"→"形状"　　　　　　　　D. "视图"→"幻灯片浏览"

12. 如果要将幻灯片中的文字方向设置为纵向，可以选择（　　）命令。

A. "文件"→"选项"　　　　　　　　B. "文件"→"打印"

C. "开始"→"文字方向"　　　　　　D. "设计"→"字体"

13. 如果要将幻灯片的方向设置为纵向，可选择（　　）命令。

A. "视图"→"幻灯片母版"　　　　　B. "文件"→"打印"

C. "设计"→"页面设置"　　　　　　D. "幻灯片放映"→"设置幻灯片放映"

14. 下列（　　）不是幻灯片母版的格式。

A. 讲义母版　　　B. 黑白母版　　　C. 幻灯片母版　　　D. 备注母版

15. 设置幻灯片母版的命令位于（　　）菜单中。

A. 视图　　　　　B. 开始　　　　　C. 切换　　　　　D. 幻灯片放映

16. 在幻灯片母版中插入对象只能在（　　）中修改。

A. 幻灯片浏览　　B. 幻灯片母版　　C. 讲义母版　　　D. 普通视图

17. 在哪种视图方式下能实现在屏幕上显示多张幻灯片（　　）。

A. 普通视图　　　B. 幻灯片母版　　C. 幻灯片浏览　　D. 阅读视图

18. 设置幻灯片放映时间的命令是（　　）。

A. "幻灯片放映"→"设置幻灯片放映"命令

B. "幻灯片放映"→"自定义幻灯片放映"命令

C. "幻灯片放映"→"排练计时"命令

D. "插入"→"日期和时间"命令

19. 在 PowerPoint 的（　　）视图下不可以对幻灯片中的内容进行编辑。

A. 幻灯片浏览　　B. 普通视图　　　C. 幻灯片放映　　D. 备注页

20. "动画"选项卡的功能是（　　）。

A. 给幻灯片内的对象添加动画效果　　B. 插入 Flash 动画

C. 设置切换方式　　　　　　　　　　D. 设置放映方式

21. 如果要从一张幻灯片"溶解"到下一张幻灯片，应该选择（　　）选项卡来设置。

A. 幻灯片放映　　B. 动画　　　　　C. 切换　　　　　D. 设计

22. 在幻灯片"插入超链接"的对话框中，其设置的超链接对象不允许是（　　）。

A. 下一张幻灯片　　　　　　　　　B. 本地计算机中的某一个文件

C. 其他的演示文稿　　　　　　　　D. 幻灯片中的某一对象

23. 要使作者名字出现在所有的幻灯片中，应将其加入到（　　）中。

A. 备注母版　　　B. 讲义母版　　　C. 幻灯片浏览　　D. 幻灯片母版

24. 多媒体技术的主要特性有（　　）。

（1）多样性　　（2）集成性　　（3）交互性　　（4）可扩充性

A. （1）　　　　B. （1）（2）　　C. （1）（2）（3）　D. 全部

25. 多媒体计算机系统的两大组成部分是（　　　）。
    A. 多媒体器件和多媒体主机
    B. 音箱和声卡
    C. 多媒体输入设备和多媒体输出设备
    D. 多媒体计算机硬件系统和多媒体计算机软件系统

26. 一般说来，要求声音的质量越高，则（　　　）。
    A. 量化级数越低和采样频率越低　　　B. 量化级数越高和采样频率越高
    C. 量化级数越低和采样频率越高　　　D. 量化级数越高和采样频率越低

27. 5 分钟双声道、16 位采样位数、44.1kHz 采样频率声音的不压缩数据量是（　　　）。
    A. 50.47MB　　　B. 52.92MB　　　C. 201.87MB　　　D. 25.23MB

28. 以下文件类型中，（　　　）是音频格式。
    A. WAV　　　B. AVI　　　C. BMP　　　D. JPG

29. 在多媒体声音技术中，常见的 CD 激光唱盘所采用的采样频率为（　　　）。
    A. 11.025kHz　　　B. 22.05kHz　　　C. 44.1kHz　　　D. 88.2kHz

30. 声音数字化的质量主要取决于（　　　）等参数。这些参数的大小不仅影响到声音的播放质量，还与存储声音信号所需要的存储空间有直接的关系。
    （1）采样频率　　（2）量化位数　　（3）声道数　　（4）模拟波形
    A. （1）（2）（3）　　B. （1）（2）（4）　　C. （1）（2）　　D. 以上全是

31. 下列说法中正确的是（　　　）。
    （1）图像都是由一些排成行列的像素组成的，通常称位图或点阵图
    （2）图形是用计算机绘制的画面，也称为矢量图
    （3）图像的最大优点是容易进行移动、缩放、旋转和扭曲等变换
    （4）图形文件中只记录生成图的算法和图上的某些特征点，数据量较小
    A. （1）（2）（3）　　B. （1）（2）（4）　　C. （1）（2）　　D. （3）（4）

32. 下列有关图形与图像的说法，正确的是（　　　）。
    A. 矢量图的基本单元是像素
    B. 对矢量图进行放大，不会影响图形的清晰度和光滑度
    C. 位图往往比矢量图占用空间更少
    D. 用画图程序既可以绘制位图也可以绘制矢量图

33. 一般情况下，描述图像的最小单位是（　　　）。
    A. 像素　　　B. 英寸　　　C. 厘米　　　D. 毫米

34. 下列关于 dpi 的叙述，正确的是（　　　）。
    （1）每英寸的 bit 数　　（2）描述分辨率的单位
    （3）dpi 越高，图像质量越低　　（4）每英寸像素点数
    A. （1）（3）　　B. （2）（4）　　C. （1）（2）（3）　　D. 全部

35. 在多媒体计算机中常用的图像输入设备是（　　　）。
    （1）数码照相机　　（2）彩色扫描仪　　（3）视频信号数字化仪　　（4）彩色摄像机
    A. （1）　　　B. （1）（2）　　　C. （1）（2）（3）　　　D. 全部

36. 下列文件格式中，属于图像文件格式的是（　　　）。

（1）JPEG　　（2）DOC　　（3）WAVE　　（4）BMP　　（5）PSD

  A.（1）（2）（4）   B.（1）（3）（4）

  C.（1）（4）（5）   D.（2）（3）（4）

37. 既可以存储静态图像，又可以存储动画的图像文件格式是（　　）。

  A. BMP   B. GIF   C. TIFF   D. JPEG

38. 用 Windows 附件中的"画图"程序绘制一张 800×600 像素的 24 位色图像，分别用 BMP 格式和 JPEG 格式保存，则这两个文件的大小（　　）。

  A. BMP 格式的大   B. JPEG 格式的大

  C. 一样大   D. 不能确定

39. 存储一幅没有经过压缩的 1 024×768 像素、24 位真彩色的图像需要的字节数约为（　　）。

  A. 768K   B. 1.5M   C. 2.25M   D. 18M

40. 目前多媒体计算机中对动态图像数据压缩常采用（　　）。

  A. JPEG   B. GIF   C. MPEG   D. BMP

41. 下面关于数字视频质量、数据量、压缩比的关系的论述，正确的是（　　）。

  （1）数字视频质量越高，数据量越大

  （2）随着压缩比的增大，解压后数字视频质量开始下降

  （3）压缩比越大，数据量越小

  （4）数据量与压缩比是一对矛盾

  A.（1）   B.（1）（2）   C.（1）（2）（3） D. 全部

42. 下面的多媒体软件工具，由 Windows 自带的是（　　）。

  A. Media Player B. GoldWave   C. Winamp   D. Real Player

43. 下面硬件设备中哪些是多媒体硬件系统必不可少的（　　）。

  （1）计算机最基本的硬件设备   （2）CD-ROM

  （3）音频输入、输出和处理设备   （4）多媒体通信传输设备

  A.（1）   B.（1）（2）   C.（1）（2）（3） D. 全部

44. 多媒体关键技术不包括（　　）。

  A. 多媒体信息采集技术   B. 多媒体数据压缩/解压技术

  C. 多媒体数据存储技术   D. 多媒体数据通信技术

45. 所谓 MP3 实际上就是运动图像专家组 MPEG 提出的压缩编码标准（　　）中的一个层次。

  A. MPEG－1 B. MPEG－2 C. MPEG－3 D. MPEG－4

46. 目前常用的视频压缩标准有 MPEG－1、MPEG－2、MPEG－4 和 MPEG－7 等，其中（　　）主要针对互联网上流媒体语言传送、互动电视广播等技术发展的要求设计。

  A. MPEG－1 B. MPEG－2 C. MPEG－4 D. MPEG－7

47. 关于图像文件的格式，不正确的叙述是（　　）。

  A. PSD 格式是 Photoshop 软件的专用文件格式，文件占用存储空间较大

  B. BMP 格式是微软公司的画图软件使用的格式，得到各类图像处理软件的广泛

支持

　　C. JPEG 格式是高压缩比的有损压缩格式，使用广泛

　　D. GIF 格式是高压缩比的无损压缩格式，适合于保存真彩色图像

48. 多媒体技术的基本特性主要包括媒体的多样性、复杂性、（　　）和实时性。

　　A. 稳定性　　　　　B. 流畅性　　　　　C. 交互性　　　　　D. 存储性

49. 不属于多媒体信息处理关键技术的是（　　）。

　　A. 多媒体应用开发技术　　　　　　B. 多媒体数据存储技术

　　C. 多媒体通信技术　　　　　　　　D. 多媒体数据压缩与解压缩技术

50. 以下文件中不是声音文件的是（　　）。

　　A. MP3 文件　　　B. WMA 文件　　　C. WAV 文件　　　D. JPG 文件

51. 关于图像分辨率的描述，（　　）是不正确的。

　　A. 分辨率的单位是 dpi

　　B. 分辨率大小和图像所占空间大小成正比

　　C. 分辨率是单位长度内像素的数量

　　D. 分辨率大小和图像质量没有关系

52. 以下有动画效果的图像格式是（　　）。

　　A. . JPG　　　　　B. . TIF　　　　　C. . GIF　　　　　D. . BMP

53. 扩展名为 . wmv 的文件通常是一个（　　）。

　　A. 音频文件　　　B. 视频文件　　　C. 图形文件　　　D. 文本文件

54. 以下说法中，不正确的是（　　）。

　　A. 像素是构成位图图像的最小单位

　　B. 位图进行缩放时不容易失真，而矢量图缩放时容易失真

　　C. 图像的分辨率越高，图像的质量越好

　　D. GIF 格式图像最多只能处理 256 种色彩

55. 多媒体计算机系统应包括（　　）设备。

　　A. 打印机　　　　B. 扫描仪　　　　C. 声卡　　　　　D. 网卡

56. 模拟音频信号数字化的三阶段为（　　）。

　　A. 采样—编码—量化　　　　　　　B. 采样—量化—编码

　　C. 编码—量化—采样　　　　　　　D. 量化—编码—采样

57. 最常用的色彩模型为（　　）。

　　A. RGB 和 CMYK　　　　　　　　B. lab 和位图

　　C. BMP 和 JPEG　　　　　　　　D. GIF 和 PNG

58. 常用的影像视频格式是（　　）。

　　A. CDAudio　　　B. wave 和 midi　　C. AVI 和 MPEG　　D. RealAudio

59. 多媒体计算机中常用的图像输入设备是（　　）。

　　A. 彩色打印机　　B. 彩色扫描仪　　C. 投影仪　　　　D. 外接硬盘

60. 与图像质量有关的因素是（　　）。

　　A. 分辨率所使用的单位　　　　　　B. 图像文件的大小

　　C. 处理图像软件的运行速度　　　　D. 图像分辨率

61. Powerpoint 创建的演示文稿由若干张（　　）组成。

　　A. 照片　　　　　　　B. 工作表　　　　　　C. 幻灯片　　　　　　D. 动画

62. 在幻灯片中插入多媒体素材，以下说法不正确的是（　　）。

　　A. 可以插入声音　　　　　　　　　　　B. 可以插入图片

　　C. 可以插入影片　　　　　　　　　　　D. 不可以插入动画

63. 要实现幻灯片放映时单击文本跳转到自定义放映，可通过设置（　　）完成。

　　A. 动作按钮　　　　B. 自定义动画　　　　C. 超链接　　　　　D. 幻灯片切换

64. Powerpoint 中，演示文稿的放映方式不包括（　　）。

　　A. 自动播放　　　　B. 观众自行浏览　　　C. 在展台浏览　　　D. 演讲者放映

65. 在 Powerpoint 中不可能通过超链接来实现（　　）。

　　A. 插入一张新的幻灯片　　　　　　　　B. 定位到指定的幻灯片

　　C. 浏览指定的网页　　　　　　　　　　D. 播放视频文件

66. 不能插入到幻灯片中的图片格式为（　　）。

　　A. BMP　　　　　　B. GIF　　　　　　　C. JPEG　　　　　　D. PDA

67. 在幻灯片中，关于复制 Word 文档中的表格，说法正确的是（　　）。

　　A. 不可以复制过来　　　　　　　　　　B. 可以复制过来，可再编辑

　　C. 可以复制过来，原格式不变　　　　　D. 可以复制过来，但不能进行编辑

68. 关于演示文稿循环播放的说法，正确的是（　　）。

　　A. 不可以循环播放

　　B. 可以在"动画方案"选项中设置循环播放

　　C. 可以在"自定义动画"选项中设置循环播放

　　D. 可以在"设置放映方式"选项中设置循环播放

笔试练习题参考答案

必做习题1　计算机基础知识

1. B	2. C	3. B	4. D	5. D	6. C	7. C	8. B	9. D	10. D
11. C	12. B	13. D	14. B	15. D	16. A	17. D	18. D	19. B	20. D
21. C	22. C	23. B	24. D	25. C	26. C	27. B	28. B	29. A	30. D
31. B	32. C	33. C	34. C	35. B	36. C	37. B	38. C	39. C	40. A
41. D	42. C	43. A	44. C	45. D	46. A	47. D	48. A	49. C	50. A
51. B	52. A	53. D	54. D	55. B	56. D	57. B	58. A	59. B	60. C
61. A	62. D	63. B	64. C	65. A	66. A	67. C	68. C		

必做习题2　操作系统及应用

1. D	2. C	3. A	4. A	5. A	6. C	7. B	8. A	9. C	10. A
11. C	12. D	13. B	14. D	15. A	16. D	17. D	18. D	19. B	20. C
21. B	22. A	23. A	24. C	25. B	26. C	27. C	28. D	29. C	30. B
31. C	32. B	33. D	34. C	35. B	36. D	37. A	38. D	39. B	40. C
41. D	42. C	43. C	44. A	45. D	46. C	47. C	48. A	49. A	50. C
51. C	52. B	53. D	54. A	55. B	56. C	57. B	58. C	59. A	60. D
61. B	62. C	63. A	64. A	65. D	66. B	67. A	68. D	69. A	70. D
71. B	72. C	73. B	74. D	75. B	76. D	77. C	78. C	79. A	80. B
81. D	82. C	83. D	84. A	85. D	86. C	87. B			

必做习题3　字表处理

Word 练习

1. C	2. D	3. A	4. C	5. C	6. A	7. D	8. D	9. D	10. C
11. D	12. C	13. C	14. B	15. A	16. B	17. B	18. D	19. C	20. C
21. C	22. B	23. C	24. C	25. A	26. B	27. D	28. C	29. D	30. C

31. D 32. C 33. C 34. B 35. C 36. C 37. B 38. D 39. D 40. A
41. A 42. A 43. C 44. D 45. A 46. D 47. B 48. B 49. B 50. B
51. A 52. B 53. B 54. B 55. D 56. D 57. B 58. C 59. D 60. B
61. D 62. A 63. C 64. A 65. D 66. D 67. C 68. C 69. B 70. A
71. C 72. A 73. D 74. C 75. D 76. C 77. D 78. C 79. D 80. D
81. A 82. A 83. D 84. D 85. A 86. C 87. A 88. B 89. D 90. A
91. B 92. A 93. A 94. C 95. C

Excel 练习

1. A 2. B 3. A 4. B 5. C 6. B 7. A 8. A 9. B 10. B
11. C 12. A 13. B 14. A 15. D 16. A 17. B 18. C 19. C 20. C
21. D 22. D 23. D 24. D 25. C 26. A 27. D 28. C 29. A 30. A
31. D 32. B 33. C 34. A 35. D 36. C 37. D 38. C 39. A 40. D
41. C 42. C 43. A 44. D 45. C 46. D 47. C 48. D 49. A 50. B
51. A 52. B 53. A 54. B 55. D 56. A 57. D 58. B 59. B

必做习题 4　计算机网络基础

1. B 2. A 3. D 4. A 5. D 6. D 7. D 8. D 9. A 10. A
11. A 12. C 13. C 14. A 15. C 16. A 17. C 18. C 19. A 20. C
21. C 22. A 23. B 24. A 25. D 26. A 27. A 28. C 29. B 30. B
31. D 32. B 33. A 34. D 35. D 36. C 37. B 38. C 39. B 40. B
41. B 42. C 43. D 44. B 45. A 46. A 47. A 48. B 49. A 50. A
51. D 52. A 53. B 54. B 55. C 56. D 57. D 58. A 59. B 60. A
61. A 62. D 63. A 64. C 65. D 66. D 67. C 68. A 69. D 70. D
71. D 72. B 73. B 74. A 75. C 76. C 77. C 78. A 79. A 80. D
81. D 82. C 83. B 84. B 85. A 86. D 87. A 88. A 89. D 90. B
91. D 92. A 93. D 94. A 95. D

选做习题　多媒体技术基础

1. A 2. D 3. D 4. A 5. C 6. B 7. D 8. D 9. B 10. B
11. A 12. C 13. C 14. B 15. A 16. B 17. C 18. C 19. C 20. A
21. C 22. D 23. D 24. C 25. D 26. B. 27. A 28. A 29. C 30. A
31. B 32. B 33. A 34. B 35. B 36. C 37. B 38. A 39. C 40. C
41. D 42. A 43. C 44. A 45. A 46. C 47. D 48. C 49. A 50. D
51. D 52. C 53. B 54. B 55. C 56. B 57. A 58. C 59. B 60. D
61. C 62. D 63. C 64. A 65. A 66. D 67. B 68. D

第三部分

计算机一级考试机试模拟试题

全国高校计算机联合考试（广西考区）一级机试模拟试题（1）

考试时间：50 分钟（闭卷）

准考证号： 姓名： 选做试题编号□

注意：（1）试题中"T□"是考生考试文件夹，"□"用考生自己的准考证号（16 位）代替。

（2）本试卷包括第一卷和第二卷。第一卷各试题为必做试题，第二卷各试题为选做试题，考生必须选做其中一个试题，多选无效。请考生在本页右上方"选做试题的编号□"方格中填上所选做试题的编号。

（3）答题时应先做好必做试题一，才能做其余试题。

第一卷 必做试题

必做试题 1 文件操作（15 分）

打开"资源管理器"或"我的电脑"窗口，按要求完成下列操作：

1. 在 D:\ 下新建一个文件夹 T□，并将 C:\ AA 文件夹中的所有内容复制到 T□文件夹中。（4 分）

2. 将 T□\ exam1 文件夹中的 AA1. txt 文件移动到 T□文件夹中。（3 分）

3. 将 T□文件夹中的 3 个 . bmp 文件，添加到压缩文件，命名为 bmp. rar。（4 分）

4. 删除 T□文件夹中 0 字节的文件（1 个）。（4 分）

必做试题 2 WORD 操作（25 分）

打开 T□\ exam1 文件夹中的 Word 文档 word1. docx，完成以下操作：

1. 页面设置：纸张大小为 16 开；页边距左、右各为 2.3 厘米。（3 分）

2. 将标题文字"每一种性格都能成功"设置为红色、二号、黑体、居中。（3 分）

3. 输入以下文字作为正文第二段，并设置该段的字体颜色为红色：（7 分）

如果找对职业，每一种性格都能成功。上帝是公平的，他对每一个人都寄予了厚望，他给了别人那样的天性，就一定会给你这样的天性，让别人在这个领域成功，就一定会让你在那个领域获得成功。

4. 插入 T□ 文件夹中的 ad1.docx 文件作为正文第 4 段。（3 分）

5. 设置正文各段落（表格除外）首行缩进 2 个字符，行距为固定值 18 磅。（4 分）

6. 对表格完成以下操作：（5 分）

在表格第 1 列的左侧插入 1 列，合并插入列的所有单元格，输入"作者简介"，并将该合并单元格对齐方式设置为：水平、垂直居中。表格效果如下所示：

	姓名	罗杰·安德生
作者简介	毕业院校	哈佛大学
	职业	《华尔街日报》官方网站"职业日报网"（CareerJournal.com）的全美客户服务经理兼首席顾问
	著作	《聪明的工作的 20 条原则》、《聪明工作的 50 种顶尖职业》等

7. 保存退出。

必做试题 3　Excel 操作（20 分）

打开 T□ \ exam1 文件夹中的 Excel 文件 ex1.xlsx，完成以下操作：

1. 在 sheet1 工作表中，用公式或函数计算总销售额和平均销售额。（7 分）

2. 在 sheet1 工作表中，将 A2：H15 区域加上最细的黑色边框线。（3 分）

3. 在 sheet1 工作表中建立如下图所示的 11 月、12 月 6 种商品销售额对比的簇状柱形图，并嵌入本工作表。（6 分）

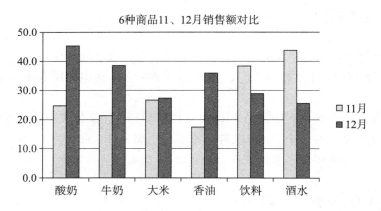

4. 在 sheet2 工作表中，按"销售地点"分类，汇总销售量的平均值。（4 分）

5. 存盘退出。

必做试题 4　网络操作（20 分）

1. 打开 T□ 中的 p1.html 文件，将该网页中的 LOGO 图片"桂林旅游"，以默认文件

名和扩展名保存到 T□ 文件夹中。（5 分）

2. 在 T□ 文件夹中新建一个文本文档 ip1.txt，录入并保存本机的 IP 地址。（5 分）

3. 启动收发电子邮件软件，编辑电子邮件：（7 分）

收件人地址：（收件人地址考试时指定）

主题：T□ 作业

正文如下：

唐老师：您好！

　我的作业在附件里。谢谢！

　　（注：此处输入考生本人姓名）

　　（注：此处输入当天日期）

4. 将 T□ 文件夹中的 AA1.txt 文件作为电子邮件附件，邮件以文件名 lett1 另存到 T□ 文件夹中。（3 分）

第二卷 **选做试题**

本卷各试题为选做试题，考生只能选做其中一个试题，多做无效。

选做试题 1   数据库技术基础（20 分）

打开 T□\exam1 文件夹中的数据库文件 A1. mdb。

1. 修改基本表 hy 结构，将"基本工资"字段名改为"月收入"、数据类型改为"数字"、字段大小为"单精度型"；将"会员编号"字段设为主键。（8 分）

2. 删除表中"部门"为"自考学院"的 3 条记录。（3 分）

3. 修改表中"会员编号"为 888 的记录，其"文化程度"改为"专科"。（1 分）

4. 在同一数据库中，为 hy 表制作一个名为 hybak 的副本。（3 分）

5. 创建一个名为"年收入"的查询，包含 hy 表中的部门、姓名、职称、月收入、年收入字段。

其中：年收入＝月收入×12。（5 分）

6. 关闭数据库，退出 Access。

选做试题 2   多媒体技术基础（20 分）

打开 T□\exam1 文件夹中的演示文稿 ppt1. pptx，完成以下操作：

1. 将"暗香扑面"设计主题应用到所有幻灯片上。（4 分）

2. 为第 2 张幻灯片的标题设置动画：进入效果为"飞入"、上一项之后开始。（4 分）

3. 在最后一张幻灯片之后插入一张新幻灯片，版式设为"标题和内容"，在内容占位符中插入 T□文件夹中的图片 ppu1. jpg。（4 分）

4. 设置所有幻灯片切换效果为"切出"、将换片方式改为"单击鼠标时"。（4 分）

5. 设置自定义放映，顺序为：第 1 张→第 3 张→第 2 张，自定义放映名称为：营养基础。（4 分）

6. 保存退出。

选做试题 3   信息获取与发布（20 分）

启动 Dreamweaver，打开 T□文件夹中的 p1. html 文件。

1. 修改页面属性：设置背景图像为 bg1. jpg；设置文档标题为"桂林山水——象鼻山"。（4 分）

2. 将外表格（table1）第一行单元格拆分为 2 列，并在右边单元格中输入文本"桂林山水甲天下"，设置其文本格式为"标题 1"，在单元格内水平居中对齐。（4 分）

3. 在外表格（table1）倒数第 2 行单元格中插入一条宽为 65％的水平线；在最后一行"版权所有"文本前插入版权符号。（4 分）

4. 为页脚文本"联系我们"建立电子邮件链接，链接到 E-mail 地址：jame@163.com。（4 分）

5. 创建内部 CSS 样式，重定义 HTML 标记 p 的外观，规则定义：文本缩进 2ems，行高 150％。（4 分）

6. 保存退出。

全国高校计算机联合考试（广西考区）
一级机试模拟试题（2）

考试时间：50分钟（闭卷）

准考证号：　　　　　姓名：　　　　　选做试题的编号□

注意：（1）试题中"T□"是考生考试文件夹，"□"用考生自己的准考证号（16位）代替。

（2）本试卷包括第一卷和第二卷。第一卷各试题为必做试题，第二卷各试题为选做试题，考生必须选做其中一个试题，多选无效。请考生在本页右上方"选做试题的编号□"方格中填上所选做试题的编号。

（3）答题时应先做好必做试题一，才能做其余试题。

第一卷　必做试题

必做试题 1　文件操作（15分）

打开"资源管理器"或"我的电脑"窗口，按要求完成下列操作：

1. 在 D：\ 下新建一个文件夹 T□，并将 C：\ BB 文件夹中的所有内容复制到 T□ 文件夹中。（4分）

2. 将 T□ \ exam2 文件夹中的 BB1. txt 文件移动到 T□ 文件夹中。（3分）

3. 将 T□ 文件夹中的 BB. rar 文件解压到当前文件夹中。（4分）

4. 删除 T□ 文件夹中 0 字节的文本文档（2个）。（4分）

必做试题 2　WORD 操作（25分）

打开 T□ \ exam2 文件夹中的 Word 文档 word2. docx，按要求完成下列操作：

1. 页面设置：设置纸张大小为 A4，页边距上、下、左、右各为 2.5 厘米。（3分）

2. 将标题文字"少年派的奇幻漂流"设置为微软雅黑、三号、加着重号。（3分）

3. 输入以下文字作为正文第三段，并设置该段的字体颜色为蓝色：（7分）

少年派的奇幻漂流高明的地方：把一个仇杀故事转化成一个动物世界的弱肉强食以及少年和老虎的友谊故事。探讨人如何战胜恐惧，战胜自我，与自己相处，让人感动与震撼。

4. 将正文所有段落设置为：首行缩进2字符，行距为固定值18磅。（4分）

5. 将 T□文件夹中的图片 tu2.jpg 插入到第三段以下的正文中，设置自动换行为"四周型环绕"。（3分）

6. 对文档中的表格完成以下操作：（5分）

（1）在表格第三行的下方插入一行；设置各行行高为固定值1厘米。

（2）设置表格内所有单元格对齐方式为水平居中。

7. 存盘退出。

必做试题3 Excel 操作（20分）

打开 T□＼exam2 文件夹中的 Excel 文档 Ex2.xlsx，完成以下操作：

1. 在 sheet1 工作表中用公式或函数计算"销售额"及"利润"[销售额＝售价×销售量，利润＝（售价－进价）×销售量]。（7分）

2. 在 sheet1 工作表中"品种"列左侧插入一列"编号"，输入各记录序号值：001、002、…、014。（3分）

3. 在 sheet1 中建立如下图所示的电冰箱各品牌销售量所占比率的分离型三维饼图，并嵌入本工作表中。（6分）

电冰箱各品牌销售量所占比率

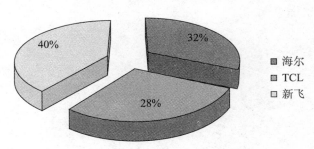

4. 在 sheet2 工作表中按"品种"分类汇总各品种销售量的总和。（4分）

5. 存盘退出。

必做试题4 网络操作（20分）

1. 用浏览器打开 T□文件夹中的 p2.html 文件，将该网页中的全部文本，以文件名 net2.txt 保存到 T□文件夹中。（5分）

2. 在 T□文件夹中新建一个文本文档 ip2.txt，录入并保存本机的网关和 DNS 地址。（5分）

3. 启动收发电子邮件软件，编辑电子邮件：（7分）

收件人地址：（收件人地址考试时指定）

主题：T□作业

正文如下：

卢老师：您好！

　我的作业在附件里。谢谢！

　　　（注：此处输入考生本人姓名）

　　　（注：此处输入当天日期）

4. 将 T□文件夹中的 tu2.jpg 文件作为电子邮件附件，邮件以文件名 lett2 另存到 T□文件夹中。（3分）

本卷各试题为选做试题，考生只能选做其中一个试题，多做无效。

选做试题 1 数据库技术基础（20 分）

打开 T□\exam2 文件夹中的数据库文件 B2.mdb，对基本表"设备信息"完成以下操作：

1. 修改表结构，在"设备编号"字段前增加"ID"字段，数据类型是"自动编号"；删除"使用部门"和"使用者"2 个字段。（8 分）

2. 删除表中"设备名称"为"打印机"的记录。（2 分）

3. 将"设备名称"为"笔记本"记录的"型号"字段值改为 mmm，"规格"字段值改为 555。（2 分）

4. 创建一个名为"总价"的查询，包含设备名称、单价、数量、总价，其中总价＝单价×数量，并按照单价从低到高排序。（5 分）

5. 在同一数据库中，为基本表"设备信息"作一个备份，其表名为"bak4"。（3 分）

6. 保存退出。

选做试题 2 多媒体操作（20 分）

打开 T□\exam2 文件夹中的演示文稿 ppt2.pptx 文件，完成以下操作：

1. 将主题"沉稳"应用到所有幻灯片上。（3 分）

2. 在第 1 张幻灯片前插入一张新幻灯片，选定其版式为"空白"版式，在幻灯片中插入艺术字"海岛之旅"，使用艺术字库中的第 3 行第 2 列的样式，字体为黑体，文字大小 66 磅。（6 分）

3. 为第 2 张幻灯片"马尔代夫"设置超链接，链接到网址：http://www.baidu.com。（3 分）

4. 设置所有幻灯片切换：效果为形状、效果选项为放大、换片方式为单击鼠标时以及每隔 5 秒。（4 分）

5. 设置自定义放映，顺序为：第 1 张→第 3 张→第 2 张，幻灯片放映名为：海岛。（4 分）

6. 存盘，退出 PowerPoint。

选做试题 3 信息获取与发布（20 分）

启动 Dreamweaver，打开 T□文件夹中的 p2.html 文件。

1. 修改页面属性：页面字体大小设为 12 像素；链接始终无下划线；标题字体设为黑

体；标题 1 的字体颜色设为蓝色；文档标题设为"中国传统节日——七夕节"。（6 分）

2. 设置表格的宽度为 778 像素；居中对齐；边框为 0；设置左边目录栏的背景图像为 bgl4. gif；更改第 1 行右边单元格中的文本格式为"标题 1"；设置主内容区中的图像居于文字右边、水平边距为 10。（6 分）

3. 在主内容区中的"乞巧七夕的习俗"段首插入命名锚记，并设置左边目录栏中的文本"七夕节习俗"超链接到该命名锚记。（4 分）

4. 在表格倒数第 2 行单元格中插入一个宽、高均为 1 的图像占位符；设置单元格背景图像为 bgb4. gif，并设置单元格的高为背景图像的高度。（4 分）

5. 保存退出。

全国高校计算机联合考试（广西考区）
一级机试模拟试题（3）

考试时间：50分钟（闭卷）

准考证号：　　　　　　　姓名：　　　　　　　选做试题的编号□

注意：（1）试题中"T□"是考生考试文件夹，"□"用考生自己的准考证号（16位）代替。

（2）本试卷包括第一卷和第二卷。第一卷各试题为必做试题，第二卷各试题为选做试题，考生必须选做其中一个试题，多选无效。请考生在本页右上方"选做试题的编号□"方格中填上所选做试题的编号。

（3）答题时应先做好必做试题一，才能做其余试题。

第一卷　必做试题

必做试题 1　文件操作（15分）

打开"资源管理器"或"我的电脑"窗口，按要求完成下列操作：

1. 在 D:\ 下新建一个文件夹 T□，并将 C:\CC 文件夹中的所有内容复制到 T□ 文件夹中。（4分）

2. 将 T□\exam3 文件夹中除了 .docx、.xlsx、.pptx 和 .mdb 文件外的其他所有文件，移动到 T□文件夹中。（3分）

3. 将 T□文件夹中的 kr3.rar 文件解压到当前文件夹中。（4分）

4. 删除 T□文件夹中 1K 字节的写字板文件（1个）。（4分）

必做试题 2　WORD 操作（25分）

打开 T□\exam3 文件夹中的 Word 文档 word3.docx，完成如下操作：

1. 页面设置：设置纸张大小为 16 开，页边距上、下、左、右各为 2.2 厘米。（3分）

2. 将标题文字"洛奇"设置为：小二号、加粗、黑体。（3分）

3. 输入以下文字作为正文第二段，并设置该段的字体颜色为红色：（7分）

该片是低成本制作，只花费 100 万美元。票房收入超过一亿一千七百万。赢得 1976 年奥斯卡最佳影片奖，史泰龙获提名奥斯卡最佳男主角奖，而导演约翰·艾维森夺奥斯卡最佳导演奖。

4. 将正文所有段落设置为：首行缩进 2 字符，行距为 1.5 倍。（4 分）

5. 在正文中插入 T□ 文件夹中的图片 tu3.jpg，将图片自动换行设为 "紧密型环绕"。（3 分）

6. 对正文中的表格完成以下操作：（5 分）

（1）删除表格空白的第五列；将第一行的底纹设置成蓝色底纹。

（2）设置所有单元格对齐方式为：垂直和水平方向居中。

7. 保存退出。

必做试题 3 Excel 操作（20 分）

打开 T□\exam3 文件夹中的 Excel 文件 ex3.xlsx，完成以下操作：

1. 在 sheet1 工作表中利用公式或函数计算各月工资数据的最大值、最小值及差额（差额＝最大值－最小值）。（7 分）

2. 用条件格式将 C3：H10 区域大于等于 2 000 的数据字体颜色设为红色。（3 分）

3. 在 sheet1 中建立如下图所示的各员工各月工资的 "堆积条形图"，并嵌入本工作表中。（6 分）

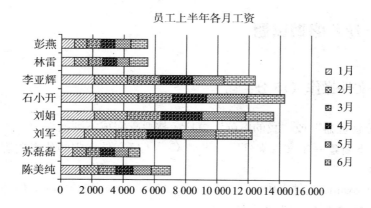

4. 在 sheet2 工作表中按 "部门" 分类汇总各月工资的平均值。（4 分）

5. 存盘退出。

必做试题 4 网络操作（20 分）

1. 用浏览器打开 T□ 中的 p3.html 文件，将该网页中的全部文本，以文件名 net3.txt 保存到 T□ 文件夹中。（5 分）

2. 启动收发电子邮件软件，编辑电子邮件：（7 分）

收件人地址：（收件人地址考试时指定）

主题：T□作品

正文如下：

卢工：您好！

附件为我的作品。谢谢！

（注：此处输入考生本人姓名）

（注：此处输入当天日期）

3. 将 T□文件夹中的 CC1. txt 文件作为电子邮件的附件，邮件以文件名 lett3 另存到 T□文件夹中。（3 分）

4. 在 T□文件夹中新建一个文本文档 ip3. txt，录入并保存本机的 IP 地址和子网掩码。（5 分）

本卷各试题为选做试题，考生只能选做其中一个试题，多做无效。

选做试题 1 数据库技术基础（20分）

打开 T□ \ work7 文件夹中的数据库文件 C3. mdb，对基本表"合同情况"作以下操作：

1. 修改表结构，将"合同号"字段设为主键；删除"签订人"字段；增加"附录"字段作为最后一个字段：（8分）

字段名称 数据类型

附录   备注

2. 删除表中"签订日期"为"2005 - 01 - 16"的2条记录。（2分）

3. 修改"合同号"是"2005—004"的记录："合同额"、"收费合计"字段的值各为40 000，6 000。（2分）

4. 创建一个名为"金额"的查询，包含字段：项目名称、签订日期、合同额、收费合计、欠款合计，其中：欠款合计＝合同额－收费合计，并按照签订日期从高到低排序。（5分）

5. 在同一数据库中，为基本表"合同情况"作一个备份，其表名为"bak7"。（3分）

6. 保存退出。

选做试题 2 多媒体技术基础（20分）

打开 T□ \ exam3 文件夹中的演示文稿 ppt3. pptx，完成以下操作：

1. 将主题"跋涉"应用到所有幻灯片上。（3分）

2. 为第1张幻灯片中的文字"意大利"设置超链接，链接到第4张幻灯片。（4分）

3. 对第2张幻灯片的图片设置自定义动画：进入效果为"翻转式由远及近"，在上一项之后自动开始，慢速。（4分）

4. 在演示文稿最后添加一张新的幻灯片，选定其版式为"标题和内容"，在标题栏中键入"多瑙河流域"，复制 T□ \ ztx3. txt 文件中的文本到内容占位符内。（5分）

5. 设置所有幻灯片切换：效果为平移、自左侧，换片方式为单击鼠标时以及每隔3秒。（4分）

6. 存盘退出。

选做试题 3 信息获取与发布（20分）

启动 Dreamweaver，打开 T□ 文件夹中的 p3. html 文件。

1. 修改页面属性：文本颜色设为白色；背景颜色设为蓝色；链接与已访问链接的颜

色均设为白色；变换图像链接设为"红色"；链接仅在变换图像时显示下划线；标题字体设为"黑体"；文档标题设为"中国传统节日——中秋节"。（6分）

2. 设置表格居中对齐，填充、边框均为0；设置内容区的左边单元格背景颜色为"＃CCCCCC"，并在该单元格中插入一个宽、高均为1的图像占位符，并设置该单元格的宽为1。（6分）

3. 在主内容区中的"各地中秋节的习俗"段首插入命名锚记，并设置左侧目录栏中的文本"中秋节习俗"超链接到该命名锚记。（4分）

4. 将表格倒数第2行所有单元格合并，并在其中插入一条高为1的水平线、无阴影。并设置该单元格的高为1。（4分）

5. 保存退出。

全国高校计算机联合考试（广西考区）一级机试模拟试题（4）

考试时间：50分钟（闭卷）

准考证号：　　　　　　姓名：　　　　　　选做试题的编号□

注意：（1）试题中"T□"是考生考试文件夹，"□"用考生自己的准考证号（16位）代替。

（2）本试卷包括第一卷和第二卷。第一卷各试题为必做试题，第二卷各试题为选做试题，考生必须选做其中一个试题，多选无效。请考生在本页右上方"选做试题的编号□"方格中填上所选做试题的编号。

（3）答题时应先做好必做试题一，才能做其余试题。

第一卷　必做试题

必做试题 1　文件操作（15 分）

打开"资源管理器"或"我的电脑"窗口，按要求完成下列操作：

1. 在 D：\下新建一个文件夹 T□，并将 C：\DD 文件夹中的所有内容复制到 T□文件夹中。（4 分）

2. 在文件夹 T□中，建立一个文件夹 exam4，将 T□文件夹中除文件夹及.html 文件外的其他所有文件，移动到 T□\exam4 文件夹（4 分）。

3. 把 T□\exam4 文件夹中所有的.txt 文件添加到压缩文件 exam4.rar，保存在同一文件夹中。（3 分）

4. 删除 T□\exam4 文件夹中 0 字节的文件（2 个）。（4 分）

必做试题 2　WORD 操作（25 分）

打开 T□\exam4 文件夹中的 Word 文档 word4.docx，完成下列操作：

1. 页面设置：纸张大小为 A4；页边距左、右各 2.4 厘米。（3 分）

2. 将标题段文字"荷塘月色"设置为三号字、加粗、居中。（3 分）

3. 输入以下文字作为正文的第三段，并设置该段的字体颜色为红色并为字体加上着

重号：（7分）

　　路上只我一个人，背着手踱着。这一片天地好像是我的；我也像超出了平常的自己，到了另一世界里。我爱热闹，也爱冷静；爱群居，也爱独处。

　　4. 设置正文各段落首行缩进 2 字符，行距为多倍行距 1.25 倍。（4分）

　　5. 使用查找/替换功能将文中所有"何塘"一词替换为"荷塘"。（3分）

　　6. 把正文最后一段进行分栏，分两栏，栏宽相等，加分隔线。（5分）

　　7. 保存退出。

必做试题 3　Excel 操作（20 分）

　　打开 T□\exam4 文件夹中的 Excel 文件 ex4.xlsx，完成以下操作：

　　1. 在 sheet1 工作表中，用公式或函数计算平均折扣率及折后单价（折后单价＝商品定价×折扣率）。（7分）

　　2. 在 sheet1 中建立如下图所示的商品定价的带数据标记的折线图，并嵌入本工作表中。（6分）

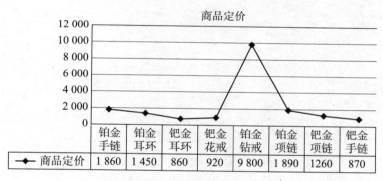

　　3. 在 sheet1 中，将商品定价的全部数据设为货币格式（￥）。（3分）

　　4. 在 sheet2 工作表中，筛选出销售主管为"韩娟"且销售额大于 20 000 的记录。（4分）

　　5. 存盘退出。

必做试题 4　网络操作（20 分）

　　1. 打开 T□ 中的 p4.html 文件，将该网页另存到 T□ 文件夹中，文件类型为 Web 档案，文件名为 net4.mht。（5分）

　　2. 在 T□ 文件夹中新建一个文本文档 ip4.txt，录入并保存本机的网关。（5分）

　　3. 启动收发电子邮件软件，编辑电子邮件：（7分）

收件人地址：（收件人地址考试时指定）

主题：T□作业

正文如下：

唐老师：您好！

　　我的作业在附件里。谢谢！

（注：此处输入考生本人姓名）

（注：此处输入当天日期）

4. 将 T□文件夹中的 p4. html 文件作为电子邮件附件，邮件以文件名 lett4 另存到 T□文件夹中。（3 分）

第二卷 选做试题

本卷各试题为选做试题，考生只能选做其中一个试题，多做无效。

选做试题1 数据库技术基础 （20分）

打开 T□ \ exam4 文件夹中的数据库文件 D4. mdb。

1. 修改基本表 md 结构，在 md 表中增加"学费"字段，类型是"数字"，字段大小为"单精度型"。（5分）

2. 将 md 表中的"学员编号"字段设为主键。（2分）

3. 删除 md 表中"学习形式"为"网络学院"的 1 条记录。（3分）

4. 为 md 表中"专业"为"宝石加工"的 2 条记录输入学费各 4 500。（2分）

5. 在同一数据库中，为 md 表制作一个名为 mdbak 的副本。（3分）

6. 创建一个名为"男学员"的查询，查询"性别"为男的记录，包含 md 表中的全部字段，并按"学员编号"降序排序。（5分）

7. 关闭数据库，退出 Access。

选做试题2 多媒体操作 （20分）

打开 T□ \ exam4 文件夹中的演示文稿 ppt4. pptx，完成以下操作：

1. 将主题"波形"应用到所有幻灯片上。（3分）

2. 更改第 2 张幻灯片的版式为"标题和内容"，将 T□ \ exam4 文件夹中 ztx4. txt 文件中的文本复制到内容占位符内。（4分）

3. 设置所有幻灯片切换：效果为百叶窗、效果选项为水平、换片方式为单击鼠标时以及每隔 4 秒。（4分）

4. 对第 3 张幻灯片中的文本设置自定义动画：进入效果为浮入，单击鼠标开始，速度为中速。（5分）

5. 在最后一张幻灯片中添加一个动作按钮，链接到第一张幻灯片。（4分）

6. 保存退出。

选做试题3 信息获取与发布 （20分）

启动 Dreamweaver，打开 T□ 文件夹中的 p4. html 文件。

1. 修改页面属性：设置链接与已访问链接的颜色均为黄色、变换图像链接为红色；设置标题 2 字体颜色为红色。（4分）

2. 将左侧栏列表的样式更改为"小写字母"；在右侧栏第一段段首插入一个图像占位符，设置其宽 139、高 99、居左对齐。（4分）

3. 设置网站 logo 图片超链接到网址"http://www.163.com"，并设置其无边框。

（4分）

4. 将外表格（table1）倒数第 2 行删除；在页脚文本"版权所有"前插入版权符号。（4分）

5. 创建内部 CSS 样式，重定义 HTML 标记 h1 的外观，规则定义：背景颜色为 ♯00FFFF，方框上、下填充 20 像素。（4分）

6. 保存退出。

全国高校计算机联合考试（广西考区）
一级机试模拟试题（5）

考试时间：50 分钟（闭卷）

准考证号：　　　　　姓名：　　　　　选做试题的编号□

注意：（1）试题中"T□"是考生考试文件夹，"□"用考生自己的准考证号（16 位）代替。

（2）本试卷包括第一卷和第二卷。第一卷各试题为必做试题，第二卷各试题为选做试题，考生必须选做其中一个试题，多选无效。请考生在本页右上方"选做试题的编号□"方格中填上所选做试题的编号。

（3）答题时应先做好必做试题一，才能做其余试题。

第一卷　必做试题

必做试题 1　文件操作（15 分）

按要求完成下列操作：

1. 在 D：\ 下新建一个文件夹 T□，并将 C：\ KK1 文件夹中的所有内容复制到 T□ 文件夹中。（4 分）

2. 将 T□ \ test1 文件夹中的 mv1. txt 文件移动到 T□ 文件夹中。（3 分）

3. 删除 T□ 文件夹中 0 字节的文件（2 个）。（4 分）

4. 将 T□ 文件夹中的所有 . txt 文件，添加到压缩文件，命名为 r1. rar。（4 分）

必做试题 2　WORD 操作（25 分）

打开 T□ \ test1 文件夹中的 Word 文档 wd1. docx，完成如下操作：

1. 页面设置：页边距上、下为 2.5 厘米，左、右各为 2.0 厘米，纸张大小为 A4。（3 分）

2. 输入以下文字作为正文第二段，并设置该段的字体颜色为红色：（7 分）

在烟雾样的春雨里，忽然有一天抬头望窗外，蓦地看见池西畔的一枝树开放着一些淡红的<u>丛花</u>了。我要说是"丛花";因为是这样的密集,而且又没有半张叶子。无疑地这就是樱花。

    3. 将正文所有段落设置为:首行缩进 2 字符,行距为固定值 22 磅。(3 分)

    4. 将正文所有"兰山"替换为"岚山",并将"岚山"设为红色。(3 分)

    5. 在正文中插入 T□ 文件夹中的图片 yh1.jpg,将图片环绕方式设为"四周型"。(4 分)

    6. 在正文末尾制作如下表格,所有单元格对齐方式为水平、垂直居中。(5 分)

茅盾简介		
原名	职业	著作

    7. 保存退出。

必做试题 3　Excel 操作 (20 分)

打开 T□ \ test1 文件夹中的 Excel 文件 bg1.xlsx。

1. 在 sheet1 工作表中,利用公式或函数计算请假天数、最大值。(7 分)

2. 在 sheet1 中建立如下图所示的三维柱状图,并嵌入本工作表中。(6 分)

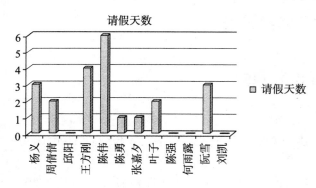

3. 在 sheet2 工作表中,将 A1:F1 合并及居中,设置其中的文字大小为 21。(3 分)

4. 在 sheet2 工作表中,筛选出病假天数及事假天数都为 0 的记录。(4 分)

5. 存盘退出。

必做试题 4　网络操作 (20 分)

1. 打开 T□ 中的 p1.html 文件,将该网页中的全部文本,以文件名 wy1.txt 保存到 T□文件夹中。(5 分)

2. 在 T□文件夹中新建一个文本文档 ip1.txt,录入并保存本机的 IP 地址。(5 分)

3. 启动收发电子邮件软件,编辑电子邮件:(7 分)

收件人地址：（收件人地址考试时指定）

主题：T□作业

正文如下：

黄老师：您好！

　　我的作业在附件里。谢谢！

　　　　（注：此处输入考生本人姓名）

　　　　（注：此处输入当天日期）

4. 将 T□文件夹中的 p1.html 文件作为电子邮件附件，邮件以文件名 yj1 另存到 T□文件夹中。（3 分）

本卷各试题为选做试题，考生只能选做其中一个试题，多做无效。

选做试题 1 数据库操作（20 分）

打开 T□＼test1 文件夹中的数据库文件 aa1.accdb。

1. 修改基本表 xscj1 结构，在"姓名"前增加"学号"字段，类型是"自动编号"，并设为主键，在"姓名"字段后面增加一个"性别"字段为：（6 分）

字段名	数据类型	字段大小
性别	文本	1

2. 删除第三条记录，其姓名为"李华"。（2 分）
3. 输入各记录的"性别"字段值，分别为：男，女，女，男。（1 分）
4. 在表末尾追加 1 条如下记录：（3 分）

姓名	性别	高等数学	英语	体育
张铭	女	80	89	80

5. 创建一个名为平均分的查询，包含姓名、性别、高等数学、英语、体育和平均分，其中：平均分＝(高等数学＋英语＋体育)/3（6 分），并要求按照平均分从高到低排序（2 分）。

选做试题 2 多媒体技术基础（20 分）

打开 T□＼test1 文件夹中的演示文稿 ppt1.pptx，完成以下操作：

1. 将"行云流水"设计主题应用到所有幻灯片上。（2 分）
2. 在第 1 张标题幻灯片输入标题"花卉"，设为楷体 66 磅。副标题处输入自己的名字，设为隶书 36 磅。插入 T□文件夹中的文件"音乐.mp3"，开始设定为"自动"播放，停止播放设定为"在 5 张幻灯片后"。（5 分）
3. 在第 3 张幻灯片后添加一张新的幻灯片，选定其版式为"标题和内容"版式（2 分），在标题栏中键入"花朵"，并设为黑体，60 磅，居中，在内容占位符插入 T□文件夹中的图片 tu1.jpg。（2 分）
4. 复制第 4 张幻灯片的副本作为第 5 张幻灯片，并将其中花的图片换为文件夹中的 tu2.jpg。（2 分）
5. 为第 4 张幻灯片的图片设置自定义动画，用"形状"效果展示，方向为"缩小"，中速，在上一动画之后开始。（3 分）
6. 设置所有幻灯片的切换效果为"溶解"，换页方式为单击鼠标换页以及间隔 7 秒换页。（3 分）
7. 将文件名存盘，退出 PowerPoint。

选做试题3 信息获取与发布 (20分)

启动 Dreamweaver，打开 T□文件夹中的 wy1. html 文件。

1. 修改页面属性，将页面字体大小设为 12 像素；变换图像链接设为"红色"；标题字体设为黑体；标题 1 的大小设为 24 像素，颜色为蓝色；文档标题设为"唐诗赏析"。(6分)

2. 设置表格的边框为 0；背景颜色为"♯EFFCA9"；第 2 行的背景颜色为"♯FFFF66"；将第 3 行拆分为 2 列，并在右边单元格中插入 T□\images 文件夹中的图片 d1. jpg，置于单元格顶端。(6分)

3. 在"【评析】"段首插入命名锚记，命名为"a1"；设置表格第 2 行中的文本"评析"超链接到该命名锚记。(4分)

4. 在页脚文本"页面制作："后接着输入考生本人的姓名；在该行的上一行中插入一条水平线，并设其宽为 95%。(4分)

5. 保存退出。

全国高校计算机联合考试（广西考区）
一级机试模拟试题（6）

考试时间：50 分钟（闭卷）

准考证号：　　　　　姓名：　　　　　选做试题的编号□

注意：（1）试题中"T□"是考生考试文件夹，"□"用考生自己的准考证号（16 位）代替。

（2）本试卷包括第一卷和第二卷。第一卷各试题为必做试题，第二卷各试题为选做试题，考生必须选做其中一个试题，多选无效。请考生在本页右上方"选做试题的编号□"方格中填上所选做试题的编号。

（3）答题时应先做好必做试题一，才能做其余试题。

第一卷　必做试题

必做试题 1　文件操作（15 分）

按要求完成下列操作：

1. 在 D：\ 下新建一个文件夹 T□，并将 C：\ KK2 文件夹中的所有内容复制到 T□文件夹中。（4 分）

2. 在文件夹 T□下，建立一个子文件夹 test2，并将文件夹 T□中的扩展名为 .docx、.xlsx、.pptx 和 .accdb 文件移动到文件夹 test2 中（4 分）。

3. 删除 T□文件夹中 0 字节的文件。（3 分）

4. 将 T□文件夹中的扩展名为 rtf 的文件，添加到压缩文件，命名为 ya2.rar。（4 分）

必做试题 2　WORD 操作（25 分）

打开 T□ \ test2 文件夹中的 Word 文档 wd2.doc，完成以下操作：

1. 页面设置：设置页边距上、下、左、右各为 2.2 厘米，纸张大小为 16 开。（3 分）

2. 将标题文字"勇敢的心"设置为小二号、加粗、居中。（3 分）

3. 输入以下文字作为正文第三段，并设置该段的字体颜色为红色：（7 分）

影片的成功已经被奥斯卡典礼上的那五樽金光闪闪的金像所证实，但不足之处也不是没有，比如华莱的英雄的壮举，影片设计成为爱情而起和为民族而终。

4. 设置正文各段落首行缩进 2 字符，行距为最小值 20 磅。（3 分）

5. 使用查找/替换功能将文中所有"华莱"一词替换为"华莱士"。（3 分）

6. 在文档末尾插入 T□文件夹中 yx.doc 文件，然后完成以下操作：（6 分）

（1）在表格的第 3 列右侧插入一列；

（2）将整个表格边框线设为红色。

7. 保存退出。

必做试题 3　Excel 操作（20 分）

打开 T□\test2 文件夹中的 Excel 文档 bg2.xls。

1. 在 sheet1 工作表中用公式或函数计算总计及人均消费，其中：人均消费＝旅游收入÷旅游人数，保留 2 位小数。（7 分）

2. 在 sheet1 工作表中建立如下图所示的 2006 年三大城市旅游人数的簇状柱形图，并嵌入本工作表中。（5 分）

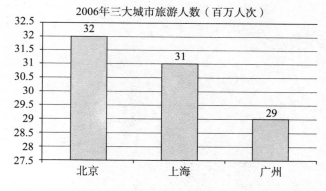

3. 在 sheet1 工作表中，设置第一行的行高为 30，将 A1：E1 合并及居中。（3 分）

4. 对 sheet2 工作表中的数据进行分类汇总：按"主要城市"分别求出各城市的旅游收入总数。（5 分）

5. 存盘退出。

必做试题 4　网络操作（20 分）

1. 用浏览器打开 T□文件夹中的 p2.html 文件，将该网页的标志图片，以文件名 wy2，保存类型为默认，保存到 T□文件夹中。（5 分）

2. 启动收发电子邮件软件，编辑电子邮件：（7 分）

收件人地址：（收件人地址考试时指定）

主题：T□作品

正文如下：

141

赵工：您好！

　　附件为我的作品。谢谢！

　　　　　　（考生姓名）

　　　　　　2014 年 6 月 1 日

3. 将 T□文件夹中的 fj2. rtf 文件作为电子邮件的附件，发送电子邮件。（3 分）

4. 在 T□文件夹中新建一个文本文档 ip2. txt，录入并保存本机的 IP 地址和子网掩码。（5 分）

第二卷 选做试题

本卷各试题为选做试题，考生只能选做其中一个试题，多做无效。

选做试题1 数据库技术基础（20分）

打开 T□\test2 文件夹中的数据库文件 aa2. accdb。

1. 修改基本表 tab2 结构，在"姓名"字段前增加"编号"字段，数据类型为"自动编号"，设为主键。在"收入"字段后增加"支出"字段为：（6分）

字段名　数据类型　字段大小　格式　小数位数
支出　　数字　　　单精度型　标准　2

2. 删除"姓名"为"赵一柯"的记录。（2分）
3. 为表中5条记录的"支出"字段录入如下数据：（3分）
281.00，1 267.00，89.50，2 300.00，3 489.00
4. 创建一个名为"4部余额"的查询，包含编号、姓名、部门、收入、支出、余额，其中余额＝收入－支出，条件为"项目4部"，并要求按照余额从低到高排序（9分）。
5. 关闭数据库，退出 Access。

选做试题2 多媒体技术基础（20分）

打开 T□\test2 文件夹中的演示文稿 ppt2. pptx，完成以下操作：
1. 将设计主题"跋涉"应用到所有幻灯片上。（3分）
2. 为第1张幻灯片艺术字"海岛之旅"设置超链接，链接到网址：http://www. baidu. com。（3分）
3. 在第1张幻灯片后插入一张新幻灯片，选定版式为"图片与标题"；在标题框中输入"马尔代夫"，字体大小为36，在内容占位符插入 T□文件夹中的图片 lmp2.jpg。（6分）
4. 设置所有幻灯片切换：效果为涡流、自底部、换片方式为单击鼠标时以及间隔5秒。（4分）
5. 设置自定义放映，顺序为：第1张→第3张→第2张，幻灯片放映名为：海岛。（4分）
6. 存盘，退出 PowerPoint。

选做试题3 信息获取与发布（20分）

1. 启动 Dreamweaver，新建一个 HTML 文档，以 page2. html 为文件名保存到 T□文件夹中。设置网页标题为：北海市；背景色为♯CCCCCC；页面字体为宋体、14像素。（4分）

2. 插入一个 5 行 1 列表格，表格宽度为 100％，单元格间距为 0，单元格边距为 4，边框粗细为 0，表格居中对齐，表格背景色为 ♯FFFFBB；将各行高度分别设为 90 像素、50 像素、200 像素、12 像素、50 像素。(5 分)

3. 在第 1 行单元格中输入文字：北海市，并将其格式设为"标题 2"、居中对齐。(2 分)

4. 在第 2 行单元格中输入文本：南宁｜北海｜钦州｜防城港，为文本"钦州"建立超链接，链接到网页"p2. html"，并使目标网页在新窗口中打开。(3 分)

5. 将第 3 行拆分为两列，将右列宽度设为 28％，任选一种颜色作为其背景色，将 T□＼test2＼page2. txt 文件中的文本复制到右边单元格中。(3 分)

6. 在第 4 行单元格中插入一条水平线，在第 5 行单元格中输入文字：×××工作室，2011。(3 分)

7. 保存退出。

全国高校计算机联合考试（广西考区）一级机试模拟试题（7）

考试时间：50 分钟（闭卷）

准考证号：　　　　　姓名：　　　　　选做试题的编号□

注意：（1）试题中"T□"是文件夹名（考生的工作目录），"□"用考生自己的准考证号（16 位）填入。

（2）本试卷包括第一卷和第二卷。第一卷各试题为必做试题，第二卷各试题为选做试题，考生必须选做其中一个试题，多选无效。请考生在本页右上方"选做试题的编号□"方格中填上所选做试题的编号。

（3）答题时应先做好必做试题一，才能做其余试题。

第一卷　必做试题

必做试题 1　文件操作（15 分）

打开"资源管理器"或"我的电脑"窗口，按要求完成下列操作：

1. 在 F：\（或指定的其他盘符）下新建一个文件夹 T□，并将 C：\ KK3（网络环境为 W：\ KK3）文件夹中的所有文件及文件夹复制到 T□文件夹中。（4 分）

2. 将 T□ \ test3 文件夹中的 y3. txt 文件移动到 T□文件夹中。（3 分）

3. 将 T□文件夹中的 kk3. rar 文件解压到当前文件夹中。（4 分）

4. 删除 T□文件夹中 0 字节的文件（1 个）。（4 分）

必做试题 2　WORD 操作（25 分）

打开 T□ \ test3 文件夹中的 Word 文档 wd3. doc，完成以下操作：

1. 页面设置：设置纸张大小为 16 开，页边距上、下、左、右各为 2 厘米。（4 分）

2. 将标题文字"春"设置为楷体、三号、居中。（3 分）

3. 设置正文各段落首行缩进 2 字符，段前间距为 0.5 行。（3 分）

4. 输入如下文字作为正文第三段，并设置该段字体颜色为蓝色：（7 分）

小草偷偷地从土里钻出来，嫩嫩的，绿绿的。园子里，田野里，瞧去，一大片一大片满是的。坐着，躺着，打两个滚，踢几脚球，赛几趟跑，捉几回迷藏。风轻悄悄的，草绵软软的。

5. 在文章末尾插入文档文件 T□ \ test3 \ ins3. doc。（4 分）

6. 将插入的文字分为等宽两栏，并设置分隔线。（4 分）

7. 保存退出。

必做试题 3　Excel 操作（20 分）

打开 T□ \ test3 文件夹中的 Excel 文档 bg3. xls。

1. 在 sheet1 工作表中利用公式或函数计算增长量及增长率，其中：增长率＝（2006 年数量－1987 年数量）/1987 年数量×100。保留 2 位小数。（7 分）

2. 在 sheet1 中建立如下图所示的 6 国 1987 年和 2006 年麋鹿数量的三维簇状条形图，并嵌入本工作表中。（6 分）

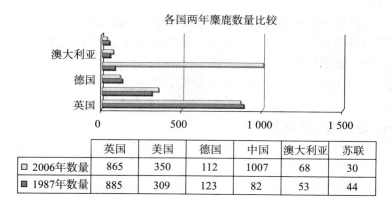

各国两年麋鹿数量比较

	英国	美国	德国	中国	澳大利亚	苏联
□ 2006年数量	865	350	112	1007	68	30
■ 1987年数量	885	309	123	82	53	44

3. 为 sheet1 工作表作一个备份，并命名为"备份"。（3 分）

4. 在 sheet2 工作表中筛选出计算机成绩及格（不低于 60）的记录。（4 分）

5. 存盘退出。

必做试题 4　网络操作（20 分）

1. 用浏览器打开 T□ 中的 p3. html 文件，将该网页中的全部文本，以文件名 wy3. txt 保存到 T□ 文件夹中。（5 分）

2. 启动收发电子邮件软件，编辑电子邮件：（7 分）

收件人地址：（收件人地址考试时指定）

主题：T□作品

正文如下：

温工：您好！

　　附件为我的作品。谢谢！

（考生姓名）

　　　2014 年 6 月 1 日

3. 将 T□文件夹中的 fj3. rtf 文件作为电子邮件的附件，发送电子邮件。（3 分）

4. 在 T□文件夹中新建一个文本文档 ip3. txt，录入并保存本机的 IP 地址和子网掩码。（5 分）

本卷各试题为选做试题，考生只能选做其中一个试题，多做无效。

选做试题 1 数据库操作（20 分）

打开 T□\test3 文件夹中的数据库文件 aa3.mdb，完成以下操作：

1. 修改基本表 tab3 结构，在"网站名"字段前增加"编号"字段，数据类型为"自动编号"，设为主键。修改"一月"字段，数据类型改为"数字"，字段大小改为"双精度型"。（10 分）

2. 删除"网站名"为"网站 3"的记录。（2 分）

3. 在表末尾追加一条如下记录：（3 分）

网站名　　　一月　　　　二月　　　　三月　　　　四月
网站 9　　3 800　　　3 900　　　4 200　　　3 800

4. 创建一个名为"平均值"的选择查询，包含：网站名、一月、二月、三月、四月和平均值字段，其中，平均值＝（一月＋二月＋三月＋四月）/4，平均值保留 2 位小数；按照一月的值从高到低排序。（5 分）

5. 关闭数据库，退出 Access。

选做试题 2 多媒体技术基础（20 分）

打开 T□\test3 文件夹中的演示文稿 ppt3.pptx，完成以下操作：

1. 将设计主题"凸显"应用到所有幻灯片上。（3 分）

2. 在第 1 张幻灯片前插入一张新幻灯片，设置版式为"标题幻灯片"版式；在标题栏输入"浪漫海岛"，字号设置为 80 磅；在副标题栏输入"韩国的济州岛"。（5 分）

3. 为第 2 张幻灯片中的图片设置超链接，链接到网址：http://www.baidu.com。（4 分）

4. 设置所有幻灯片切换：效果为显示，从左侧淡出、换片方式为单击鼠标时以及每隔 4 秒。（4 分）

5. 为第二张幻灯片的图片设置自定义动画，进入效果：飞入，方向：自右下部，速度：中速。（4 分）

6. 存盘，退出 PowerPoint。

选做试题 3 信息获取与发布（20 分）

启动 Dreamweaver，打开 T□文件夹中的 wy3.html 文件。

1. 修改页面属性：页面字体大小设为 12 像素；左右边距均设为 0；链接始终无下划线；标题 2 的大小设为 16 像素，颜色为红色；文档标题设为"柳宗元作品《江雪》"。

（6分）

2. 将表格的边框设为 0；单元格间距设为 0。将第 3 行拆分为 2 列，设置右边单元格的背景颜色为"♯CCFFFF"，并在该单元格中插入 T□＼images 文件夹中的图片 d3.jpg，置于单元格顶端。（6分）

3. 在"【评析】"段首插入命名锚记，命名为"a3"；设置表格第 2 行中的文本"评析"超链接到该命名锚记。（4分）

4. 在页脚"页面制作："段首插入版权符号"C"，段尾输入考生本人的姓名。在该行的上一行中插入一条水平线，并设其宽为 92％。（4分）

5. 保存退出。

全国高校计算机联合考试（广西考区）
一级机试模拟试题（8）

考试时间：50 分钟（闭卷）

准考证号：　　　　　姓名：　　　　　选做试题的编号□

注意：（1）试题中"T□"是文件夹名（考生的工作目录），"□"用考生自己的准考证号（16 位）填入。

（2）本试卷包括第一卷和第二卷。第一卷各试题为必做试题，第二卷各试题为选做试题，考生必须选做其中一个试题，多选无效。请考生在本页右上方"选做试题的编号□"方格中填上所选做试题的编号。

（3）答题时应先做好必做试题一，才能做其余试题。

第一卷 必做试题

必做试题 1　文件操作（15 分）

打开"资源管理器"或"我的电脑"窗口，按要求完成下列操作：

1. 在 F：\（或指定的其他盘符）下新建一个文件夹 T□，并将 C：\kk4（网络环境为 W：\kk4）文件夹中的所有文件复制到 T□文件夹中（4 分）。

2. 在文件夹 T□下，建立一个子文件夹 test4，将 T□文件夹中除网页文件和文件夹外的其他所有文件，移动到 T□\test4 中（4 分）。

3. 把 T□\test4 文件夹中所有的 .txt 文件压缩到文件 tx4.rar 中。（3 分）

4. 将 T□\test4 中的文件 tx.txt 重命名为 ntx4.txt，并将属性设置为"只读"。（4 分）

必做试题 2　WORD 操作（25 分）

1. 打开 T□\test4 文件夹中 wd4.doc，输入如下文字作为正文第二段，并设为蓝色：（7 分）

根据香格里拉大峡谷较为粗犷的轮廓和模糊的印迹，有关专家考证为古代迁徙民族留下的符号，其营造下的某种文化氛围，使峡谷平添了几分悠久古朴的人文意蕴。

2. 将正文文字设置为小四号、黑体。（2分）

3. 将正文各段落首行缩进2字符，行距设为"固定值18磅"。（3分）

4. 将正文中所有"大夹谷"一词替换为"大峡谷"（3分）。

5. 在文档末尾插入 T□\sub4\jbg.doc 文件（7分），然后完成以下操作：

（1）在表的第一列的左侧插入一列，将该列所有单元格合并，并输入文字"大峡谷"。

（2）表格的第二列单元格设置成淡黄色底纹，表格内所有文本水平和垂直都居中对齐。

6. 页面设置：设置纸张大小为A4开，页边距上、下、左、右各为2.5厘米。（3分）

7. 保存退出。

必做试题 3　Excel 操作（20 分）

打开 T□\test4 文件夹中的 Excel 文档 bg4.xls。

1. 在 sheet1 工作表中的"姓名"列左侧插入一列"职工号"，输入各记录职工号值：001、002、003、……、009。（3分）

2. 在 sheet1 工作表中，用函数计算应发工资（应发工资＝基本工资＋薪级工资＋奖金），基本工资、薪级工资和奖金的最大值。（6分）

3. 在 sheet1 中，使用条件格式将基本工资大于2 000的数据设为红色。（2分）

4. 在 sheet1 工作表中建立如下图所示的各员工"基本工资"的二维折线图，并嵌入本工作表中。（5分）

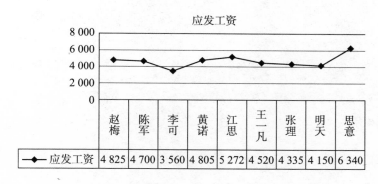

5. 在"汇总"工作表中进行分类汇总：按"职称"求出各种职称的基本工资、薪级工资、奖金的总和。（4分）

6. 保存退出 Excel。

必做试题 4　网络操作（20 分）

1. 打开 T□文件夹中的 p4.html 文件，将该网页中的全部文本，以文件名 wy4.txt 保存到 T□文件夹中。（5分）

2. 在 T□文件夹中新建一个文本文档 ip4.txt，录入本机的 IP 地址，保存退出。

（7 分）

3. 启动收发电子邮件软件，编辑电子邮件：（5 分）

收件人地址：（收件人地址考试时指定）

主题：T□稿件

正文如下：

张老师：您好！

　　附件为我的作业。谢谢！

　　　　　　（考生姓名）

　　　　　　2014 年 6 月 1 日

4. 将 T□＼test4 文件夹中的 fj4. txt 文件作为电子邮件的附件，并以 yj4 为文件名将电子邮箱保存至 T□＼test4 文件夹中。（3 分）

本卷各试题为选做试题，考生只能选做其中一个试题，多做无效。

选做试题 1 数据库技术基础（20 分）

打开 T□ \ test4 文件夹中的数据库文件 aa4. mdb，对基本表"设备信息"完成以下操作：

1. 修改表结构，在"设备编号"字段前增加"ID"字段，数据类型是"自动编号"；删除"使用部门"和"使用者"2 个字段。（8 分）

2. 删除表中"设备名称"为"打印机"的记录。（2 分）

3. 将"设备名称"为"笔记本"记录的"型号"字段值改为 mmm，"规格"字段值改为 555。（2 分）

4. 创建一个名为"总价"的查询，包含设备名称、单价、数量、总价，其中总价＝单价×数量，并按照单价从低到高排序。（5 分）

5. 在同一数据库中，为基本表"设备信息"作一个备份，其表名为"bak4"。（3 分）

6. 保存退出。

选做试题 2 多媒体技术基础（20 分）

1. 打开 T□ \ test4 文件夹中的 ppt4. pptx 文件，将设计主题"华丽"应用到所有幻灯片上。（3 分）

2. 在第 1 张幻灯片前添加一张新的幻灯片，选定其版式为"仅标题"版式，在标题框键入"展馆介绍"，字体设置为：红色，黑体，66 磅，居中。（6 分）

3. 设置第一张幻灯片标题的自定义动画，进入效果为"浮入"，上浮、中速，单击鼠标时开始。（3 分）

4. 设置所有幻灯片的切换效果为"百叶窗"、中速，换片方式为单击鼠标换片以及每隔 5 秒。（3 分）

5. 为第 2 张幻灯片中的文字"台湾馆"设置超链接，链接到第 3 张幻灯片。（2 分）

6. 为第 2 张幻灯片制作一个动作按钮，点击此按钮可结束放映。（3 分）

7. 保存退出。

选做试题 3 信息获取与发布（20 分）

启动 Dreamweaver，打开 T□文件夹中的 wy4. html 文件。

1. 修改页面属性：页面字体大小设为 12 像素；背景图像设为 T□ \ images 文件夹中的图片 bg4. jpg，重复方式设为"纵向重复"；变换图像链接设为"红色"，链接仅在变换图像时显示下划线；标题 4 的颜色设为"蓝色"。（6 分）

2. 将表格的边框设为 0，填充设为 3。将第 3 行拆分为 2 列，设置右边单元格的背景颜色为"♯CCFF66"，并在该单元格中插入 T□ \ images 文件夹中的图片 d4. jpg，置于单元格顶端，设置其替换文字为"许浑诗欣赏"。(6 分)

3. 在"【讲解】"段首插入命名锚记，命名为"a4"；设置表格第 2 行中的文本"讲解"超链接到该命名锚记。(4 分)

4. 在页脚"页面制作:"段首插入版权符号ⓒ，段尾输入考生本人的姓名。更改该段的文本格式为"标题 4"。删除该行的上一行。(4 分)

5. 保存退出。

教师信息反馈表

　　为了更好地为您服务，提高教学质量，中国人民大学出版社愿意为您提供全面的教学支持，期望与您建立更广泛的合作关系。请您填好下表后以电子邮件或信件的形式反馈给我们。

您使用过或正在使用的我社教材名称		版次	
您希望获得哪些相关教学资料			
您对本书的建议（可附页）			
您的姓名			
您所在的学校、院系			
您所讲授的课程名称			
学生人数			
您的联系地址			
邮政编码		联系电话	
电子邮件（必填）			
您是否为人大社教研网会员	□ 是，会员卡号：_____ □ 不是，现在申请		
您在相关专业是否有主编或参编教材意向	□ 是　　　　　□ 否 □ 不一定		
您所希望参编或主编的教材的基本情况（包括内容、框架结构、特色等，可附页）			

我们的联系方式：北京市西城区马连道南街 12 号
　　　　　　　　　　中国人民大学出版社应用技术分社
　　　　　　　　　　邮政编码：100055
　　　　　　　　　　电话：010-63311862
　　　　　　　　　　网址：http://www.crup.com.cn
　　　　　　　　　　E-mail：smooth.wind@163.com